2021年湖南省新闻出版基金重点图书资助项目

崀山蜘蛛

THE SPIDERS IN LANGSHAN MOUNTAIN OF CHINA

银海强　著

湖南师范大学出版社

·长沙·

序言

  全世界目前已记载蜘蛛约 5 万种，其中中国约有 5 200 种。据专家估计，自然界蜘蛛资源至少达 10 万种，尚有大量蜘蛛物种资源有待挖掘。

  丹霞地貌是 20 世纪 30 年代以中国丹霞山为代表而命名的一类地貌类型。包括湖南崀山在内的"中国丹霞"因其突出的景观美学价值、地球科学价值、生态学价值等诸多原因而被列为世界自然遗产。

  银海强博士所著《崀山蜘蛛》是第一本有关丹霞地貌的蜘蛛专著，共描记崀山蜘蛛 31 科 103 属 158 种，包括 60 种中国特有种，其中含 15 种湖南特有种。该书采用文字与照片相结合的方式，既包括蜘蛛外形照片，也包括雌蛛外雌器、雄蛛触肢器等关键鉴别特征照片，所有 158 种蜘蛛的记述及所提供的照片皆以标本实物为依据。从包含的物种数量，以及提供了外形与鉴别特征彩色照片的角度出发，该书亦是国内为数不多的既具有较高科学性又具有超强实用性的蜘蛛专著之一，可供动物学教学、科学研究和农林植保工作者，以及广大的蜘蛛爱好者参考。

  大多数蜘蛛其貌不扬，其在生态系统中所起的重要作用也往往被忽视。有研究表明，全世界蜘蛛每年要吃掉 4 亿至 8 亿吨猎物，也就是说蜘蛛一年所吃掉的东西与全世界 70 亿人口每年吃的肉差不多重，全世界 70 亿人口每年消耗的肉和鱼类也仅达 4 亿吨。由此可见，蜘蛛的控虫能力非同一般。除极个别蜘蛛种类外，绝大多数蜘蛛为肉食性，以活的昆虫为食，是很多作物害虫的天敌。

  我希望附有精美彩色照片的《崀山蜘蛛》一书的出版，能进一步促进我国蛛形学研究工作广泛而深入地开展，同时也希望该书的出版能使更多的人认识蜘蛛、更深入地了解蜘蛛，进而保护蜘蛛资源，保护环境，保护包括崀山在内的我们的地球家园。

中国动物学会常务理事
中国动物学会蛛形学专业委员会主任委员
中国科学院动物研究所特聘研究员
国家杰出青年基金获得者

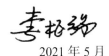

2021 年 5 月

自序

崀山位于湖南省新宁县境内，地处湘西山地与南岭山地交接地带。崀山既是国家级重点风景名胜区，又是国家地质公园、世界自然遗产地，也是国家 5A 级旅游景区。崀山，其丹霞地貌青年、壮年、晚年各个时期都有发育，是中国丹霞景区中丹霞地貌发育丰富程度最有代表性的景区。著名地质学家、地洼学说创始人陈国达院士将崀山誉为"丹霞之魂、国之瑰宝"。

崀山总面积 108 平方公里，辖八角寨、辣椒峰、天一巷、夫夷江、紫霞峒、天生桥六大景区。崀山地貌类型多样，以壮年期丹霞峰丛、峰林地貌为典型特色，集高、陡、深、长于一体，汇雄、奇、险、秀、幽于一身，既是旅游观光的景点，又是科考研究的胜地。崀山乃至中国丹霞地貌景区，有关蜘蛛资源的系统研究，一直是空白。湖南师范大学蛛形学研究团队自 2012 年开始对崀山蜘蛛资源进行系统考察、采集与鉴定。

本书整理崀山蜘蛛资源研究成果，共记述崀山蜘蛛 31 科 103 属 158 种，包括 60 种中国特有种，其中含 15 种湖南特有种。除前期依据崀山标本已正式发表的新种、新单性补充种外，本书所描述的物种中，包含 1 雌性新补充种：宁明红螯蛛 *Cheiracanthium ningmingense* Zhang & Yin, 1999；1 同物异名（文山肥蛛 *Larinia wenshanensis* Yin & Yan, in Yin, Peng & Wang, 1994 = 大兜肥蛛 *Larinia macrohooda* Yin, Wang, Xie & Peng, 1990）。

本书所有 158 种蜘蛛的记述及所提供的照片皆以标本实物为依据。分类鉴定采用的是现行分类体系，即业内普遍认可的两亚目分类体系（Platnick & Gertsch, 1976），科的编排顺序参照《湖南省动物志·蜘蛛类》。地理分布参考"World Spider Catalog Version 22.5"、《湖南省动物志·蜘蛛类》《蜘蛛生态大图鉴》。每一物种提供的照片一般包括蜘蛛外形背面观，雌蛛外生殖器腹面观、背面观，雄蛛触肢器前侧面观、腹面观以及后侧面观。除个别标本特别注明了标本保存地之外，其他所有标本均保存于湖南师范大学（HNNU）生命科学学院动物标本室。

前期崀山蜘蛛资源考察与研究得到了国家自然科学基金（31772423、31372160）、湖南省自然科学基金（12JJ3028）、湖南省教育厅重点项目（19A320）、国家大学生创新性实验计划项目（201510542010）资助，在此对国家自然科学基金委、湖南省自然科学基金委、湖南省教育厅以及湖南师范大学在经费上的支持表示感谢。

感谢湖南师范大学生命科学学院历届研究生周兵、龚玉辉、王成、甘佳慧、柳旺、曾晨、陈卓尔以及本科生何秉妍采集标本。感谢陈卓尔、刘金鑫、黄宗光、梁云、李勤、廖荣荣、唐嘉、盛会娟在标本鉴定、标本拍照等方面做的大量工作。感谢湖南师范大学树达学院本科生王子维核对数据及地理分布。特别需提到的是，铜仁学院王成博士、井冈山大学刘科科博士分别在跳蛛科、蟹蛛科的标本鉴定及拍照方面给予了大力帮助，在此一并致谢。同时，感谢崀山风景名胜区管理局周建新先生、湖南崀山盛源旅游文化发展有限公司蒋能正先生在野外考察中提供的多方面帮助。

由于作者水平有限，本书错漏缺点在所难免，希望广大读者，尤其是同行朋友批评指正。

银海强

2021 年 5 月 28 日于长沙

目　录 Contents

蜘蛛目
Order Araneae

　　蛛形纲动物中种类最多的一类，全球已知约有 5 万种，我国约有 5 200 种。身体分为头胸部和腹部，两部分之间以腹柄相连。螯肢 2 节，包括螯基和螯牙，毒腺有导管开口于螯牙尖端。腹部具纺器，纺器是蜘蛛目动物特有的结构，纺器上的纺管与身体里面的丝腺连接。雄性触肢的跗节变为次生性生殖器官——触肢器，雄蛛交配前先将精液排在网上，用触肢将精液吸入插入器，交配时插入器插入雌蛛的生殖孔内，释放出精子。

　　蜘蛛目现行分类体系如下：

中纺亚目 Suborder Mesothelae Pocock, 1892

后纺亚目 Suborder Opisthothelae Pocock, 1892

　　原蛛下目 Infraorder Magalomorphae Pocock, 1892

　　新蛛下目 Infraorder Araneomorphae Smith, 1902

中纺亚目 Suborder Mesothelae Pocock, 1892

　　因纺器位于腹部中部而得名，纺器 8 个或 7 个。腹部具分节的背板。书肺 2 对。螯肢强壮，螯牙上下活动。本亚目仅含节板蛛科 1 科。崀山 1 科 1 种。

后纺亚目 Suborder Opisthothelae Pocock, 1892

　　因纺器位于腹部后部而得名，纺器 2 至 6 个。书肺 1 或 2 对。螯牙上下或左右活动。本亚目分原蛛下目和新蛛下目，原蛛下目蜘蛛螯牙上下活动，新蛛下目蜘蛛螯牙左右活动。

原蛛下目 Infraorder Magalomorphae Pocock, 1892

　　书肺 2 对，螯牙上下活动。

　　全球 27 科 3 000 多种，包括捕鸟蛛、活盖门蜘蛛等，也包括一些最毒的类群，比如悉尼漏斗网蜘蛛及其近亲。崀山 2 科 3 种（地蛛科 2 种、大疣蛛科 1 种）。

新蛛下目 Infraorder Araneomorphae Smith, 1902

　　书肺 1 对，螯牙左右活动如钳。

　　全球绝大多数蜘蛛种类属于该下目。崀山 28 科 154 种。

01.节板蛛科
Family Liphistiidae Thorell, 1869

Liphistiidae Thorell, 1869: 43.

因腹部背板保留有分节现象而得名。该科蜘蛛为现存种类中最古老的类群，有"活化石"之称。属于中大型蜘蛛，通常 8 ～ 20 mm。头区隆起，8 眼聚集于一显著隆起之上。前侧眼与后侧眼均为斜向卵形，成环状排列，将圆形的前中眼和后中眼包围。（图 1-1，图 1-2）

该科蜘蛛穴居，喜在具苔藓及蕨类植物的山边土坡上掘洞。洞口具活盖（盖子约四分之一或更小的边缘与地面相连，约四分之三的边缘可以掀起），故又称活盖门蜘蛛（trapdoor spider）。值得注意的是，活盖门蜘蛛并不全是节板蛛，如后纺亚目原蛛下目蜇蟷科（Ctenizidae）也称为活盖门蜘蛛。

模式属：*Liphistius* Schiødte, 1849。

该科蜘蛛全球记载 8 属 146 种，其中中国 5 属 38 种。崀山 1 属 1 种。

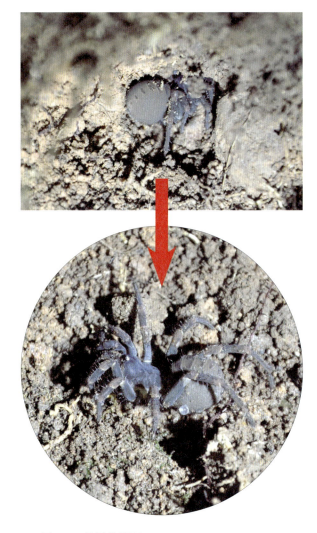

▲图 1-1　节板蛛外形 The habitus of a liphistiid spider

越氏蛛属 *Vinathela* Ono, 2000

Vinathela Ono, 2000: 150.

雌蛛生殖器具 3 个纳精囊，两个侧囊等于或小于中纳精囊。

模式种：*Heptathela cucphuongensis* Ono, 1999。

全球已记载 8 种，分布于中国和越南，其中中国 3 种。崀山 1 种。

● 湖南越蛛 *Vinathela hunanensis* (Song & Haupt, 1984)

　　Heptathela hunanensis Song & Haupt, 1984: 449, fig. 3e; Song, Zhu & Chen, 1999: 33, fig. 15D; Yin et al., 2012: 115, fig. 3a–c.

　　Vinathela hunanensis Ono, 2000: 150; Xu et al., 2015: 142.

雌蛛：头胸部略扁，近方形，8 眼密集；腹部卵圆形，背面具分节排列的骨片，骨片从腹部前端至后端逐渐变小。3 个纳精囊，中纳精囊稍宽扁。（图 1-2）

观察标本：1 ♀，湖南省新宁县崀山八角寨，2015 年 7 月 22 日，银海强、周兵采。

地理分布：中国 [湖南（崀山、黔阳）]。

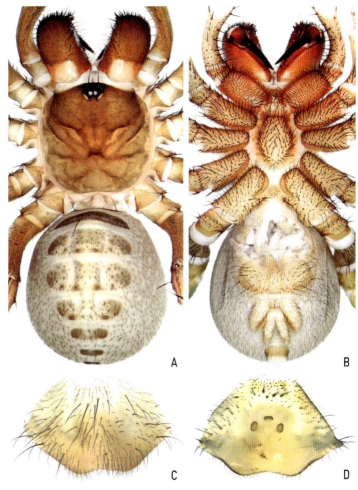

A.雌性外形，背面观 Female habitus, dorsal　B.同上，腹面观 Ditto, ventral
C.外雌器，腹面观 Female genitalia, ventral　D.同上，背面观 Ditto, dorsal

▲ 图 1-2　湖南越蛛 *Vinathela hunanensis*

02. 地蛛科
Family Atypidae Thorell, 1870

Atypidae Thorell, 1870: 164.

该科蜘蛛穴居地下,属于较古老的类群。体中大型,通常 8 ～ 25 mm。背甲略成方形,前缘几乎平截。头区隆起,8 眼聚集于一锥形隆起之上。胸区低扁。螯肢很发达,螯牙特别长。触肢基节具发达的颚叶。外雌器无生殖厣,内部结构简单;触肢器结构相当简单。(图 2-1,图 2-2)

地蛛通常依伴着茶叶树、花椒树、杉树等植物的茎杆向地下掘洞,洞内有丝质套管,丝质套管伸出地面的部分附着在植物茎杆上。地蛛又有囊网蜘蛛或钱袋网蜘蛛(purseweb spider)之称。

模式属:*Atypus* Latreille, 1804。

该科蜘蛛全球记载 3 属 54 种,其中中国 2 属 17 种。岚山 1 属 2 种。

▲图 2-1　地蛛的钱袋网 The purseweb of an atypid spider

地蛛属 *Atypus* Latreille, 1804

Latreille 1804: 133.

8 眼 2 列，或 8 眼 3 组（两个前中眼为一组，两侧的前侧眼、后中眼与后侧眼各为一组）。眼区前缘超过头胸部前缘。颚叶内侧具疣突。下唇与胸板愈合，且愈合处无沟缝。胸斑（sigilla）4 对。纳精囊 4 个或更多，形状多样，有的呈圆球形，有的呈长圆球形，还有的呈短棒形等。触肢器的插入器短而尖，针状；引导器宽扁。

模式种：*Aranea picea* Sulzer, 1776。

全球已记载 34 种，分布于欧洲、亚洲、北美，其中中国 15 种。崀山 2 种。

●卡氏地蛛 *Atypus karschi* Dönitz, 1887

Atypus heterothecus Dönitz, 1887: 9; Yin, Wang & Hu, 1983: 34, fig. 4A; Feng, 1990: 28, fig. 3.1-7; Zhu et al., 2006b: 13, figs 26-38, 122-123; Yin et al., 2012: 127, figs 10a-k, 3-15.

雌蛛：头胸部整体扁平，头区稍隆起。螯肢强壮，基部背面近头区前缘的位置显著隆起。背甲深棕色。腹部长卵圆形，背面褐色，被大量浅色点斑，前端具有 1 块黄褐色半圆形斑（因腹部稍干瘪，半圆形有些皱缩）。纺器通常超出腹部末端。纳精囊 4 个排成一横排，大致可分成左右 2 组，组与组间有明显的间距。纳精囊两侧各有 1 块稍大的骨片，骨片前缘角质化呈深褐色。本种与绥宁地蛛（*Atypus suiningensis*）极其相似，两者可通过纳精囊的形状及彼此的间距相区别。（图 2-2）

雄蛛：崀山尚未发现。

观察标本：1 ♀，湖南省新宁县崀山八角寨，2015 年 7 月 22 日；1 ♀，崀山天一巷（后门），2015 年 7 月 25 日；1 ♀，崀山辣椒峰，2015 年 7 月 26 日。以上标本均由银海强、周兵、甘佳慧、龚玉辉、柳旺、曾晨、陈卓尔采。

地理分布：中国［湖南（崀山）、河北、安徽、四川、贵州、湖北、福建、台湾］，韩国，日本。

A.雌性外形，背面观 Female habitus, dorsal
B.外雌器，腹面观 Female genitalia, ventral
C.同上，背面观 Ditto, dorsal

▲图 2-2　卡氏地蛛 *Atypus karschi*

●绥宁地蛛 *Atypus suiningensis* Zhang, 1985

Atypus suiningensis Zhang, 1985: 140, pl. 2, fig. 1–9; Song, Zhu & Chen, 1999: 35, fig. 15S, 16D–E; Zhu et al., 2006: 28, figs 87–98; Yin et al., 2012: 129, figs 11a–k.

雌蛛：头胸部扁平，长大于宽。背甲黄褐色，边缘黑褐色。螯肢强壮。腹部卵形，背面黑褐色，前端具有1块黄褐色半圆形斑（因腹部已干瘪，半圆形不是很明显）。纳精囊如灯泡状，4个纳精囊几乎等间距排成一横排，中纳精囊稍大于侧纳精囊，且中纳精囊远端的位置低于侧纳精囊远端所在位置，侧纳精囊下方两侧各有1块稍大的骨片，骨片前缘角质化呈深褐色。（图2-3）

观察标本：1♀，湖南省新宁县崀山天一巷，2015年7月21日；1♀，崀山八角寨，2015年7月22日；2♀，崀山天一巷，2015年7月23日；1♀，崀山天一巷，2015年7月25日。以上标本均由银海强、周兵、甘佳慧、龚玉辉、柳旺、曾晨、陈卓尔采。

地理分布：中国[湖南（崀山、绥宁）]。

A

B   C

A.雌性外形，背面观Female habitus, dorsal   B.外雌器，腹面观Female genitalia, ventral
C.同上，背面观Ditto, dorsal

▲图2-3　绥宁地蛛 *Atypus suiningensis*

03.大疣蛛科
Family Macrothelidae Simon, 1892

Macrotheleae Simon, 1892: 186.

Macrothelidae Hedin et al., 2018: 4.

体中大型，通常 7 ～ 30 mm。8 眼 2 列，密集一丘。螯肢前齿堤有 1 列稍大的齿，后齿堤有 1 列小齿。颚叶与下唇均具疣突。胸板具 3 对胸斑。2 对书肺。2 对纺器，前对纺器（后中纺器）短小，不分节，后对纺器（后侧纺器）细长，分 3 节，后纺器远端远远超出腹部的后端。外雌器无生殖厣，内部结构简单；触肢器结构简单，插入器长。（图 3-1）

本科蜘蛛通常生活于石缝、枯木、树洞等隐蔽处，在中国南方比较松软的土坡上也很常见，洞口通常布满大量蛛丝。

模式属：*Macrothele* Ausserer, 1871。

大疣蛛科属单型科，目前全球仅 1 属，共记载 45 种，分布于亚洲、非洲以及欧洲的部分地区，主要分布在亚洲，其中中国已记载 27 种。崀山 1 属 1 种。

A.背面观 dorsal　B.腹面观 ventral

▲图 3-1　大疣蛛外形 the habitus of a macrothelid spider

大疣蛛属 *Macrothele* Ausserer, 1871

Macrothele Ausserer, 1871: 181.

8 眼 2 列，前眼列几乎端直，后眼列稍后曲。颚叶与下唇具疣突。胸板具 3 对胸斑，第 3 对最大。交媾管不同程度、不同形状扭转。触肢器简单，插入器长。

模式种：*Mygale calpeiana* Walckenaer, 1805。

地理分布：同大疣蛛科的分布。

●触形大疣蛛 *Macrothele palpator* Pocock, 1901

Macrothele palpator Pocock, 1901: 213, pl. 21, fig. 4; Hu & Li, 1986: 37, figs 8–11; Song, Zhu & Chen, 1999: 39, fig. 17D–F; Yin et al., 2012: 142, fig. 17a–f.

Macrothele papator Feng, 1990: 27, fig. 2.1–5.

雌蛛：体深褐色。头胸部稍扁，头区稍隆起，中窝横向凹陷。腹部长卵圆形，腹背八字纹明显或不明显（因体色深浅而异）。后纺器显著超出腹部末端。外雌器背面观，交媾管较细，基端相距甚远，远端相距甚近。（图 3-2）

观察标本：1♀，湖南省新宁县崀山飞廉洞口，2014 年 11 月 23 日；1♀，崀山八角寨，2014 年 11 月 24 日；1♀，崀山骆驼峰，2014 年 11 月 27 日。以上标本均由银海强、王成、周兵、龚玉辉和甘佳慧采。

地理分布：中国［湖南（崀山、长沙、岳阳、常德、通道、南岳、宜章、道县等），广东，贵州，湖北，香港，浙江］。

A

B   C

A.雌性外形，背面观 Female habitus, dorsal   B.外雌器，腹面观 Female genitalia, ventral

C.同上，背面观 Ditto, dorsal

▲图 3-2　触形大疣蛛 *Macrothele palpator*

04.弱蛛科
Family Leptonetidae Simon, 1890

Leptonetidae Simon, 1890: 80.

体小型（1～3 mm）。多数种类6眼，4–2排列，前列4眼包括前侧眼和后侧眼，后列2眼指后中眼；偶见4眼，2眼或无眼。雌蛛外生殖器简单，腹面无骨化结构，部分属具有垂体。雄蛛触肢器的生殖球梨形，部分种类腿节或胫节分别具有特异化突起或粗刺，突起或粗刺是属种鉴别的重要依据之一。

该科蜘蛛通常生活于较潮湿的石下、洞穴或苔藓植物丛中。织不规则、相对较大的空间网，母蛛携卵或将卵囊悬挂于网下。

模式属：*Leptoneta* Simon, 1872。

目前全球共记载20属365种，其中中国6属127种。崀山1属2种。

小弱蛛属 *Leptonetela* Kratochvíl, 1978

Leptonetela Kratochvíl 1978: 11.

多数种类无眼，少数 6 眼，4–2 排列，或 2 眼。体呈白色或淡棕色，少数种类腹部背面具棕色人字纹。雌性外生殖器简单。雄性触肢器腿节无刺，胫节腹面前侧或后侧分别具有 1 列纵向长刺，跗舟顶端不分叉。除产自湖南省长沙市岳麓山的三刺小弱蛛（*Leptonetela trispinosa*）及单刺小弱蛛（*Leptonetela unispinosa*）外，本属其他物种均为洞穴种。

模式种：*Sulcia kanellsis* Deeleman-Reinhold, 1971。

全球已记载 117 种，分布于亚洲和欧洲，其中大部分分布于中国，中国已记载 101 种。崀山 2 种。

●双眼小弱蛛 *Leptonetela biocellata* He, Liu, Xu, Yin & Peng, 2019

Leptonetela biocellata He et al., 2019: 585, figs 1A–D, 2A–C, 3A–C, 4A–D

雄蛛：眼显著退化，前侧眼白色，斑点状；后中眼完全消失；后侧眼几乎看不见，只留下些许痕迹。触肢膝节远端具 1 根钉状背刺；胫节背面有 3 根听毛，前侧面有 5 根长刺，后侧面有 8 根刺（5 根排成一纵列，其余 3 根在胫节远端边缘排成一横列）。跗节中部凹陷，有一明显的缢缩；生殖球卵圆形；引导器膜质，稍宽；插入器远端 1/3 朝前侧面扭转，插入器顶端稍宽，不成针尖状；中突完全被引导器遮盖，但透过膜状的引导器可以看到中突的大致轮廓。（图 4-1）

A.雄性外形，背面观 Male habitus, dorsal　B.触肢器，腹面观 Palp, ventral

C.同上，前侧观 Ditto, prolateral　D.同上，后侧观 Ditto, retrolateral

▲ 图 4-1　双眼小弱蛛 *Leptonetela biocellata*

雌蛛：一般特征同雄蛛。外雌器简单，密被长毛。纳精囊由两侧向中间如麻花般高度扭转；交媾管短，位于两侧。（图4-2）

观察标本：1♂（正模），湖南省新宁县崀山玉女岩，2014年11月25日，银海强、王成、周兵、龚玉辉和甘佳慧采；2♀2♂（副模），采集信息同正模。

地理分布：中国［湖南（崀山）］。

A

B

C

A.雌性外形，背面观Female habitus, dorsal　B.同上，腹面观Ditto, ventral　C.阴门Vulva

▲图4-2　双眼小弱蛛 *Leptonetela biocellata*

●等长小弱蛛 *Leptonetela parlonga* Wang & Li, 2011

Leptonetela parlonga Wang & Li, 2011a: 12, figs 36A–D, 37A–C, 38A–B, 39A–D.

雄蛛： 6眼，4–2分布。背甲黄色，腹部黄白色。触肢器腿节覆盖有长细毛，膝节远端具1根钉状背刺，胫节背面有3根听毛，前侧面具3根长刺，后侧面具6根长刺。跗节中部凹陷，有一明显缩缢；生殖球卵圆形；插入器宽且光滑；引导器狭窄且多褶皱；中突舌状，轻微角质化。（图4-3）

A.雄性外形，背面观 Male habitus, dorsal B.触肢器，前侧观 Palp, prolateral C.同上，后侧观 Ditto, retrolateral

▲图4-3　等长小弱蛛 *Leptonetela parlonga*

A

雌蛛： 一般特征同雄蛛，体稍大。外雌器简单，密被长毛。纳精囊由两侧向中间如麻花般高度扭转；纳精管短，位于两侧。（图4-4）

观察标本： 12♀3♂，湖南省新宁县崀山飞廉洞，2014年11月23日，银海强、王成、周兵、龚玉辉、甘佳慧采。

地理分布： 中国［湖南（崀山），广西］。

B

C

A.雌性外形，背面观 Female habitus, dorsal　B.同上，腹面观 Ditto, ventral　C.阴门 Vulva

▲图4-4　等长小弱蛛 *Leptonetela parlonga*

05. 幽灵蛛科
Family Pholcidae C. L. Koch, 1850

Pholcidae C. L. Koch, 1850: 31.

体型小至中型。体色多为白色或灰白色。背甲宽大于长，头区隆起。8眼3组，左右两侧各3眼，中间2眼；或6眼2组，无前中眼。螯肢基部愈合。步足细长易断，长度通常长于体长的4倍。腹部形态不一。外雌器腹面观，具1膨大的骨化区。背面观，结构简单，仅有1对腺孔板。雄性触肢器结构复杂，分化程度极高。

本科蜘蛛多分布于阴暗潮湿的角落，如洞穴、裂缝、岩石、废弃的砖瓦、落叶层、树干和树枝之间或老旧的茅屋等地。

模式属：*Pholcus* Walckenaer, 1805。

全球已记载95属1 842种，世界性分布，其中中国已记录16属240种。崀山1属1种。

幽灵蛛属 *Pholcus* Walckenaer, 1805

Pholcus Walckenaer, 1805: 80.

体型中等。8眼3组，左右两侧各3眼（前侧眼、后中眼和后侧眼），中间2眼（前中眼）。腹部长筒状。

模式种：*Aranea phalangioides* Fuesslin, 1775。

全球已记载356种，其中中国134种。崀山1种。

●双齿幽灵蛛 *Pholcus bidentatus* Zhu, Zhang, Zhang & Chen, 2005

Pholcus bidentatus Zhu et al., 2005: 490, fig. 1A–F; Zhang & Zhu, 2009: 15, fig. 4A–F; Yao & Li, 2012: 11, figs 33A–D, 34A–C.

雄蛛：背甲黄褐色，头区深褐色，胸区具1对大的、棕色的呈蝴蝶翅膀状的斑纹。腹部长筒形，约为头胸部长的3～4倍。腹部背面有两条不连续的纵向斑点，一直延伸到腹部末端。触肢器转节远端具1指状突起，腿节中部朝腹面隆起呈锥状，膝节短，胫节显著隆起呈橄榄状。触肢器前侧面观，生殖球圆形，插入器针状；后侧面观，跗前突纵长，红褐色，骨化程度高。（图5-1）

A.雄性外形，背面观 Male habitus, dorsal　B.触肢器，前侧观 Palp, prolateral　C.同上，后侧观 Ditto, retrolateral

▲图 5-1 双齿幽灵蛛 *Pholcus bidentatus*

　　雌蛛：体色与斑纹同雄蛛。外雌器腹面观，具1块光滑的三角形骨化板，骨化板前缘正中具有1个小的光滑的垂体。外雌器背面有1块横向硬化的角质板，且在中部内侧呈弓形，两腺孔板草履虫形，呈八字形排列。（图5-2）

　　观察标本：1♀1♂，湖南省新宁县崀山天一巷，2015年7月23日；3♀2♂，崀山天一巷（后门），2015年7月25日；9♀5♂，崀山辣椒峰，2015年7月26日；11♀8♂，崀山天一巷，2014年11月22日；2♀，崀山飞廉洞口，2014年11月23日。银海强、王成、周兵、龚玉辉、甘佳慧采。

　　地理分布：中国［湖南（崀山）、广西、贵州、四川、重庆、湖北］，老挝。

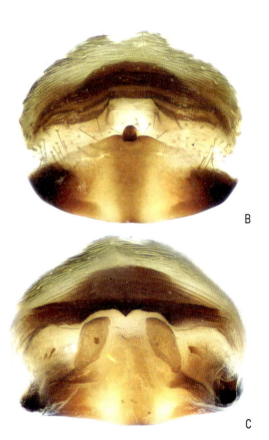

A. 雌性外形，背面观 Female habitus, dorsal　　B. 生殖厣 Epigynum　　C. 阴门 Vulva

▲图5-2　双齿幽灵蛛 *Pholcus bidentatus*

06. 卵形蛛科
Family Oonopidae Simon,1890

Oonopidae Simon,1890: 80.

体小型（1 ～ 4 mm）。体色多为橘色或白色。头胸部隆起或扁平，前端通常明显窄，无中窝。通常 6 眼聚集一起（无前中眼），少数仅 2 眼或无眼。步足通常短粗，有些种类步足细长 。腹部通常具盾板（scutum）。

卵形蛛栖息环境多样，常栖息在落叶层、树皮和石块下、建筑物中以及鸟和白蚁的巢穴，甚至其他蜘蛛的网上。

模式属：*Philodromus* Walckenaer, 1826。

目前该科全球已记载 115 属 1 888 种，其中中国 14 属 85 种。崀山 1 属 1 种。

奥蛛属 *Orchestina* Simon, 1882

Orchestina Simon, 1882: 237.

体小型。6眼，后中眼位于前侧眼之间。第IV步足腿节膨大。腹部无盾板。

模式种：*Schoenobates pavesii* Simon, 1873。

目前该属全球已记载162种，其中中国13种。

● 尖细奥蛛 *Orchestina apiculata* Liu, Xiao & Xu, 2016

　　Orchestina apiculata Liu, Xiao & Xu, 2016: 432, figs 1A–E, 2A–D, 3A–I, 4A–G.

　　　　　　雄蛛：背甲卵形，具有少许刚毛。胸板光滑，心形。腹部浅褐色，球形，背面具很多褐色小斑点以及不太明显的"人"字纹。步足多毛，第IV步足腿节明显粗。触肢器结构简单，胫节显著增大，插入器细长，针状。（图6-1）

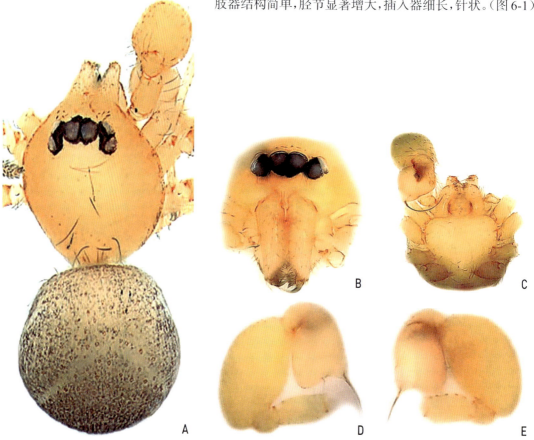

A. 雄性外形，背面观 Male habitus, dorsal　　B. 头胸部，前面观 Carapace, frontal　　C. 同上，腹面观 Ditto, ventral

D. 触肢器，前侧观 Palp, prolateral　　E. 同上，后侧观 Ditto, retrolateral

▲ 图6-1　尖细奥蛛 *Orchestina apiculata*

雌蛛：背甲淡黄色，具深色斑纹，其余一般特征同雄蛛。外雌器透明，橙色角质化结构明显，角质化结构向两侧伸出 3 对突出物，骨板及突出物名称复杂。（图 6-2）

观察标本：1♀，湖南省新宁县崀山天一巷，2015 年 7 月 23 日，银海强、周兵、甘佳慧、龚玉辉、柳旺、曾晨、陈卓尔采；正模♂，湖南省长沙市岳麓山，2011 年 4 月 14 日，谭海洋、刘科科采；副模 3♀，采集信息同正模。

地理分布：中国［湖南（崀山、长沙）］。

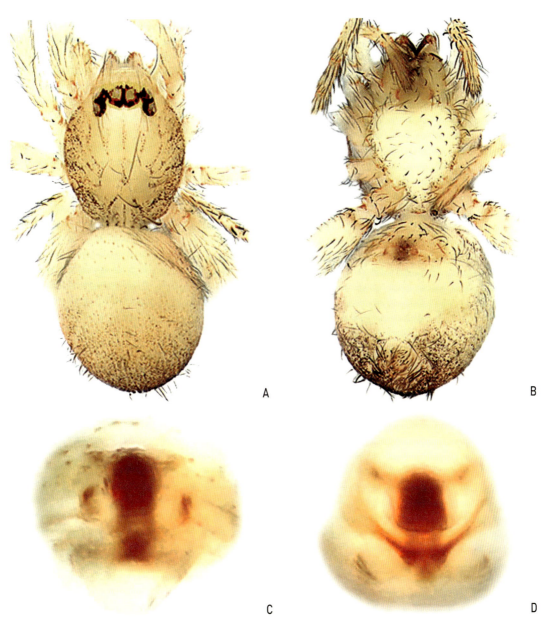

A.雌性外形，背面观 Female habitus, dorsal　B.同上，腹面观 Ditto, ventral　C.生殖厣 Epigynum　D.阴门 Vulva

▲图 6-2　尖细奥蛛 *Orchestina apiculata*

07. 拟态蛛科
Family Mimetidae Simon, 1881

Mimetidae Simon, 1881: 27.

体中、小型（2 ～ 10 mm）。头胸部梨形，背甲正中央眼区至中窝具 1 明显的纵向条纹。8 眼 2 列，前后侧眼相互靠近。螯肢前齿堤有 1 列栅栏状齿，后齿堤有 1 列小齿。第 I 、 II 步足明显长于 III 、 IV 步足，且 I 、 II 步足胫节及跗节背面具有 1 列长粗刺，且在相邻 2 根长粗刺间有多根短刺相间其中，这也是本科的首要鉴别特征。

本科蜘蛛常见于灌木丛、乔木树枝及落叶层中，通常以园蛛及球蛛为食，通过入侵猎物的网，并模仿昆虫挣扎时或被捕食蜘蛛配偶求偶时网震动的频率来吸引被捕食蜘蛛。

模式属: *Mimetus* Hentz, 1832。

本科蜘蛛全球性分布，已记载 8 属 159 种，其中中国 2 属 22 种。崀山 1 属 1 种。

拟态蛛属 *Mimetus* Hentz, 1832

Mimetus Hentz, 1832: 104.

头胸部梨形，长大于宽，眼区至中窝着生 3 列长毛。腹部长卵圆形，密布大量细毛。外生殖器角质化严重，形成特异化的骨板；纳精囊球形，强烈角质化。触肢器跗舟多为三角形，部分种类顶端向外延伸；生殖球顶端常具有多块角质化严重的骨片；引导器强烈角质化，呈柱状或扁平；插入器较长，绕引导器一圈。

模式种：*Mimetus syllepsicus* Hentz, 1832。

全球共记载 67 种，分布于美洲及亚洲，其中中国 13 种。崀山 1 种。

●突腹拟态蛛 *Mimetus testaceus* Yaginuma, 1960

Mimetus testaceus Yaginuma, 1960: append. 3, pl. 15, fig. 93, fig. 101G; Chen & Zhang, 1991: 182, fig. 179.1–5; Song, Zhu & Chen, 1999: 74, fig. 30J–K, U–V;Yin et al., 2012: 200, fig. 54a–g.

雌蛛：头胸部淡黄色，眼区至中窝有 Y 形纹；腹部长近似于宽，背面有条状黑色斑纹，中部两侧向外凸起。外雌器骨化严重，交媾腔帽状，纳精囊椭圆形。（图 7-1）

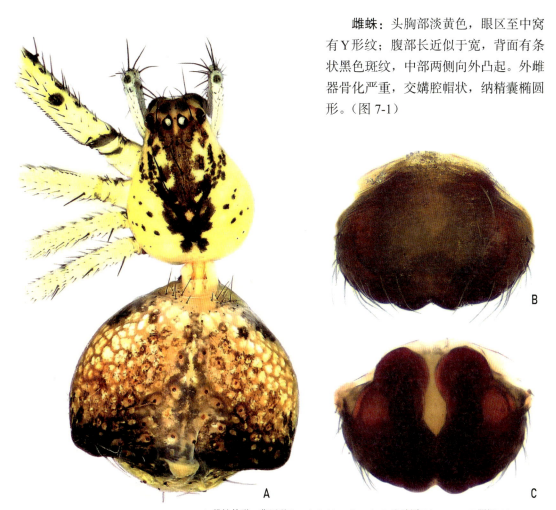

A.雌性外形，背面观Female habitus, dorsal　B.生殖厣Epigynum　C.阴门Vulva

▲图 7-1　突腹拟态蛛 *Mimetus testaceus*

雄蛛：体色及斑纹近似于雌性。触肢器副跗舟膨大，较发达；跗舟顶部发达，近似三角形，向外延伸；引导器骨化，片状；插入器较为粗壮，沿生殖球顶端环绕半圈。（图7-2）

观察标本：1♀，湖南省新宁县崀山天一巷（后门），2015年7月25日；1♀，崀山辣椒峰（后门），2015年7月27日；1♂，崀山天生桥，2015年7月28日。以上标本均由银海强、周兵、甘佳慧、龚玉辉、柳旺、曾晨和陈卓尔所采。

地理分布：中国［湖南（崀山、长沙），四川，浙江，贵州，广西］，俄罗斯，韩国，日本。

A.雄性外形，背面观Male habitus, dorsal　B.触肢器，背面观Palp, dorsal
C.同上，后侧观Ditto, retrolateral

▲图7-2　突腹拟态蛛 *Mimetus testaceus*

08. 拟壁钱科
Family Oecobiidae Blackwall, 1862

Oecobiidae Blackwall, 1862: 382.

体型小至中型。头胸部宽大于长，近似于椭圆形。8 眼密集于背甲前端中央。腹部背腹扁平，前缘通常平直。肛突大，分两节。纺器 3 对，前纺器最短，中纺器居中，后纺器长、分两节。筛器有或无（拟壁钱属 *Oecobius* 具筛器；壁钱属 *Uroctea* 无筛器）。

多生活于破旧老房屋的墙壁、门窗及木质家具等处，野外阴暗的石壁、墙面或者墙角处也常是它们的生活场所，网如帐篷状，通常如指甲盖般大小，大的也呈铜钱般大小，网的周围多放射状丝。

模式属：*Oecobius* Lucas, 1846。

全球已记载 6 属 120 种，其中中国 2 属 9 种。崀山 1 属 1 种。

壁钱蛛属 *Uroctea* Dufour, 1820

Uroctea Dufour, 1820: 198.

体型中等。头区隆起，8 眼密集。步足具毛，但无长刺。无筛器及栉器。

模式种：*Clotho durandi* Latreille, 1809。

全球已记载 21 种，中国 4 种。崀山 1 种。

●华南壁钱 *Uroctea compactilis* L. Koch, 1878

Uroctea compactilis L. Koch, 1878: 749, pl. 15, fig. 11; Hu, 1984: 84, fig. 76.5–6; Zhu, 1984: 170, fig. 2.1–3; Feng, 1990: 49, fig. 24.1–3; Chen & Zhang, 1991: 80, fig. 71.1–3; Song, Zhu & Chen, 1999: 78, fig. 32A–B, F; Yin et al., 2012: 206, fig. 57a–f; Zhang & Wang, 2017: 490, 10 fig.; Yang et al., 2019: 128, figs 1A–G, 2A–C.

雌蛛：头胸部宽扁，头区隆起。腹部背面正中具 1 深褐色大斑，斑纹上具 4 对肌痕，前 2 对大而醒目，后 2 对小而不明显。深褐色斑纹外围密布白色鳞状碎斑。外雌器后缘正中朝前凹入。纳精囊较小，卵圆形；交媾管粗，围绕纳精囊卷曲。（图 8-1、图 8-2）

雄蛛：崀山尚未发现。

观察标本：1 ♀，湖南省新宁县崀山天一巷，2015 年 7 月 21 日，银海强、周兵、甘佳慧、龚玉辉、柳旺、曾晨、陈卓尔采。

地理分布：中国［湖南（崀山、长沙、石门壶瓶山、张家界、龙山、宁乡、道县、江永），浙江，福建，四川，云南］，韩国，日本。

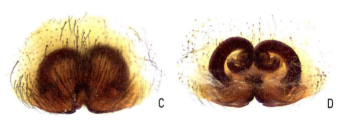

A.雌性外形，背面观 Female habitus, dordal　B.同上，腹面观 Ditto, ventral　C.生殖厣 Epigynum　D.阴门 Vulva

▲图 8-1　华南壁钱 *Uroctea compactilis*

▲图 8-2　华南壁钱蛛网 The webs of *Uroctea compactilis*

09.长纺蛛科
Family Hersiliidae Thorell, 1869

Hersiliidae Thorell, 1869: 42.

体中型（不包括纺器长度）。突出特征是第I、II、IV步足特别长，第III步足明显短很多；3 对纺器，后侧纺器细长，远端位置远远超过腹部后缘，后侧纺器内侧面具许多长的纺管。

该科蜘蛛多生活在树干、岩石及墙壁的表面，行动十分敏捷。静息时，步足伸展，贴伏于物体表面，难以被发现。

模式属：*Hersila* Audouin, 1826。

目前全球已记载 16 属 183 种，其中中国 2 属 10 种。崀山 1 属 1 种。

长纺蛛属 *Hersilia* Audouin, 1826

Hersilia Audouin, 1826: 318.

该属蜘蛛的第Ⅰ、Ⅱ、Ⅲ步足的跗节分为 2 节，后纺器的梢节通常显著超出腹部的末端。

模式种：*Hersilia caudate* Audouin, 1826。

目前该属全球已记载 78 种，其中中国 9 种。崀山 1 种。

●亚洲长纺蛛 *Hersilia asiatica* Song & Zheng, 1982

Hersilia asiatica Song & Zheng, 1982: 40, figs 1–5; Feng, 1990: 48, fig. 23.1–6; Chen & Zhang, 1991: 78, fig. 69.1–5; Yin et al., 2012: 211, fig. 59a–d; Zhong & Chen, 2020: 18, figs 1A–B, 2A–J, 3A–G.

雌蛛：背甲宽扁，头区隆起，中窝纵向，长。腹部灰色，背面具白色、黄色斑纹，正中有 4 对黄色肌斑。后纺器超过腹部末端的部分长于腹部长度。外雌器腹面观，交媾腔前缘具有 1 弧形角质板。背面观，纳精囊 1 对，大，膜质；交媾管连接于纳精囊后端，随后形成 1 臂状弯曲，最后延伸至交媾孔。（图 9-1）

雄蛛：崀山尚未发现。

观察标本：1 ♀，湖南省新宁县崀山天一巷，2015 年 7 月 21 日，银海强、周兵、甘佳慧、龚玉辉、柳旺、曾晨、陈卓尔采。

地理分布：中国 [湖南（崀山、石门），浙江，广东，台湾，重庆]，泰国，老挝。

A. 雌性外形，背面观 Female habitus, dorsal

B. 生殖厣 Epigynum   C. 阴门 Vulva

▲图 9-1　亚洲长纺蛛 *Hersilia asiatica*

10.妩蛛科
Family Uloboridae Thorell, 1869

Uloboridae Thorell, 1869: 64.

体型中或小型，体色通常较暗。8眼2列，也有的前侧眼退化，或者前眼列消失。中窝和放射沟通常不明显。第Ⅰ步足最长，雌蛛第Ⅳ步足后跗节背面有栉器（扇妩蛛属*Hyptiotes*雌雄蛛都有栉器）。跗爪3爪。有筛器，没有舌状体，肛突大。（图10-1、图10-2）

一般栖息于灌木、草丛，或者山洞隐蔽处、屋内外墙角等，结三角形或圆形网。

模式属：*Uloborus* Latreille, 1806。

全球共记载19属289种，其中中国6属49种。崀山3属4种。

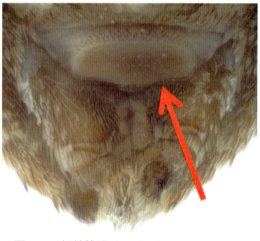

▲图10-1　妩蛛筛器 The cribellun of a uloborid spider　▲图10-2　妩蛛栉器 The calamistrum of a uloborid spider

长妩蛛属 *Miagrammopes* O. P.-Cambridge, 1870

Miagrammopes O. P.-Cambridge, 1870: 401.

背甲长大于宽，前缘宽于后缘。4 眼，前眼列完全消失；后侧眼位于背甲侧缘，具大的眼丘。第 I 步足格外粗长。腹部为圆筒形。

模式种：*Miagrammopes thwaitesi* O. Pickard-Cambridge, 1870。

目前全球已记载 71 种，其中中国 6 种。崀山 1 种。

● 东方长妩蛛 *Miagrammopes orientalis* Bösenberg & Strand, 1906（图 10-3）

Miagrammopes orientalis Bösenberg & Strand, 1906: 109, pl. 15, fig. 422; Song, Zhu & Chen, 1999: 81, fig. 34D–F; Zhu & Zhang, 2011: 59, fig. 28A–E ; Yin et al., 2012: 216, fig. 62a–c.

Miagrammopes coreensis Yamaguchi, 1953: 7, figs 2.I–V, 3.2, 4.6, 5.5, 7.4.

Ranguma orientalis Lehtinen, 1967: 262.

雌蛛：蛛体灰褐色。背甲梯形，第 I 步足特别粗壮，第 IV 步足具栉器。腹部长圆筒形，长约为宽的 3 倍。外雌器结构简单，纳精囊 2 对，彼此相互紧挨，连接管朝内侧弯曲；交媾管细而短，与后对纳精囊的后端相接。

雄蛛：崀山尚未发现。

观察标本：1♀，湖南省新宁县崀山天一巷（后门），2015 年 7 月 25 日，银海强、周兵、甘佳慧、龚玉辉、柳旺、曾晨、陈卓尔采。

地理分布：中国［湖南（崀山、浏阳），浙江，陕西，福建，山西，河南，台湾，重庆］，韩国，日本。

A. 雌性外形，背面观 Female habitus, dorsal B. 生殖厣 Epigynum C. 阴门 Vulva

▲图 10-3 东方长妩蛛 *Miagrammopes orientalis*

涡蛛属 *Octonoba* Opell, 1979

Octonoba Opell, 1979: 512.

体小至中型。8 眼 2 列，后侧眼不位于背甲侧缘。外雌器后缘通常具 1 对突起，无明显的交媾腔。触肢器的插入器长，通常顺时针方向延伸。

该属蜘蛛背甲宽，褐色，呈卵圆形，部分种类头胸部隆起。中央具 1 淡色纵带，侧缘各具 1 浅色纵带。腹部前端约 1/3 隆起，其上端具成对的肩角。外雌器具 1 对突起或者 1 个前端正中叶。触肢器的中突向内凹入或卷入，部分种类具盾片趾。

模式种：*Uloborus sinensis* Simon, 1880。

除模式种在美国有记载外（introduced to USA），该属全部分布于东亚，目前共记载 33 种，其中中国 22 种。崀山 2 种。

●双孔涡蛛 *Octonoba biforata* Zhu, Sha & Chen, 1989

Octonoba biforata Zhu, Sha & Chen, 1989: 48, figs 1–8; Chen & Gao, 1990: 30, fig. 33a–h; Song, Zhu & Chen, 1999: 81, figs 34G–H, 35A–B; Yin et al., 2012: 218, fig. 63a–f.

雌蛛：背甲灰褐色，8 眼 2 列，前、后眼列皆后曲。第 I 步足粗长，颜色深，后 3 对步足颜色浅，具褐色环纹。第 IV 步足后跗节栉器与该节长度几乎相等。腹部前端 1/3 处急剧隆起，并向后方倾斜。外雌器腹面观，后缘两侧各向后方伸出 1 突起，2 突起基部相连呈 1 整体。背面观，交媾管细长，交媾孔开口于 2 侧突的背面。（图 10-4）

雄蛛：崀山尚未发现。

地理分布：中国［湖南（崀山、长沙、道县），福建，四川］。

A.雌性外形，背面观 Female habitus, dorsal　B.生殖厣 Epigynum　C.阴门 Vulva

▲图 10-4　双孔涡蛛 *Octonoba biforata*

●类矛涡蛛 *Octonoba sybotides* (Bösenberg & Strand, 1906)

Uloborus sybotides Bösenberg & Strand, 1906: 104, pl. 15, figs 428, 431.

Zosis sybotides Lehtinen, 1967: 277.

Octonoba sybotides Yoshida, 1980: 62, figs 9–10; Song, Zhu & Chen, 1999: 84, figs 34O, 35E; Zhu & Zhang, 2011: 64, fig. 32A–E; Yin et al., 2012: 222, fig. 66a–g.

雌蛛：背甲色浅，后侧眼之后具有宽的黑色纵带。8眼两列，后中眼最大。腹部在前 1/3 处隆起。外雌器腹面观，后缘两侧各向后方伸出 1 突起，2 突起之间形成凹度较大的弧线。背面观，纳精囊彼此相距远，交媾管在 2 纳精囊之间卷曲。（图 10-5）

A. 雌性外形，背面观 Female habitus, dorsal　B. 生殖厣 Epigynum　C. 阴门 Vulva

▲图 10-5　类矛涡蛛 *Octonoba sybotides*

雄蛛：背甲及步足黄褐色，后侧眼之后的黑色纵带在前2/3彼此相距较远，后1/3彼此相距稍近。触肢器的跗舟顶端具2根粗刚毛，膝节和胫节背面各具1根深色粗刚毛；插入器长，末端隐藏于引导器中；中突黑色，具有2个突起；紧邻中突处有1块具锯齿纹的角质骨片。（图10-6）

观察标本：1♀，湖南省新宁县崀山八角寨，2015年7月22日；2♀，崀山天一巷，2015年7月23日；2♀1♂，崀山天一巷（后门），2015年7月25日；2♀，崀山骆驼峰，2015年7月27日；1♀，崀山辣椒峰（后门），2015年7月27日。银海强、周兵、甘佳慧、龚玉辉、柳旺、曾晨、陈卓尔采。

地理分布：中国［湖南（崀山、长沙、浏阳、张家界），贵州，河南，台湾，重庆］，韩国，日本。

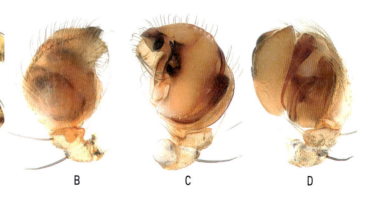

A.雄性外形，背面观 Male habitus, dorsal　B.触肢器，背面观 Palp, dorsal
C.同上，腹面观 Ditto, ventral　D.同上，后侧观 Ditto, retrolateral

▲图10-6　类矛涡蛛 *Octonoba sybotides*

喜妩蛛属 *Philoponella* Mello-Leitão, 1917

Philoponella Mello-Leitão, 1917: 4.

体小型。8 眼 2 列，后侧眼不位于背甲侧缘。雄蛛前中眼着生于眼丘之上，眼丘向前凸出（雌蛛此特征不明显）。外雌器交媾腔大。

模式种：*Uloborus republicanus* Simon, 1891。

目前该属全球已记载 41 种，其中中国 8 种。崀山 1 种。

●隆喜妩蛛 *Philoponella prominens* (Bösenberg & Strand, 1906)

Uloborus prominens Bösenberg & Strand, 1906: 106, pl. 15, fig. 410.

Philoponella prominens Yoshida, 1980: 63; Song, Zhu & Chen, 1999: 84, f. 36J–K, 36E; Yin et al., 2012: 226, fig. 69a–e.

Philoponella prominensis Chen & Zhang, 1991: 50, fig. 41.1–6.

雌蛛：背甲灰黑色，密被灰白绒毛，头区隆起。腹部槌形，腹部前 1/3 处隆起，其上有 1 对小突起，腹部背面灰色，密布白色绒毛，同时具白色和黑色斑纹。外雌器腹面观，交媾腔大，交媾孔靠近后边缘的两侧。背面观，纳精囊 1 对，相距很远，交媾管粗长，呈螺旋状卷曲。（图 10-7）

雄蛛：崀山尚未发现。

观察标本：1 ♀，湖南省新宁县崀山辣椒峰（后门），2015 年 7 月 27 日，银海强、周兵、甘佳慧、龚玉辉、柳旺、曾晨、陈卓尔采。

地理分布：中国［湖南（崀山、长沙、浏阳、石门、道县、慈利、江永），福建，浙江，四川，台湾］，日本，韩国。

A. 雌性外形，背面观 Female habitus, dorsal　B. 生殖厣 Epigynum　C. 阴门 Vulva

▲图 10-7　隆喜妩蛛 *Philoponella prominens*

11. 类球蛛科
Family Nesticidae Simon, 1894

Nesticidae Simon, 1894: 738.

体中、小型。8 眼 2 列，洞穴种类其眼通常退化甚至无眼。第IV步足跗节具锯齿状毛。舌状体大，三角形或指状。

该科蜘蛛大部分种类发现于洞穴或类似洞穴的环境。

模式属：*Nesticus* Thorell, 1869。

除非洲、中亚、西伯利亚等地以外，该科蜘蛛广泛分布，目前已记载 16 属 280 种，其中中国 6 属 55 种。崀山 1 属 2 种。

小类球蛛属 *Nesticella* Lehtinen & Saaristo, 1980

Nesticella Lehtinen & Saaristo, 1980: 55.

体小型。8眼2列，眼发达。腹部通常满被刚毛。外雌器有短的垂体，纳精囊与交媾管整体结构很紧凑，两者界限不清晰。触肢器副跗舟结构复杂，有1简单的远端突起（突起有时呈双叉状），具有1或2腹突，通常无背突；插入器细长，通常围绕生殖球旋绕半圈；引导器简单；无中突。

模式种：*Nesticus nepalensis* Hubert, 1973。

目前该属全球已记载72种，其中中国39种。崀山2种。

●底栖小类球蛛 *Nesticella mogera* (Yaginuma, 1972)

Nesticus mogera Yaginuma, 1972: 621, fig. 1; Gong & Zhu, 1982: 62, fig. a–f; Hu, 1984: 175, fig. 184.1–6; Chen & Zhang, 1991: 157, fig. 155.1–5.

Nesticella mogera Song, Zhu & Chen, 1999: 86, fig. 37B–C, H; Zhu & Zhang, 2011: 67, fig. 34A–E; Yin et al., 2012: 235, fig. 74a–d; Liu & Li, 2013a: 521, figs 17A–D, 18A–D.

雌蛛：背甲淡黄色，8眼2列，前中眼最小。中窝与眼区之间具有3列刚毛。腹部卵圆形，灰褐色，密被细毛。外雌器后缘具1扁的小垂体，纳精囊与交媾管处于一条斜线上，左右一起呈倒"八"字形，处于前端的、分离距离较远的是纳精囊，后端相距稍近的颜色更深的是交媾管。（图11-1）

A.雌性外形，背面观 Female habitus, dorsal B.生殖厣 Epigynum C.阴门 Vulva

▲图 11-1 底栖小类球蛛 *Nesticella mogera*

雄蛛： 背甲颜色稍浅，其他一般特征同雌蛛。触肢器副跗舟腹面观，其腹突尖，背突宽、朝腹面弯曲呈钩状；插入器细长，黑色，环绕生殖球半圈。（图11-2）

观察标本： 45♀15♂，湖南省新宁县崀山飞廉洞，2014年11月23日；3♀1♂，崀山玉女岩，2014年11月25日；43♀4♂，崀山风神洞，2014年11月26日。以上标本均由银海强、王成、周兵、龚玉辉、甘佳慧采。

地理分布： 中国〔湖南（崀山、长沙、道县），贵州，浙江，陕西，山东，内蒙古，重庆〕，韩国，日本。另，夏威夷，阿塞拜疆，斐济，德国为引入种（introduced）。

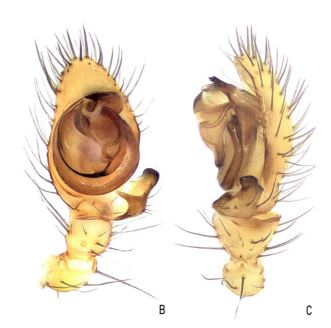

A. 雄性外形，背面观 Male habitus, dorsal B. 触肢器，腹面观 Palp, ventral
C. 同上，后侧观 Ditto, retrolateral

▲图11-2 底栖小类球蛛 *Nesticella mogera*

●齿小类球蛛 *Nesticella odonta* (Chen, 1984)

Nesticus odontus Chen, 1984: 34, figs 1-6; Chen & Zhang, 1991: 158, fig. 156.1-6.

Nesticella odonta Platnick, 1989b: 184; Song, Zhu & Chen, 1999: 86, figs 12E, 37E-F, I; Yin et al., 2012: 237, f.ig. 75a-d; Lin, Ballarin & Li, 2016: 52, figs 24A-D, 25A-G.

雌蛛：背甲棕黄色，边缘颜色较深。中窝至眼区之间有 3 条褐色斑。腹部卵圆形，乳白色，背面具 5 对黑色斑，后 2 对左右相连。外雌器背面观，纳精囊与交媾管处于一条纵线上，左右平行，处于前端的、分离距离较远的是纳精囊，后端相距稍近、颜色更深的是交媾管。(图 11-3)

雄蛛：崀山尚未发现。

观察标本：1 ♀，湖南省新宁县崀山天一巷（后门），2015 年 7 月 25 日；1 ♀，崀山辣椒峰，2014 年 11 月 27 日。以上标本均由银海强、王成、周兵、甘佳慧、龚玉辉、柳旺、曾晨、陈卓尔、何秉妍。

地理分布：中国［湖南（崀山、江永），安徽，浙江］。

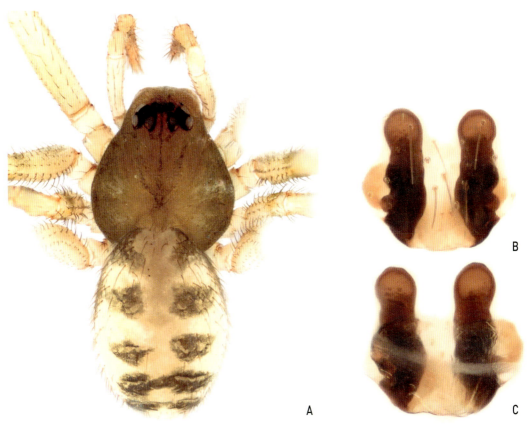

A.雌性外形，背面观 Female habitus, dorsal　B.生殖厣 Epigynum　C.阴门 Vulva

▲图 11-3　齿小类球蛛 *Nesticella odonta*

12. 球蛛科
FamilyTheridiidae Sundevall,1833

Theridiidae Sundevall, 1833: 15.

体通常中、小型（2～5 mm），部分类群体大型（如 *Argyrodes*）。8 眼 2 列，前中眼黑色，其余 6 眼白色；少数 6 眼，4 眼或无眼。螯肢无侧结节（lateral condyle）。下唇远端不加厚。步足少刺或无刺，3 爪。腹部绝大多数呈球形，但有些种类呈三角形、长卵圆形等其他形状。纺器 3 对。舌状体有或无，亦或在相应位置上仅有数根刚毛。

本科蜘蛛通常在第 IV 步足跗节腹面有一列排列整齐的、略弯曲的锯齿状毛，起毛梳作用，在捕获猎物时可梳理出特殊的粘丝缠绕猎物，故本科蜘蛛也称为梳足蛛（comb-footed spider）。但这种毛梳结构并非球蛛科蜘蛛所特有，比如类球蛛科也具锯齿状毛。

本科蜘蛛很常见，通常在屋檐、屋角、树杈间、杂草丛、土坡凹壁、篱笆等处结网，网属于不规则三维网，有些种类筑造特殊的钟形巢，如卡帕蛛属（*Campanicola*）的成员等。

模式属：*Theridion* Walckenaer, 1805。

全球性分布，目前共记载 124 属 2 531 种，其中中国 47 属 403 种。崀山 19 属 45 种。

银斑蛛属 *Argyrodes* Simon, 1864

Argrodes Simon, 1864: 254.

体小至中型（雄蛛 1.3 ～ 9 mm；雌蛛 1 ～ 11.3 mm）。头胸部略扁，后方较低，头区抬起；或者背甲中部横向凹陷而使眼区和胸区相对较高。雌蛛额部垂直或前伸；雄蛛的眼区和额分别向前上方突出而使得两突起之间形成横沟或缝；也或者眼区与额均无突起，亦或只有其中之一具突起。第 I 步足最长，第 IV 步足跗节通常无锯齿状毛，如有则位于跗节前端的侧面，而非腹面。腹部呈黄褐色、银白色或橘红色，通常有银白色斑。腹部通常高大于长，腹末端显著突出在纺器之上；腹部侧面观，或多或少呈三角状。舌状体大，舌状体上通常着生 2 根刚毛。

本属蜘蛛多寄居在其他大型蜘蛛的网上，如园蛛科（Araneidae）络新妇属（*Nephila*）、云斑蛛属（*Cyrtophora*）的网上。

模式种：*Linyphia argyrodes* Walckenaer, 1841。

世界性分布，全球共记载 93 种，主要分布于热带地区。中国 11 种，其中崀山 2 种。

●裂额银斑蛛 *Argyrodes fissifrons* O. Pickard-Cambridge, 1869

Argyrodes fissifrons O. Pickard-Cambridge, 1869: 380, pl. 12, figs 31-38; Feng, 1990: 115, fig. 90.1-5; Song, Zhu & Li, 1993: 854, fig. 5A-E; Yin et al., 2012: 279, fig. 98a-e.

Argyrodes menlunensis Zhu & Song, 1991: 139, fig. 11A-C; Zhu, 1998: 220, fig. 144A-C; Song, Zhu & Chen, 1999: 100, fig. 46G-H.

雌蛛：背甲黄褐色。眼区稍隆起，前、后眼列皆后曲。腹部侧面观，略呈三角形；腹背心斑明显，两侧具银色斑。外雌器黑褐色，角质化程度高。纳精囊纵向卵圆形；交媾管起始于纳精囊后方，随即向内侧、再向前方延伸。（图 12-1）

 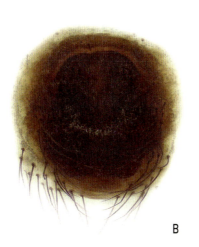 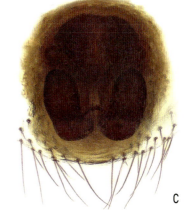

A.雌性外形，背面观 Female habitus, dorsal　B.生殖厣 Epigynum　C.阴门 Vulva

▲图 12-1　裂额银斑蛛 *Argyrodes fissifrons*

雄蛛：眼区向前方突出，额部也向前突出，两突起之间形成很深的凹陷。触肢器的引导器膜质，形如小鱼篓（尹等，2012：280，图98b, e）。（图12-2）

观察标本：1♀，湖南省新宁县崀山天生桥，2015年7月28日；1♂，崀山骆驼峰，2015年7月27日，银海强、周兵、甘佳慧、龚玉辉、柳旺、曾晨、陈卓尔采。

地理分布：中国［湖南（崀山、浏阳、道县、绥宁、江永），贵州，江西，福建，广西，海南，云南，香港，台湾］，印度，斯里兰卡，新加坡，澳大利亚，缅甸，印度尼西亚，日本，巴布亚新几内亚。

A 雄性外形，背面观 Male habitus, dorsal B.同上，侧面观 Ditto, lateral
C.触肢器，前侧观 Palp, prolateral D.同上，腹面观 Ditto, ventral
E.同上，后侧观 Ditto, retrolateral

▲图 12-2　裂额银斑蛛 *Argyrodes fissifrons*

●拟红银斑蛛 *Argyrodes miltosus* Zhu & Song, 1991

Argyrodes miltosus Zhu & Song, 1991: 139, fig. 12A–C; Zhu, 1998: 205, fig. 133A–F; Song, Zhu & Chen, 1999: 100, figs 47A–B, K–L; Zhu & Zhang, 2011: 83, fig. 45A–F; Yin et al., 2012: 282, fig. 100a–f.

Argyrodes miniaceus Zhu & Song, 1991: 141, fig. 13A–C; Chen & Zhang, 1991: 152, fig. 148.1–3.

雄蛛：背甲黄褐色。眼区和额分别向前突出，两突起之间形成很深的凹陷。腹部已干瘪，但腹末端黑斑明显。触肢器的插入器基部宽大，前侧面观，插入器末端尖细。（图 12-3）

雌蛛：眼区和额也分别向前突出。纳精囊纵向卵圆形；交媾管细长，起始于纳精囊后端，向两侧延伸（尹等，2012：282，图 100a, b, c）。崀山尚未发现。

观察标本：1 ♂，湖南省新宁县崀山骆驼峰，2015 年 7 月 27 日，银海强、周兵、甘佳慧、龚玉辉、柳旺、曾晨、陈卓尔采。

地理分布：中国［湖南（崀山、石门、衡阳、宜章、桑植），浙江，湖北，贵州，重庆］。

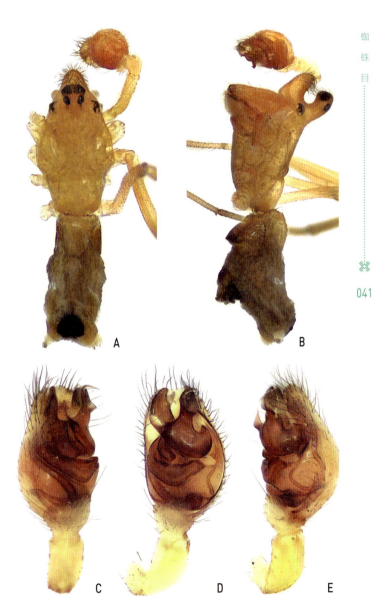

A.雄性外形，背面观 Male habitus, dorsal　B.同上，侧面观 Ditto, lateral
C.触肢器，前侧观 Palp, prolateral　D.同上，腹面观 Ditto, ventral
E.同上，后侧观 Ditto, retrolateral

▲图 12-3　拟红银斑蛛 *Argyrodes miltosus*

卡帕蛛属 *Campanicola* Yoshida, 2015

Campanicola Yoshida, 2015: 33.

体型小。腹部不具有宽而纵长的心脏斑（cardiac pattern）。外雌器交媾腔小；交媾管细，扭转部位离纳精囊稍远，不是在靠近纳精囊的位置扭转。触肢器的引导器末端尖，尖端指向远端。

本属蜘蛛以砂粒、碎泥和碎叶等筑造钟形巢，但筑造钟形巢的蜘蛛不仅仅限于本属成员。

模式种：*Campanicola formosana* Yoshida, 2015。

目前该属全球 10 种，仅分布在中国。崀山 2 种。

●钟巢卡帕蛛 *Campanicola campanulata* (Chen, 1993)

Achaearanea campanulata Chen & Zhang, 1991: 138, fig. 130.1–5; Chen, 1993: 36, figs 1–5; Zhu, 1998: 88, fig. 50A–E; Song, Zhu & Chen, 1999: 86, fig. 38E–F, M–N; Zhu & Zhang, 2011: 71, fig. 36A–E; Yin et al., 2012: 250, fig. 80a–e.

Parasteatoda campanulata Yoshida, 2008: 39.

Campanicola campanulata Yoshida, 2015: 33.

雌蛛： 背甲梨形。腹部高大于长，腹背密被褐色短刚毛，两侧具 3 对"八"字形白色斑，中间 1 对最大，接近腹后缘的正中有 1 块白色斑。外雌器腹面观，交媾腔接近圆形，位于外雌器中部；交配孔 1 对，圆形，位于交媾腔后部，但并不紧挨交媾腔边缘。外雌器背面观，纳精囊接近肾形，交媾管在总长度约 1/2 处强扭转。在扭转位置，交媾管相距很近或者相互紧挨在一起。（图12-4）

雄蛛： 一般特征同雌蛛。插入器起始于生殖球靠前端的前侧面，逆时针扭转 2/3 周后，朝触肢器远端延伸；引导器尖端短，颜色较深（Li et al., 2021: 99, figs 2E, F）。崀山尚未发现。

观察标本： 1♀，湖南省新宁县崀山八角寨，2015 年 7 月 22 日；3♀，崀山天一巷，2015 年 7 月 23 日，银海强、周兵、甘佳慧、龚玉辉、柳旺、曾晨、陈卓尔采。

地理分布： 中国 [湖南（崀山、长沙、湘阴、浏阳、常德、张家界、凤凰、永顺、衡阳、炎陵、城步、通道、绥宁、道县），湖北，贵州，浙江，福建]。

A. 雌性外形，背面观 Female habitus, dorsal

B. 生殖厴 Epigynum　C. 阴门 Vulva

▲图 12-4　钟巢卡帕蛛 *Campanicola campanulata*

●蹄形卡帕蛛 *Campanicola ferrumequina* (Bösenberg & Strand, 1906)

Theridion ferrum-equinum Bösenberg & Strand, 1906: 139, pl. 12, fig. 261; Yaginuma, 1960: 36, fig. 34.5

Achaearanea ferrumequina Yoshida, 1983: 40; Zhu, 1998: 99, fig. 56A–C; Song, Zhu & Chen, 1999: 90, fig. 39G–H; Yin et al., 2012: 255, fig. 84a–e.

Campanicola ferrumequina Yoshida, 2015: 33; Li et al., 2021: 101, figs 4A–H, 5A–F, 6A–C.

雌蛛：背甲梨形,黄褐色。腹部高大于长,腹背密被褐色短刚毛,背面具浅色斑纹,浅斑纹上有白色斑点。外雌器腹面观,交媾腔位于外雌器后缘,近长方形,长大于宽。外雌器背面观,纳精囊球形,彼此相距很近;交媾管细长而强烈扭转,至少有 2 处强扭转。（图 12-5）

雄蛛：一般特征同雌蛛。插入器大约起始于生殖球中部的后侧面,逆时针稍扭转后又顺时针稍扭转,总体呈"S"形;引导器尖端长而尖,朝触肢器远端方向显著延伸,末端位置远远超出跗舟远端（Li et al., 2021: 104, figs 6E, F）。崀山尚未发现。

观察标本：2 ♀,湖南省新宁县崀山八角寨,2015 年 7 月 22 日,银海强、周兵、甘佳慧、龚玉辉、柳旺、曾晨、陈卓尔采。

地理分布：中国［湖南（崀山、道县、衡阳、江永）,海南,福建,四川,台湾］,韩国,日本。

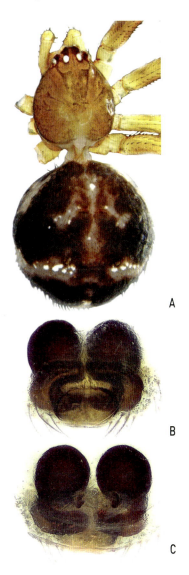

A.雌性外形，背面观 Female habitus, dorsal (from Li et al.,2012)

B.生殖厣 Epigynum C.阴门 Vulva

▲图 12-5 蹄形卡帕蛛 *Campanicola ferrumequina*

千国蛛属 *Chikunia* Yoshida, 2009

Chikunia Yoshida, 2009: 72.

背甲卵形。步足短，第Ⅰ步足膝节与胫节长度之和是背甲长的 1.4～1.7 倍（在丽蛛属 *Chrysso* 和美蒂蛛属 *Meotipa*，则是 1.8～4.0 倍）。腹部宽，橘色或黑色，雌蛛腹部具 1 对大的侧突和 1 个小的后突，雄蛛腹部未骨化（在丽蛛属 *Chrysso*，雄蛛腹部前端骨化）。外雌器的纳精囊球形，彼此相距很近；交媾管不明显。触肢器的引导器三角形，尖端短；盾片与亚盾片大，球形。

模式种：*Theridula albipes* Saito, 1935。

目前该属全球仅 3 种，主要分布在亚洲，其中中国 2 种。崀山 1 种。

● 黑千国蛛 *Chikunia nigra* (O. P.-Cambridge, 1880)

Argyrodes nigra O. Pickard-Cambridge, 1880: 341, pl. 30, fig. 20.

Chrysso nigra Levi, 1962: 209, fig. 1–2; Zhu, 1998: 53, fig. 27A–E; Song, Zhu & Chen, 1999: 103, fig. 49G–H, O; Yin et al., 2012: 298, fig. 110a–d.

Chikunia nigra Grinsted, Agnarsson & Bilde, 2012: 1027.

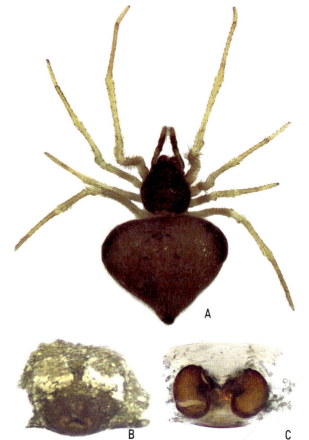

雌蛛：背甲黑色。腹部黑褐色，三角形，两肩部隆起。外雌器腹面观，交媾腔小，靠近外雌器后缘；外雌器背面观，纳精囊蚕豆形，交媾管短而不大明显。（图 12-6）

雄蛛：崀山尚未发现。

观察标本：2♀，湖南省新宁县崀山八角寨，2015 年 7 月 22 日；1♀，崀山天一巷，2015 年 7 月 23 日；2♀，崀山天一巷（后门），2015 年 7 月 25 日；1♀，崀山辣椒峰，2015 年 7 月 26 日；4♀，崀山骆驼峰，2015 年 7 月 27 日；1♀，崀山辣椒峰（后门），2015 年 7 月 27 日；1♀，崀山天生桥，2015 年 7 月 28 日，银海强、周兵、甘佳慧、龚玉辉、柳旺、曾晨、陈卓尔采。

地理分布：中国［湖南（崀山、绥宁、张家界、道县），福建，海南，广西，台湾］，印度尼西亚，斯里兰卡，印度。

A. 雌性外形，背面观 Female habitus, dorsal　B. 生殖厣 Epigynum
C. 阴门 Vulva

▲图 12-6　黑千国蛛 *Chikunia nigra*

丽蛛属 *Chrysso* O. P.-Cambridge, 1882

Chrysso O. Pickard-Cambridge, 1882: 429.

　　体中小型，通常 1～5 mm。体色大多艳丽，黄色、白色，多具黑色或银白色斑。螯肢齿堤通常无齿。步足细长，尤以第 I 步足最长，约为第 IV 步足长的 3～4 倍，第 IV 步足跗节具明显的锯齿状毛。腹部长大于宽，也大于高，后端向后上方突出于纺器上方。无舌状体，舌状体位置亦无刚毛。外雌器骨化程度不高，交媾腔圆形或椭圆形。触肢器具所有骨化结构，副跗舟在跗舟腔窝内为 1 小陷窝或小泡。

　　模式种：*Chrysso albomaculata* O. P.-Cambridge, 1882。

　　目前该属全球已记载 64 种，主要分布在亚洲，其中中国 25 种。崀山 3 种。

●携尾丽蛛 *Chrysso caudigera* Yoshida, 1993

　　Chrysso caudigera Yoshida, 1993: 29, figs 6-9; Zhu, 1998: 52, fig. 26A-E; Song, Zhu & Chen, 1999: 103, figs 48J-K, M-N.

　　雌蛛：背甲黑色。腹部背面近黑色，具浅色斑，腹部末端向后上方突出，突起尖细，似尾。外雌器腹面观，结构简单，交媾腔椭圆形。外雌器背面观，纳精囊球形，彼此相距一个纳精囊直径的距离；交媾管短，不甚明显。（图 12-7）

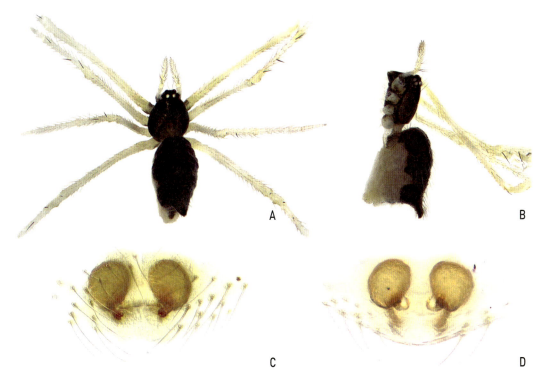

A.雌性外形，背面观 Female habitus, dorsal　B.同上，侧面观 Ditto, lateral　C.生殖厣 Epigynum　D.阴门 Vulva

▲图 12-7　携尾丽蛛 *Chrysso caudigera*

雄蛛：因腹部已干瘪，腹末端尾状突起不明显。触肢器的插入器和引导器位于生殖球顶端的中央，朝触肢器远端延伸，超出跗舟远端。（图 12-8）

观察标本：7♀，湖南省新宁县崀山八角寨，2015 年 7 月 22 日；5♀，崀山天一巷（后门），2015 年 7 月 25 日，银海强、周兵、甘佳慧、龚玉辉、柳旺、曾晨、陈卓尔采。15♀6♂，湖南省石门县壶瓶山镇泉坪村沿山公路，2014 年 6 月 17 日，甘佳慧、王成、周兵、龚玉辉采。

地理分布：中国［湖南（崀山），甘肃，贵州，重庆，台湾］

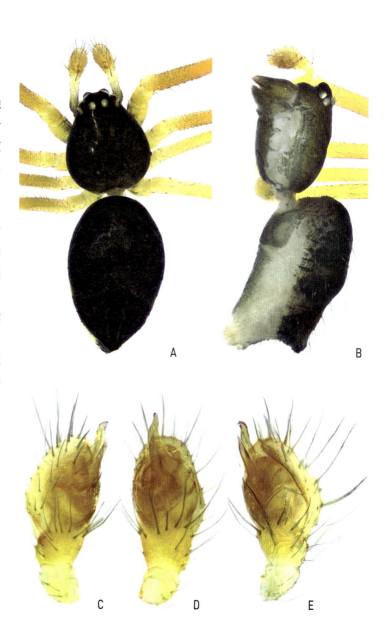

A. 雄性外形，背面观 Male habitus, dorsal　B. 同上，侧面观 Ditto, lateral
C. 触肢器，前侧观 Palp, prolateral　　　D. 同上，腹面观 Ditto, ventral
E. 同上，后侧观 Ditto, retrolateral

▲图 12-8　携尾丽蛛 *Chrysso caudigera* Yoshida

●胡氏丽珠*Chrysso huae* Tang, Yin & Peng, 2003

Chrysso huae Tang, Yin & Peng, 2003: 54, figs 7–11; Yin et al., 2012: 294, fig. 107a–e.

雌蛛：背甲灰褐色。腹部长卵圆形，背面正中有灰褐色纵条纹，其余部分淡灰褐色网纹与银色鳞斑相间。外雌器腹面观，交媾腔后位，靠近生殖沟。背面观，纳精囊棕色，大，肾形；交媾管短，淡黄色，开口于交媾腔两侧。（图 12-9）

观察标本：1♀，湖南省新宁县崀山八角寨，2015 年 7 月 22 日；1♀，崀山天一巷，2015 年 7 月 23 日；1♀，崀山天一巷（后门），2015 年 7 月 25 日；4♀，崀山骆驼峰，2015 年 7 月 27 日，银海强、周兵、甘佳慧、龚玉辉、柳旺、曾晨、陈卓尔采。

地理分布：中国［湖南（崀山、张家界）］。

A

B   C

A.雌性外形，背面观 Female habitus, dorsal B.生殖厣 Epigynum C.阴门 Vulva

▲图 12-9 胡氏丽珠*Chrysso huae*

●玻璃丽珠 *Chrysso vitra* Zhu, 1998

Chrysso vitra Zhu, 1998: 61, fig. 33A–G; Song, Zhu & Chen, 1999: 107, fig. 51G–H, L–M.

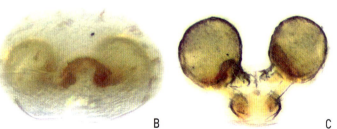

雌蛛： 背甲色浅，呈半透明状，眼区之后具一褐色纵斑。腹部长卵圆形，后端向后上方突出且明显变小变尖，腹背具大面积白色鳞状斑。外雌器腹面观，交媾腔不太明显。外雌器背面观，纳精囊球形，彼此相距不到一个纳精囊直径的距离；交媾管短，不太明显。（图 12-10）

A.雌性外形，背面观 Female habitus, dorsal　B.生殖厣 Epigynum　C.阴门 Vulva

▲图 12-10　玻璃丽珠 *Chrysso vitra*

雄蛛：背甲同雌蛛。腹背白色鳞状斑明显比雌蛛少，腹末端的突起也不如雌蛛那样显著。触肢器的引导器粗壮，基部向远端延伸，随后稍呈逆时针方向扭转，引导器整体形状稍呈倒"S"状；插入器直而细。（图12-11）

观察标本：3♀，湖南省新宁县崀山天一巷，2015年7月21日；2♀，崀山八角寨，2015年7月22日；3♀，崀山天一巷，2015年7月23日；3♀2♂，崀山天一巷（后门），2015年7月25日；18♀2♂，崀山辣椒峰，2015年7月26日；8♀1♂，崀山骆驼峰，2015年7月27日；23♀4♂，崀山辣椒峰（后门），2015年7月27日；45♀11♂，崀山天生桥，2015年7月28日；28♀6♂，崀山紫霞峒，2015年7月28日；1♀，崀山天一巷，2014年11月22日；1♀，崀山紫霞峒，2014年11月26日，银海强、王成、周兵、甘佳慧、龚玉辉、柳旺、曾晨、陈卓尔所采。

地理分布：中国［湖南（崀山），贵州，福建］。

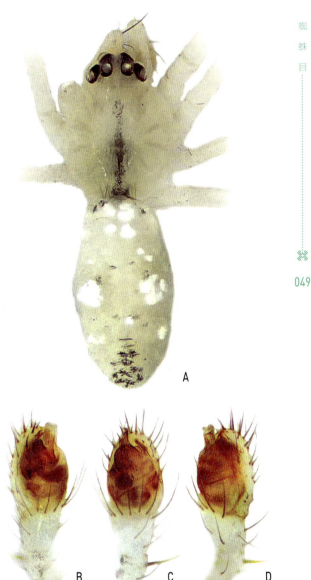

A.雄性外形，背面观 Male habitus, dorsal　B.触肢器，前侧观 Palp, prolateral
C.同上，腹面观 Ditto, ventral　D.同上，后侧观 Ditto, retrolateral

▲图12-11　玻璃丽珠*Chrysso vitra*

圆腹蛛属 *Dipoena* Thorell, 1869

Dipoena Thorell, 1869: 91.

体小型，一般 2～4 mm。通常雌蛛背甲正常；雄蛛背甲很高，具有背沟或凹陷。侧面观，雌、雄蛛眼域均高耸于额上方，额高通常 2～6 倍于前中眼直径。步足较短，第 I 或第 IV 步足最长。腹部圆形或卵圆形，前端向前突出而覆盖住部分胸区；腹背通常密布刚毛，刚毛基部毛囊突出于体表形成细小的颗粒状突起，少数种类腹背具驼峰。纳精囊 2 对，多数呈球形，1 对大，1 对小。触肢器的中突常与盾片相连；透过盾片表面，输精管（sperm duct）清晰可见；插入器和引导器一般较短。

模式种：*Atea melanogaster* C. L. Koch, 1837。

目前该属全球已记载 164 种，其中中国 23 种。崀山 5 种。

●后弯圆腹蛛 *Dipoena redunca* Zhu, 1998

Dipoena redunca Zhu, 1998: 232, fig. 151A–F; Song, Zhu & Chen, 1999: 112, fig. 56A–B, I–J.

雄蛛：背甲黄褐色。前、后眼列皆后曲。中窝短。腹部卵形，灰褐色，密布小的、浅色斑点，刚毛基部突出体表呈小疣突状。触肢器的跗舟顶端具 1 短的指形突起；亚盾片、盾片被白色膜质结构包裹；引导器位于生殖球顶部，短，稍稍扭转，末端指向触肢器远端。（图 12-12）

雌蛛：崀山尚未发现。

观察标本：1♂，湖南省新宁县崀山天一巷，2015 年 7 月 23 日；1♂，崀山辣椒峰，2015 年 7 月 26 日；5♂，崀山紫霞峒，2015 年 7 月 28 日，银海强、周兵、甘佳慧、龚玉辉、柳旺、曾晨、陈卓尔采。

地理分布：中国［湖南（崀山），海南］。

A.雄性外形，背面观 Male habitus, dorsal   B.触肢器，前面观 Palp, prolateral   C.同上，腹侧观 Ditto, ventral

▲ 图 12-12   后弯圆腹蛛 *Dipoena redunca*

●溪岸圆腹蛛 *Dipoena ripa* Zhu, 1998

Dipoena ripa Zhu, 1998: 233, fig. 152A–D; Song, Zhu & Chen, 1999: 112, fig. 56C–D.

雌蛛：背甲黄褐色。腹部灰褐色，背面密被细毛。外雌器后缘朝后方突出，形成唇形突起；纳精囊分2室，后室显著大于前室；前后两室间连接管短。（图12-13）

雄蛛：崀山尚未发现。

观察标本：2♀，湖南省新宁县崀山辣椒峰，2015年7月26日；1♀，崀山紫霞峒，2015年7月28日，银海强、周兵、甘佳慧、龚玉辉、柳旺、曾晨、陈卓尔采。

地理分布：中国［湖南（崀山），湖北］。

A.雌性外形，背面观Female habitus, dorsal　B.生殖厣Epigynum　C.阴门Vulva

▲图 12-13　溪岸圆腹蛛 *Dipoena ripa*

●塔圆腹蛛 *Dipoena turriceps* (Schenkel, 1936)

Paoningia turriceps Schenkel, 1936: 42, fig. 12; Levi & Levi, 1962: 41, fig. 62.

Dipoena turriceps Zhu, 1998: 244, fig. 161A–F; Song, Zhu & Chen, 1999: 112, fig. 57C–D, I; Yin et al., 2012: 325, fig. 127a–c.

雄蛛：背甲淡黄色，具大型略呈"Y"型的黑褐色斑纹，黑褐色斑纹处背沟明显。腹部长卵圆形，淡黄色，背面具从前缘延伸至两侧的大型黑色斑，腹背具黄褐色细毛和较长的刚毛，中部2对褐色长刚毛很醒目。触肢器腹面观，跗舟远端三角形；中突粗壮，纵向延伸，远端稍小；引导器短，横向扭转。（图12-14）

雌蛛：崀山尚未发现。

观察标本：11♀3♂，湖南省新宁县崀山八角寨，2015年7月22日；2♀，崀山天一巷，2015年7月23日；5♀3♂，崀山辣椒峰，2015年7月26日；11♀3♂，崀山骆驼峰，2015年7月27日；1♀，崀山天一巷，2014年11月21日；1♀1♂，崀山天一巷，2014年11月22日；1♀，崀山紫霞峒，2014年11月26日，银海强、王成、周兵、龚玉辉、甘佳慧、柳旺、曾晨、陈卓尔采。

地理分布：中国［湖南（崀山、石门），海南，广西，云南，四川］，老挝。

A.雄性外形，背面观 Male habitus, dorsal　B.触肢器，前侧观 Palp, prolateral　C.同上，腹面观 Ditto, ventral

▲图 12-14　塔圆腹蛛 *Dipoena turriceps*

●王氏圆腹蛛 *Dipoena wangi* Zhu, 1998

Dipoena wangi Zhu, 1998: 245, fig. 162A–F; Song, Zhu & Chen, 1999: 112, fig. 57E–F, J–K; Seo, 2004: 28, figs 1–3; Zhu & Zhang, 2011: 94, fig. 54A–F; Yin et al., 2012: 326, fig. 128a–f.

雄蛛：背甲褐色，颈沟、放射沟、中窝处颜色稍深。腹部卵圆形，背面黑褐色，密布短刚毛，刚毛基部形成褐色小斑点。触肢器的引导器宽短，膜质；插入器短，基部宽，尖端呈鸟喙状。（图12-15）

观察标本：1♂，湖南省新宁县崀山天一巷（后门），2015年7月25日，银海强、周兵、甘佳慧、龚玉辉、柳旺、曾晨、陈卓尔采。

地理分布：中国［湖南（崀山、长沙、绥宁），陕西，河南］，韩国。

A. 雄性外形，背面观 Male habitus, dorsal　B. 触肢器，前侧观 Palp, prolateral
C. 同上，腹面观 Ditto, ventral　D. 同上，后侧观 Ditto, retrolateral

▲图 12-15　王氏圆腹蛛 *Dipoena wangi*

●张氏圆腹蛛 *Dipoena zhangi* Yin, 2012

Dipoena zhangi Yin et al., 2012: 327, fig. 129a–g.

雌蛛：背甲褐色，两侧颜色更深。腹部近似心形，前边缘略向后方凹入。腹背面密被刚毛，前半部黑褐色，后半部黄白色，2 对褐色肌斑位于腹背中部。外雌器黄褐色，前缘有 1 角质横框。纳精囊 2 对，球形，前对纳精囊显著小于后对，交媾管在前对纳精囊间略呈"X"形状。（图 12-16）

雄蛛：崀山尚未发现。

观察标本：5♀，湖南省新宁县崀山紫霞峒，2015 年 7 月 28 日，银海强、周兵、甘佳慧、龚玉辉、柳旺、曾晨、陈卓尔采；1♀，崀山紫霞峒，2014 年 11 月 26 日，银海强、王成、周兵、龚玉辉、甘佳慧采。

地理分布：中国［湖南（崀山、常德、绥宁）］。

A.雌性外形，背面观 Female habitus, dorsal　B.生殖厣 Epigynum　C.阴门 Vulva

▲图 12-16　张氏圆腹蛛 *Dipoena zhangi*

丘腹蛛属 *Episinus* Walckenaer, 1809

Episinus Walckenaer, in Latreille, 1809:371.

中、小型蜘蛛。背甲长大于宽,额前伸。前中眼最小,眼域与额之间凹入。步足有深色斑点、斑纹或条带,膝节外侧常常外突扩展,第Ⅳ步足跗节有明显的锯齿状毛。腹部长大于宽,最宽处常形成刺突、丘或驼峰。舌状体小,其上着生 2 根刚毛,或无舌状体而在该位置着生 2 根刚毛。

模式种: *Episinus truncatus* Latreille, 1809。

目前该属全球已记载 65 种,其中中国 11 种。崀山 3 种。

●南岳丘腹蛛 *Episinus nanyue* Yin, 2012

Episinus nanyue Yin, in Yin et al, 2012: 344, fig. 139a–c.

雌蛛:背甲梨形,褐色。腹部长,近腹末端左右两侧各形成驼峰状突起。外雌器交媾腔小,离生殖沟很近,交媾腔后缘角质化程度高。纳精囊长椭圆形,彼此相距很近;交媾管起始于纳精囊背面,盘旋曲折,除前后两端很短的距离外,其余部分折叠呈双管并行情况。(图 12-17)

雄蛛:崀山尚未发现。

观察标本: 2 ♀,湖南省新宁县崀山天一巷(后门),2015 年 7 月 25 日;1 ♀,崀山骆驼峰,2015 年 7 月 27 日;1 ♀,崀山辣椒峰(后门),2015 年 7 月 27 日,银海强、周兵、甘佳慧、龚玉辉、柳旺、曾晨、陈卓尔采。

地理分布:中国[湖南(崀山、南岳)]。

A.雌性外形,背面观 Female habitus, dorsal　B.生殖厣 Epigynum　C.阴门 Vulva

▲图 12-17　南岳丘腹蛛 *Episinus nanyue*

●云斑丘腹蛛 *Episinus nubilus* Yaginuma, 1960

Episinus nubilus Yaginuma, 1960: append. 3, pl. 11, figs 38, 66, 101E; Zhu & Zhang, 2011: 98, fig. 57A–E; Yin et al, 2012: 345, fig. 140a–e.

Episinus bicornutus Yoshida, 1983: 76, fig. 11; Seo, 1985: 97, figs 1–4; Song, 1987: 124, fig. 84; Chen & Zhang, 1991: 147, fig. 142.1–4.

雌蛛：背甲梨形，黄褐色。头区隆起，胸区两侧具深色斑纹。腹部后端约 1/3 处最宽，该处左右两侧各有 1 角状突起。腹部背面灰褐色、白色斑纹相夹杂，正中 2 对小的红褐色肌斑。外雌器腹面观，交媾腔左右边缘呈"（ ）"形状。外雌器背面观，纳精囊蚕豆形，中间明显有 1 横向缩缢。（图 12-18）

雄蛛：崀山尚未发现。

观察标本：1♀，湖南省新宁县崀山八角寨，2015 年 7 月 22 日，银海强、周兵、甘佳慧、龚玉辉、柳旺、曾晨、陈卓尔采。

地理分布：中国［湖南（崀山、长沙、张家界），湖北，江西，贵州，福建，浙江，陕西，河南，台湾，重庆］，琉球群岛，韩国，日本。

A.雌性外形，背面观 Female habitus, dorsal　B.生殖厣 Epigynum　C.阴门 Vulva

▲图 12-18　云斑丘腹蛛 *Episinus nubilus*

宽胸蛛属 *Euryopis* Menge, 1868

Euryopis Menge, 1868: 174.

体中、小型。背甲的轮廓因种而异，眼域向前伸。螯肢不发达。大部分种类第Ⅳ步足跗节的锯齿状毛显著。腹部形状不一，呈倒梨形、长卵圆形、近似球形等。腹部前端通常朝前突出而覆盖住胸部的一部分或绝大部分。无舌状体，或在舌状体位置有 2 根刚毛。多数雌蛛具 2 对纳精囊。雄蛛触肢器无根部，盾片内输精管清晰可见。

模式种：*Micryphantes flavomaculata* C. L. Koch, 1836。

目前该属全球已记载 80 种，其中中国 8 种。崀山 2 种。

● 旋转宽胸蛛 *Euryopis cyclosisa* Zhu & Song, 1997

Euryopis cyclosisa Zhu & Song, 1997: 93, fig. A–C; Zhu, 1998: 40, fig. 19A–C; Song, Zhu & Chen, 1999: 123, fig. 62P–Q; Chen et al., 2017: 30, figs 1A–C, 2A–D, 3A–E.

雌蛛：背甲棕色。腹部宽扁，腹部前端覆盖住胸部。腹部背面棕色，稀疏散布长刚毛，具 2 对大型、醒目的浅色斑及 4 对小的、褐色肌斑。外雌器腹面观，交媾腔略呈方形，宽大于长，前沿角质化明显。外雌器背面观，2 对纳精囊均为球形，前对纳精囊大于后对纳精囊，且后对纳精囊透明。（图 12-19）

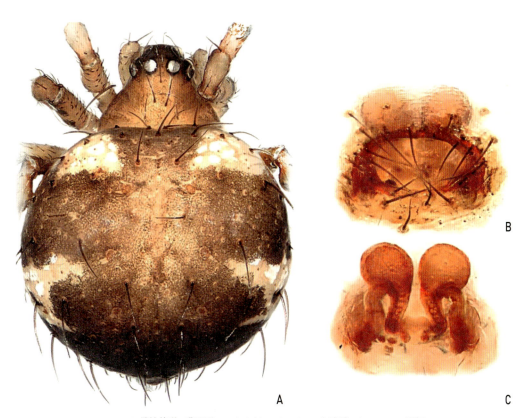

A.雌性外形，背面观 Female habitus, dorsal　B.生殖厣 Epigynum　C.阴门 Vulva

▲图 12-19　旋转宽胸蛛 *Euryopis cyclosisa*

雄蛛：腹部倒三角形，体色比雌蛛更深，腹背末端具 1 白色斑块，其余一般特征同雌蛛。触肢器中突强壮，朝触肢器远端方向延伸，末端超出触肢器远端边缘；插入器后侧起源，螺旋状扭转；引导器伴随插入器扭转，略呈"S"形。（图 12-20）

观察标本：1 ♂，崀山天一巷，2015 年 7 月 23 日；1 ♀，崀山天一巷（后门），2015 年 7 月 25 日；1 ♂，崀山骆驼峰，2015 年 7 月 27 日，银海强、周兵、甘佳慧、龚玉辉、柳旺、曾晨、陈卓尔采。

地理分布：中国〔湖南（崀山），香港〕。

A

B   C   D

A. 雄性外形，背面观 Male habitus, dorsal　B. 触肢器，前侧观 Palp, prolateral
C. 同上，腹面观 Ditto, ventral　D. 同上，后侧观 Ditto, retrolateral

▲图 12-20　旋转宽胸蛛 *Euryopis cyclosisa*

●帽状宽胸蛛 *Euryopis galeiforma* Zhu, 1998

Euryopis galeiforma Zhu, 1998: 35, fig. 15A–D; Song, Zhu & Chen, 1999: 123, fig. 63A–B; Yin et al. 2012: 347, fig. 141a–c.

雌蛛：背甲橘红色，头区显著隆起。腹部卵圆形，前缘中部稍后凹。腹部背面灰黄色，具大型、浅色斑块 3～4 对；密布短刚毛，刚毛基部呈现橙色斑点。外雌器腹面观，整体杯状，交媾腔不明显。外雌器背面观，纳精囊卵形；受精管较粗大，起源于纳精囊后端；交媾管从两侧向正中扭曲，在进入交媾腔前左右交媾管并行。（图 12-21）

雄蛛：崀山尚未发现。

观察标本：1 ♀，湖南省新宁县崀山辣椒峰，银海强、周兵、甘佳慧、龚玉辉、柳旺、曾晨、陈卓尔采。

地理分布：中国［湖南（崀山、绥宁），海南］。

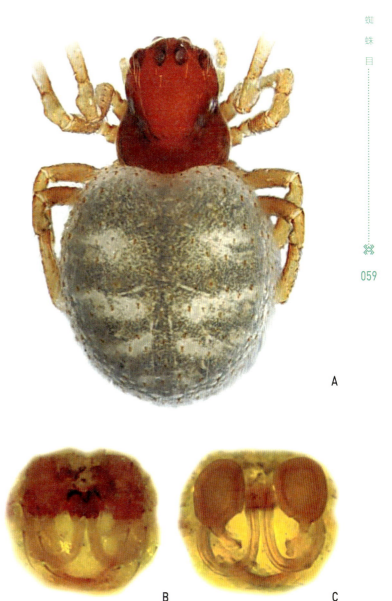

A

B

C

A.雌性外形，背面观 Female habitus, dorsal　B.生殖厣 Epigynum　C.阴门 Vulva

▲图 12-21　帽状宽胸蛛 *Euryopis galeiforma*

美蒂蛛属 *Meotipa* Simon, 1894

Meotipa Simon, 1894: 514.

体小型。颜色通常艳丽，腹部末端向后突出于纺器之上，与丽蛛属（*Chrysso*）相似。该属突出的特点是：腹部具明显的黑色片状刺或毛（flattened black setae），第 I 和第 IV 步足腿节及胫节上的片状刺有或无。

该属蜘蛛通常隐藏于被有苔藓等的老树叶的背面。

模式种：*Meotipa picturata* Simon, 1895。

目前该属全球已记载 18 种，主要分布在亚洲及热带非洲，其中中国 5 种。崀山 2 种。

●尖腹美蒂蛛 *Meotipa argyrodiformis* Yaginuma, 1952

Ariamnes argyrodiformis Yaginuma, 1952: 14, figs1–6.

Chrysso argyrodiformis Yaginuma, 1965: 35；Chen & Gao, 1990: 93, fig. 116; Yin et al., 2012: 293, fig. 106a–d.

Meotipa argyrodiformis Yoshida, 2009: 378, figs 208–210.

雌蛛：背甲淡黄色，头区隆起，眼区后缘至腹柄间具纵向褐色斑纹，该斑纹在中窝处明显缩缢。腹部长卵形，背部布满白色鳞状斑，正中具褐色纵向条形斑纹，腹末端具明显的黑色片状刚毛。外雌器交媾腔倒心形，靠近生殖沟；纳精囊 1 对，球形；交媾管长度约等于纳精囊直径；受精管起始于纳精囊后端。（图 12-22）

A.雌性外形，背面观 Female habitus, dorsal　B.生殖厣 Epigynum　C.阴门 Vulva

▲图 12-22　尖腹美蒂蛛 *Meotipa argyrodiformis*

　　雄蛛：一般特征同雌蛛。触肢器的插入器起源于生殖球中部，末端尖；引导器粗壮，较宽，后侧边缘朝腹面扭转保护插入器，引导器整体上朝触肢器的远端纵向延伸，末端超过跗舟顶端。（图 12-23）

　　观察标本：3♀3♂，湖南省新宁县崀山八角寨，2015 年 7 月 22 日；2♂，崀山天一巷（后门），2015 年 7 月 25 日，银海强、周兵、甘佳慧、龚玉辉、柳旺、曾晨、陈卓尔采。

　　地理分布：中国［湖南（崀山、道县），福建，台湾］，印度，菲律宾，日本。

A.雄性外形，背面观 Male habitus, dorsal　B.触肢器，前侧观 Palp, prolateral
C.同上，腹面观 Ditto, ventral　　D.同上，后侧观 Ditto, retrolateral

▲图 12-23　尖腹美蒂蛛 *Meotipa argyrodiformis*

●多泡美蒂蛛 *Meotipa vesiculosa* Simon, 1895

Meotipa vesiculosa Simon, 1894: 514, figs 522, 527.

Chrysso vesiculosa Levi, 1962: 232, figs 80, 81; Zhu, 1998: 51, fig. 25A–C; Song, Zhu & Chen, 1999: 107, fig. 51E–F; Yin et al. 2012: 305, fig. 115a–f.

Chrysso jianglensis Zhu & Song, in Song, Zhu & Li, 1993: 857, fig. 9A–C; Zhu, 1998: 68, f. 39A–C; Song, Zhu & Chen, 1999: 103, fig. 49K–L (m).

雌蛛：外形与尖腹美蒂蛛（*M. argyrodiformis*）相似。背甲淡黄色，头区隆起，眼区后缘至腹柄间具纵向褐色斑纹，该斑纹在中窝处明显缩缢。腹部长卵形，背部布满白色鳞状斑，正中具有褐色纵向条形斑纹，腹末端具明显的黑色片状刚毛。外雌器交媾腔宽扁，靠近生殖沟，交媾孔明显，位于交媾腔两侧；纳精囊1对，球形，黑褐色，很大，彼此相距很近；交媾管短而细，连接纳精囊后端，向外侧延伸与交媾孔相通；受精管粗，基部直径约为交媾管直径的2倍。（图 12-24）

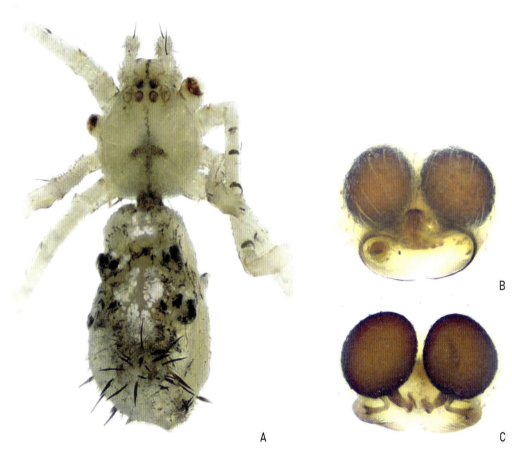

A.雌性外形，背面观 Female habitus, dorsal　B..生殖厣 Epigynum　C.阴门 Vulva

▲图 12-24　多泡美蒂蛛 *Meotipa vesiculosa*

雄蛛： 一般特征同雌蛛。触肢器的插入器起源于生殖球前侧面，粗壮，末端尖；引导器柱状，十分粗壮，远端形成宽薄的膜状边缘，似装饰花边，引导器整体上朝触肢器的远端纵向延伸，末端超过跗舟顶端。（图12-25）

观察标本： 3♀，湖南省新宁县崀山天一巷，2015年7月23日；2♀，崀山天生桥，2015年7月28日；1♂，崀山紫霞峒，2015年7月28日，银海强、周兵、甘佳慧、龚玉辉、柳旺、曾晨、陈卓尔采。

地理分布： 中国［湖南（崀山、长沙、江永），广西，台湾，重庆］，菲律宾，越南到日本，印度尼西亚。

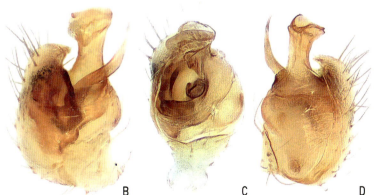

A.雄性外形，背面观 Male habitus, dorsal　B.触肢器，前侧观 Palp, prolateral
C.同上，腹面观 Ditto, ventral　D.同上，后侧观 Ditto, retrolateral

▲图12-25　多泡美蒂蛛 *Meotipa vesiculosa*

B　　　C　　　D

A

齿腹蛛属 *Molione* Thorell, 1892

Molione Thorell，1892：25.

背甲梨形，眼区几乎与头区等宽。腹部倒梨形，末端尖，腹背后部具 3 个齿状突起。无舌状体，舌状体位置亦无刚毛。

模式种：*Molione triacantha* Thorell, 1892。

目前该属仅亚洲记载 6 种，其中中国 3 种。崀山 1 种。

●三棘齿腹蛛 *Molione triacantha* Thorell, 1892

Molione triacantha Thorell, 1892: 216; Zhu, 1998: 30, fig. 13A–D; Song, Zhu & Chen, 1999: 123, fig. 64A–C.

雌蛛：背甲黑褐色。步足多细毛。腹背密被黄色短毛，每根毛的基部均具棕色点斑，背部中央具宽的黑色纵斑，两侧有白斑，腹后部具 3 个大的、角质化程度高的、深棕色突起，突起基部粗，末端尖。外雌器简单，纳精囊球形，相距很近；交媾管与受精管短小。（图 12-26）

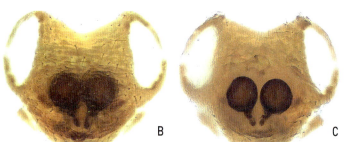

A.雌性外形，背面观 Female habitus, dorsal　B.生殖厣 Epigynum　C.阴门 Vulva

▲图 12-26　三棘齿腹蛛 *Molione triacantha*

雄蛛：整体上比雌蛛体色浅。背甲褐色，具深色斑纹。左右后侧眼与中窝之间各有 1 条黑色线纹。步足多细毛。腹部背面色浅，前端具 1 块灰褐色大型斑，后端具 3 个浅褐色突起，大小及骨化程度明显不及雌蛛的 3 个突起。触肢器腹面观，胫节呈三角形，远端平直，具多根长刚毛；引导器朝前侧面延伸，远端膨大；插入器位于生殖球远端。（图 12-27）

观察标本：1♂，湖南省新宁县崀山八角寨，2015 年 7 月 22 日；1♀，崀山天一巷，2015 年 7 月 23 日；1♀6♂，崀山辣椒峰，2015 年 7 月 26 日；5♀4♂，崀山骆驼峰，2015 年 7 月 27 日；2♀1♂，崀山辣椒峰（后门），2015 年 7 月 27 日；15♀12♂，崀山天生桥，2015 年 7 月 28 日；20♀13♂，崀山紫霞峒，2015 年 7 月 28 日，银海强、周兵、甘佳慧、龚玉辉、柳旺、曾晨、陈卓尔采。2♀，崀山天一巷，2014 年 11 月 22 日；3♀，崀山紫霞峒，2014 年 11 月 26 日；1♀，崀山辣椒峰，2014 年 11 月 27 日，银海强、王成、周兵、龚玉辉、甘佳慧采。

地理分布：中国［湖南（崀山），云南，福建，台湾］，老挝，印度，新加坡，马来西亚。

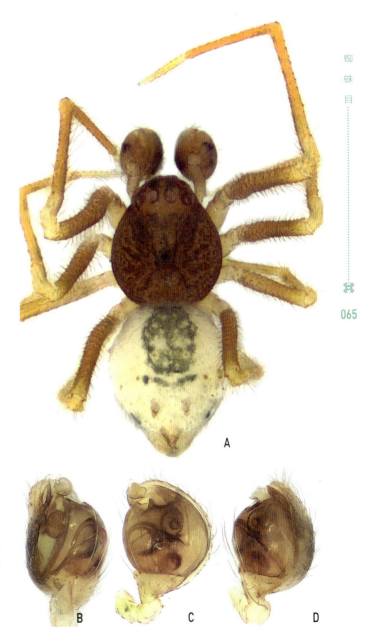

A.雄性外形，背面观 Male habitus, dorsal　B.触肢器，前侧观 Palp, prolateral
C.同上，腹面观 Ditto, ventral　D.同上，后侧观 Ditto, retrolateral

▲图 12-27　三棘齿腹蛛 *Molione triacantha*

短跗蛛属 *Moneta* O. P.-Cambridge, 1870

Moneta O. P.-Cambridge, 1871: 736.

中小型蜘蛛。背甲稍扁，长大于宽，额前伸。步足细长，跗节很短，故名短跗蛛。腹部一般在中间部位或后半部最宽，背面通常具乳突或驼峰。舌状体极小，其上具 2 根刚毛。触肢器十分复杂，跗舟边缘具 1 侧突，通常在侧突上具 1 根刚毛。

模式种：*Moneta spinigera* O. P.-Cambridge, 1870。

目前该属全球已记载 21 种，其中中国 12 种。崀山 3 种。

●鲍氏短跗蛛 *Moneta baoae* Yin, 2012

Moneta baoae Yin, in Yin et al. 2012: 355, fig. 146a–g.

雌蛛：背甲淡黄色，后边缘略呈黑色。腹部前端 2/3 约呈梯形，后端 1/3 三角形，末端尖。腹背具白色鳞状斑和 1 对大的黑斑。外雌器交媾腔后位，深褐色，横向卵形，边缘角质化程度高；纳精囊大，前端宽而彼此紧挨，后端稍小，两者间相距一定空间；交媾管不明显。（图 12-28）

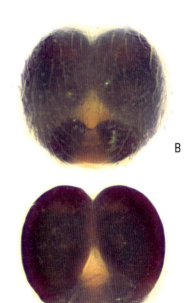

A.雌性外形，背面观Female habitus, dorsal　B.生殖厣Epigynum　C.阴门Vulva

▲图 12-28　鲍氏短跗蛛 *Moneta baoae*

雄蛛：一般特征同雌蛛。触肢器跗舟宽，跗舟侧突小；插入器较粗长，起始于后侧面，顺时针旋转约半周。（图 12-29）

观察标本：1♀，湖南省新宁县崀山八角寨，2015 年 7 月 22 日；2♂，崀山天一巷，2015 年 7 月 23 日；11♀5♂，崀山天一巷（后门），2015 年 7 月 25 日；3♀，崀山辣椒峰，2015 年 7 月 26 日；1♀，崀山骆驼峰，2015 年 7 月 27 日；5♀，崀山辣椒峰（后门），2015 年 7 月 27 日；2♂，崀山天生桥，2015 年 7 月 28 日；3♀3♂，崀山紫霞峒，2015 年 7 月 28 日，银海强、周兵、甘佳慧、龚玉辉、柳旺、曾晨、陈卓尔采。

地理分布：中国［湖南（崀山、衡山、石门）］。

A.雄性外形，背面观 Male habitus, dorsal　B.触肢器，前侧观 Palp, prolateral
C.同上，腹面观 Ditto, ventral　D.同上，后侧观 Ditto, retrolateral

▲图 12-29　鲍氏短跗蛛 *Moneta baoae*

●奇异短跗蛛 *Moneta mirabilis* Bösenberg & Strand, 1906

Hyptimorpha mirabilis Bösenberg & Strand, 1906: 136, pl. 11, fig. 227.

Moneta mirabilis Okuma, 1994: 18, fig. 9A–C; Zhu, 1998: 281, fig. 189A–D; Song, Zhu & Chen, 1999: 123, fig. 64H, M; Yin et al. 2012: 360, fig. 149a–c.

雌蛛：背甲淡黄色。腹部近后端 1/3 处最宽，其后突然变窄，背面中段有黄色肾形斑 1 对。腹部腹面淡黄褐色。外雌器交媾腔明显，腔边缘黑色，角质化程度高；纳精囊球形，前端彼此分离，后端融合。（图 12-30）

雄蛛：崀山尚未发现。

观察标本：1♀，湖南省新宁县崀山八角寨，2015 年 7 月 22 日；3♀，崀山天一巷，2015 年 7 月 23 日；2♀，崀山天一巷（后门），2015 年 7 月 25 日；2♀，崀山骆驼峰，2015 年 7 月 27 日，银海强、周兵、甘佳慧、龚玉辉、柳旺、曾晨、陈卓尔采。

地理分布：中国〔湖南（崀山、石门、道县），云南，台湾〕，马来西亚，老挝，韩国，日本。

A

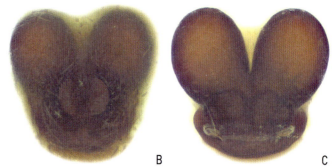

B　　　　　C

A.雌性外形，背面观 Female habitus, dorsal　B.生殖厣 Epigynum　C.阴门 Vulva

▲图 12-30　奇异短跗蛛 *Moneta mirabilis*

●近刺短跗蛛 *Moneta subspinigera* Zhu, 1998

Moneta subspiniger Zhu, 1998: 274, fig. 183A-C; Song, Zhu & Chen, 1999: 127, fig. 65C-D; Mu, Liu & Chen, 2016: 34, figs 1-10.

雌蛛：背甲黄色，多黑斑。腹部末端逐渐变窄；腹背前缘有 1 对突起，中部有 1 对纵向褐色斑纹，褐色斑纹之前有 1 对、之后有 1 个褐色刺突。外雌器交媾腔后位，腔后缘角质增厚；纳精囊大，除后端 1/3 彼此分离外，前端 2/3 相互紧靠在一起。（图 12-31）

雄蛛：崀山尚未发现。

观察标本：1 ♀，湖南省新宁县崀山天一巷，2015 年 7 月 23 日；2 ♀、崀山天一巷（后门），2015 年 7 月 25 日；1 ♀，崀山辣椒峰，2015 年 7 月 26 日；3 ♀，崀山骆驼峰，2015 年 7 月 27 日；1 ♀，崀山辣椒峰（后门），2015 年 7 月 27 日，银海强、周兵、甘佳慧、龚玉辉、柳旺、曾晨、陈卓尔采。

地理分布：中国［湖南（崀山），云南，海南］。

A.雌性外形，背面观 Female habitus, dorsal　B.同上，侧面观 Ditto, lateral
C.生殖厣 Epigynum　D.阴门 Vulva

▲图 12-31　近刺短跗蛛 *Moneta subspinigera*

日卖蛛属 *Nihonhimea* Yoshida, 2016

Nihonhimea Yoshida, 2016: 21.

体中小型。体色通常橘色至浅褐色。雌蛛的交媾管粗，短，不扭曲。雄蛛触肢器的插入器较粗，轻微弯曲，但不具大的基部；中突呈凹形；盾片小。该属与拟肥腹蛛（*Parasteatoda*）相似，但通过以上特征可相区别。

模式种：*Theridion japonicum* Bösenberg & Strand, 1906。

分布于东亚、东南亚，新几内亚，北澳大利亚及北美，目前该属全球仅记载 7 种，其中中国 1 种。崀山 1 种。

●日本日卖蛛 *Nihonhimea japonica* (Bösenberg & Strand, 1906)

Theridion japonicum Bösenberg & Strand, 1906: 140, pl. 12, fig. 283.

Achaearanea japonica Yoshida, 1983b: 41; Chen & Zhang, 1991: 140, fig. 132.1–2; Zhu, 1998: 89, fig. 51A–E; Song, Zhu & Chen, 1999: 91, fig. 40A–B, M–N; Zhu & Zhang, 2011: 72, fig. 37A–E; Yin et al., 2012: 260, fig. 87a–e.

Nihonhimea japonica Yoshida, 2016: 22, figs 16–23; Vanuytven, 2021: 45, 206, figs A.34d–e, B.205a–b.

雌蛛：背甲橙黄色，头区隆起。腹部卵圆形，背部具黑色大型斑块及白色条状斑纹。外雌器交媾腔椭圆形，后位，靠近生殖沟；纳精囊 1 对，球形；交媾管粗短，与纳精囊后侧相连；受精管大，起始于纳精囊后方。（图 12-32）

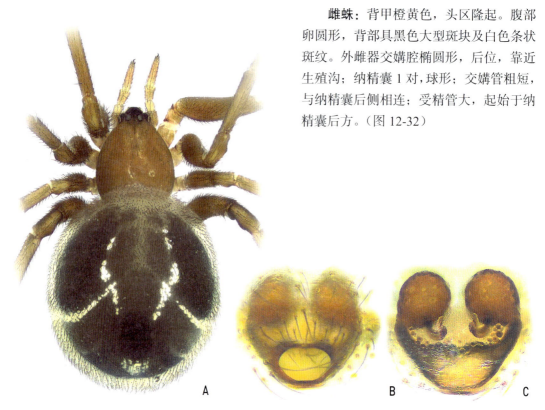

A.雌性外形，背面观 Female habitus, dorsal　B.生殖厣 Epigynum　C.阴门 Vulva

▲图 12-32　日本日卖蛛 *Nihonhimea japonica*

雄蛛：背甲橙黄色。腹部体色浅，心斑浅褐色，心斑之后在靠近腹末端的正中线处具1个黑色圆斑。触肢器的插入器粗壮，起始于时钟8～9点的位置，逆时针旋转至大约12点的位置，除远端外，其余部分几乎一样大；引导器远端形成勺状凹窝，后侧面观，引导器远端鸟头状。（图12-33）

观察标本：1♂，湖南省新宁县崀山八角寨，2015年7月22日；2♂，崀山天一巷，2015年7月23日；1♂，崀山天一巷（后门），2015年7月25日；2♀，崀山八角寨，2015年7月22日；4♀，崀山天一巷（后门），2015年7月25日；3♀，崀山骆驼峰，2015年7月27日，银海强、周兵、甘佳慧、龚玉辉、柳旺、曾晨、陈卓尔采。

地理分布：中国［湖南（崀山、长沙、浏阳、石门、张家界、张家界、衡阳、炎陵、城步、绥宁、双牌、江华、江永、道县），贵州，海南，河南，广西，四川，浙江，云南，台湾］，韩国，老挝，日本。

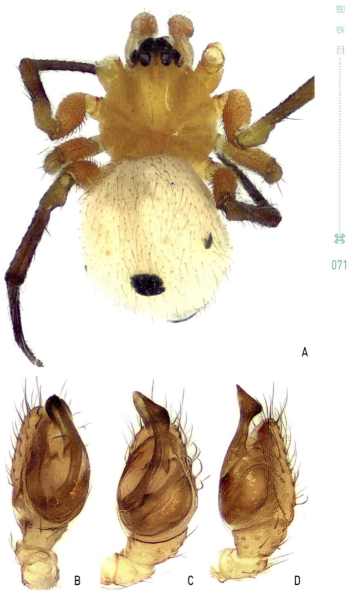

A.雄性外形，背面观 Male habitus, dorsal　B.触肢器，前侧观 Palp, prolateral
C.同上，腹面观 Ditto, ventral　D.同上，后侧观 Ditto, retrolateral

▲图12-33　日本日卖蛛 *Nihonhimea japonica*

拟肥腹蛛属 *Parasteatoda* Archer, 1946

Parasteatoda Archer, 1946: 38.

体小型。体色通常灰褐色至黑褐色，部分种类呈亮橙色。头胸部梨形，腹部近球形。腹部背面具宽的、纵向的心脏斑以及一些横向斑纹。外雌器交媾腔大，交媾孔位于腔的两侧；交媾管较长，扭转；纳精囊近球形。触肢器的插入器通常长，并具有较大的基部；引导器顶端朝腹面弯曲。

模式种：*Theridion tepidariorum* C. L. Koch, 1841。

全球分布，主要分布在东亚和东南亚，目前该属全球已记载 42 种，其中中国 27 种。崀山 5 种。

●笠腹拟肥腹蛛 *Parasteatoda galeiforma* (Zhu, Zhang & Xu, 1991)

Achaearanea galeiforma Zhu, Zhang & Xu, 1991: 172, figs 3–7; Song, Zhu & Li, 1993: 852, fig. 1A–E; Zhu, 1998: 80, fig. 44A–E; Song, Zhu & Chen, 1999: 90, fig. 39I–J, M–N; Yin et al., 2012: 259, fig. 86a–f.

Parasteatoda galeiforma Yoshida, 2008: 39.

雄蛛：体色深，斑纹不清晰。触肢器褐色，插入器粗壮，基部较大，起始于时针 7 ～ 8 点之间，逆时针旋转至 12 点的位置；引导器顶端朝腹面弯曲，并形成开口朝下的兜状结构以容纳和保护插入器顶端。（图 12-34）

雌蛛：崀山尚未发现。

观察标本：1 ♂，湖南省新宁县崀山天一巷，2015 年 7 月 23 日；1 ♂，崀山骆驼峰，2015 年 7 月 27 日；1 ♂，崀山天生桥，2015 年 7 月 28 日，银海强、周兵、甘佳慧、龚玉辉、柳旺、曾晨、陈卓尔采。

地理分布：中国［湖南（崀山、长沙、绥宁、炎陵、道县、宜章），湖北，福建，云南，广西］。

A.雄性外形，背面观 Male habitus, dorsal　B.触肢器，前侧观 Palp, prolateral

C.同上，腹面观 Ditto, ventral　D.同上，后侧观 Ditto, retrolateral

▲图 12-34　笠腹拟肥腹蛛 *Parasteatoda galeiforma*

●宋氏拟肥腹蛛 *Parasteatoda songi* (Zhu, 1998)

Achaearanea songi Zhu, 1998: 104, fig. 62A–E; Song, Zhu & Chen, 1999: 91, fig. 42E–F, I–J; Zhu & Zhang, 2011: 75, fig. 39A–E; Yin et al. 2012: 270, fig. 93a–c.

Parasteatoda songi Yoshida, 2008: 39.

雌蛛：背甲黑褐色。腹部球形，背面被黑色斑及大型白色斑纹。外雌器交媾腔后缘明显角质化，呈乳峰状；纳精囊球形；交媾管粗、长，在与纳精囊相接处朝背面扭曲，随后向外侧延伸，再朝下方扭曲直达交媾腔。（图 12-35）

A.雌性外形，背面观 Female habitus, dorsal　B.生殖厣 Epigynum　C.阴门 Vulva

▲图 12-35　宋氏拟肥腹蛛 *Parasteatoda songi*

雄蛛：背甲浅褐色，中窝深。腹部长卵圆形，体色浅，被黑色和白色斑。触肢器的插入器起源于生殖球上方的腹面，逆时针大约扭转1周，插入器基部宽大；引导器起始于前侧面，宽而短，侧面观鸟头状，末端稍尖。（图12-36）

观察标本：1♂，湖南省新宁县崀山八角寨，2015年7月22日；1♀，崀山天一巷（后门），2015年7月25日，银海强、周兵、甘佳慧、龚玉辉、柳旺、曾晨、陈卓尔采。

地理分布：中国［湖南（崀山、长沙、龙山），湖北，吉林，河南，辽宁，重庆］，德国，韩国，美国，奥地利，日本。

A.雄性外形，背面观Male habitus, dorsal　B.触肢器，前侧观Palp, prolateral
C.同上，腹面观Ditto, ventral　D.同上，后侧观Ditto, retrolateral

▲图12-36　宋氏拟肥腹蛛 *Parasteatoda songi*

●温室拟肥腹蛛 *Parasteatoda tepidariorum* (C. L. Koch, 1841)

Theridium tepidariorum C. L. Koch, 1841: 75, figs 646–648.

Steatoda tepidariorum F. O. Pickard-Cambridge, 1902: 382, pl. 36, figs 1–2.

Achaearanea tepidariorum Levi, 1955: 32, figs 69–70, 83–84; Zhu, 1998: 105, fig. 63A–E; Yin et al., 2012: 273, figs 95a–e, 3–13b–c.

Parasteatoda tepidariorum Archer, 1946: 38; Zhang et al., 2019: 5, fig. 1E–J, 4F–H

雌蛛：体色暗黑，腹部背面具大型的白色斑纹。外雌器的交媾腔下位，略呈方形；纳精囊球形；交媾管粗而短；受精管起源于纳精囊后缘。（图 12-37）

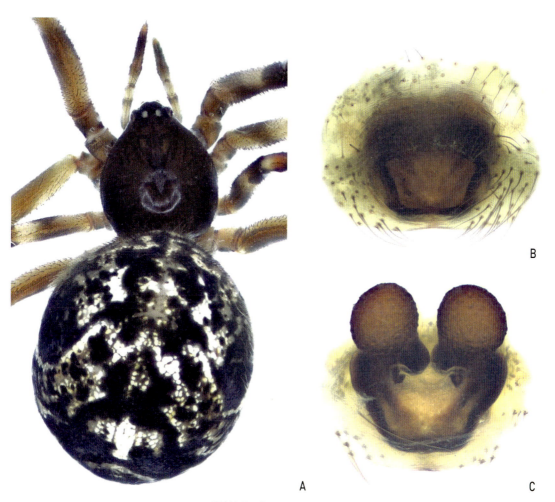

A.雌性外形，背面观 Female habitus, dorsal　　B.生殖厣 Epigynum　　C.阴门 Vulva

▲图 12-37　温室拟肥腹蛛 *Parasteatoda tepidariorum*

雄蛛：体色较雌蛛略深。触肢器的插入器起始于生殖球顶部，逆时针方向延伸；引导器匙状。（图12-38）

观察标本：1♀，湖南省新宁县崀山天一巷，2015年7月21日；12♀1♂，崀山八角寨，2015年7月22日；5♀1♂，崀山天一巷，2015年7月23日；7♀5♂，崀山天一巷（后门），2015年7月25日；2♀1♂，崀山辣椒峰，2015年7月26日，银海强、周兵、甘佳慧、龚玉辉、柳旺、曾晨、陈卓尔采。1♀，湖南省新宁县崀山天一巷，2014年11月22日；5♀5♂，崀山风神洞，2014年11月26日；2♀，崀山辣椒峰，2014年11月27日，银海强、王成、周兵、龚玉辉、甘佳慧采。

地理分布：世界性分布。

A. 雄性外形，背面观 Male habitus, dorsal　B. 触肢器，前侧观 Palp, prolateral
C. 同上，腹面观 Ditto, ventral　D. 同上，后侧观 Ditto, retrolateral

▲图12-38　温室拟肥腹蛛 *Parasteatoda tepidariorum*

锥蛛属 *Phoroncidia* Westwood, 1835

Phoroncidia Westwood, 1835: 452.

体型中小型。眼区向前突出于额的上方。两眼列都后曲，前、后侧眼均位于眼隆起的侧面。腹部具坚韧的外骨骼，且形状各异，具丘突、角突和强刺。纺器周围具角质环。舌状体由 2 根刚毛代替。外雌器角质化。触肢器跗舟的侧缘近远端具副跗舟。

模式种：*Phoroncidia aculeate* Westwood, 1835.

该属全球目前已记载 79 种，其中中国记载 8 种。崀山 1 种。

●凹锥蛛 *Phoroncidia concave* Yin & Xu, 2012

Phoroncidia concave Yin & Xu, in Yin et al. 2012: 365, fig. 152a–e.

雌蛛：背甲梨形，黄褐色。腹部近圆形，背面淡黄色，被白色鳞状斑及刚毛，刚毛基部具褐色小斑点，背部中央略纵向凹陷，两边稍隆起，左右两边隆起处均可见 4 个大的黑色圆形斑，呈菱形分布。外雌器腹面观，交媾腔边缘加厚，正中具有 1 纵向中隔。背面观，纳精囊球形，橙色；交媾管起始于纳精囊外侧下方，与交媾腔相接处膨大透明；受精管起始于纳精囊后方，朝中间弯曲，末端彼此相距较近。（图 12-39）

雄蛛：尚未发现。

观察标本：1♀，湖南省新宁县崀山天一巷，2015 年 7 月 23 日，银海强、周兵、甘佳慧、龚玉辉、柳旺、曾晨、陈卓尔采。

地理分布：中国［湖南（崀山、长沙）］。

A.雌性外形，背面观 Female habitus, dorsal　B.生殖厣 Epigynum　C.阴门 Vulva

▲图 12-39　凹锥蛛 *Phoroncidia concave*

藻蛛属 *Phycosoma* O. P.-Cambridge, 1879

Phycosoma O. P.-Cambridge, 1879: 692.

体型小。雌蛛背甲正常，雄蛛常在头区后方形成沟或凹陷。腹部背面密布刚毛，有的种类刚毛长，有的种类刚毛短，刚毛基部具斑点。雌蛛腹部前缘常朝前突出覆盖部分胸区。无舌状体。雌蛛有 2 对纳精囊。雄蛛触肢器无中突，引导器和插入器短，输精管大小及走向是雄蛛定种的分类依据之一。

模式种：*Phycosoma oecobioides* O. Pickard-Cambridge, 1879。

该属全球目前已记载 26 种，其中中国 17 种。崀山 5 种。

●黄缘藻蛛 *Phycosoma flavomarginatum* (Bösenberg & Strand, 1906)

Dipoena flavomarginata Bösenberg & Strand, 1906: 151, pl. 12, fig. 279; Zhu, 1998: 231, fig. 150A–D.

Trigonobothrys flavomarginatus Yoshida, 2002: 14, figs 25–28.

Phycosoma flavomarginatum Yoshida, 2009b: 391, fig. 343–344; Yin et al. 2012: 370, fig. 155a–c.

雄蛛：头区与胸区间具横沟，腹部颜色黄褐色。触肢器淡黄色至黄褐色，跗舟顶端有几根粗刺，亚盾片大。插入器和引导器短，相互靠近，位于生殖球顶部，可见部分长度近相等，前侧面-腹面观，引导器侧边缘朝中间扭曲保护插入器。输精管长而弯曲。（图 12-40）

雌蛛：崀山尚未发现。

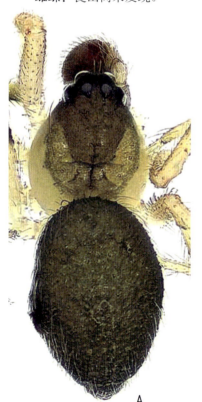

观察标本：8 ♂，湖南省新宁县崀山天一巷（后门），2015 年 7 月 25 日；1 ♂，崀山辣椒峰，2015 年 7 月 26 日；4 ♂，崀山骆驼峰，2015 年 7 月 27 日，银海强、周兵、甘佳慧、龚玉辉、柳旺、曾晨、陈卓尔采。1 ♂，湖南省新宁县崀山天一巷，2014 年 11 月 22 日，银海强、王成、周兵、龚玉辉、甘佳慧采。

地理分布：中国［湖南（崀山、南岳），湖北，河南，重庆］，韩国，日本。

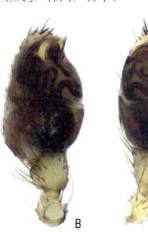

A.雄性外形，背面观 Male habitus, dorsal　B.触肢器，前侧观 Palp, prolateral　C.同上，腹面观 Ditto, ventral　D.同上，后侧观 Ditto, retrolateral

▲图 12-40　黄缘藻蛛 *Phycosoma flavomarginatum*

●海南藻蛛 *Phycosoma hainanensis* (Zhu, 1998)

Dipoena hainanensis Zhu, 1998: 234, fig. 153A–F; Song, Zhu & Chen, 1999: 110, fig. 54C–D. K–L.

Phycosoma hainanensis Zhang & Zhang, 2012: 41.

雌蛛：头胸部显著小于腹部。背甲两侧色浅，中央色深。腹部灰褐色，卵圆形，密被黄白色细毛。外雌器腹面观，后部有 1 唇形脊。背面观，纳精囊 2 对，球形，前对纳精囊显著小于后对；交媾管与连接管位于纳精囊腹面。（图 12-41）

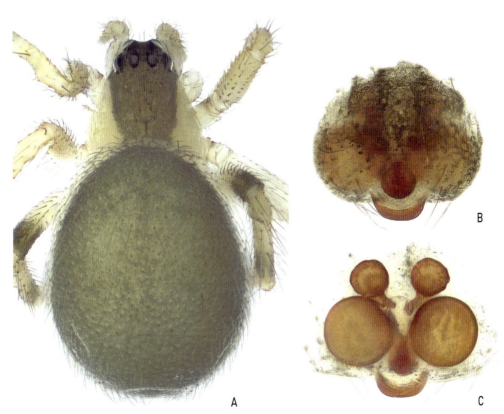

A.雌性外形，背面观 Female habitus, dorsal　B.生殖厣 Epigynum　C.阴门 Vulva

▲图 12-41　海南藻蛛 *Phycosoma hainanensis*

雄蛛：背甲边缘色浅，浅色带明显比雌蛛的窄。头区隆起，胸区略扁平，头区后方，放射沟明显。腹部长卵形。其他特征同雌蛛。触肢器褐色，引导器、根部及插入器均短小，聚集在一起；后侧面观，盾片内的输精管弯曲呈"S"形。（图12-42）

观察标本：6♀3♂，湖南省新宁县崀山八角寨，2015年7月22日；2♀4♂，崀山天一巷，2015年7月23日；5♀，崀山天一巷（后门），2015年7月25日；7♀，崀山辣椒峰，2015年7月26日；4♀，崀山骆驼峰，2015年7月27日；3♀4♂，崀山辣椒峰（后门），2015年7月27日；4♀，崀山紫霞峒，2015年7月28日，银海强、周兵、甘佳慧、龚玉辉、柳旺、曾晨、陈卓尔采。

地理分布：中国［湖南（崀山），海南］，老挝。

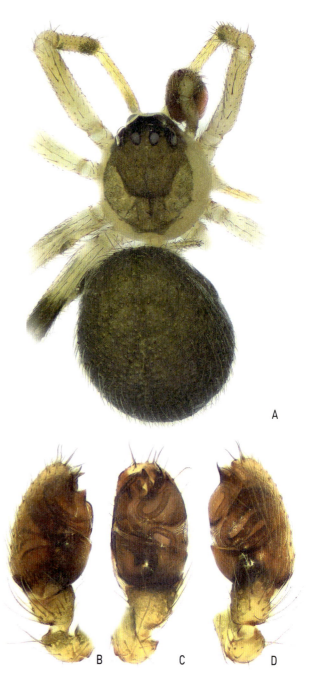

A

B　C　D

A.雄性外形，背面观 Male habitus, dorsal　B.触肢器，前侧观 Palp, prolateral
C.同上，腹面观 Ditto, ventral　D.同上，后侧观 Ditto, retrolateral

▲图12-42　海南藻蛛 *Phycosoma hainanensis*

●马丁藻蛛 *Phycosoma martinae* (Roberts, 1983)

Dipoena martinae Roberts, 1983: 227, figs 32–35; Zhu, 1998: 236, f. 154A–F.

Trigonobothrys martinae Yoshida, 2002: 14.

Phycosoma martinae Saaristo, 2006: 52, figs 1–4; Serita, 2021: 104, fig. 1a–b.

雄蛛：背甲橘黄色，头区与胸区间的界限呈"U"形，有7条醒目的沟状纹与"U"形纹相连，其中胸区正中的沟纹最宽最长。腹部近乎圆形，背面的前半部轻微角质化，呈黄色，后半部色浅，在背部中央的两侧具4对醒目的黑色圆形斑点（受拍照角度影响，照片中仅出现3对黑斑）；腹部前半部的两侧亦各有1个黑色斑点。触肢器黑褐色，引导器、根部及插入器均短小，聚集在一起。（图12-43）

雌蛛：崀山尚未发现。

观察标本：1♂，湖南省新宁县崀山天生桥，2015年7月28日，银海强、周兵、甘佳慧、龚玉辉、柳旺、曾晨、陈卓尔采。

地理分布：中国〔湖南（崀山），江西，海南〕，韩国，印度，琉球群岛，塞舌尔，菲律宾，日本。

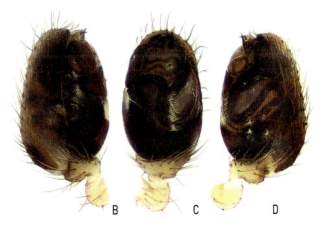

A.雄性外形，背面观 Male habitus, dorsal　B.触肢器，前侧观 Palp, prolateral
C.同上，腹面观 Ditto, ventral　D.同上，后侧观 Ditto, retrolateral

▲图 12-43　马丁藻蛛 *Phycosoma martinae*

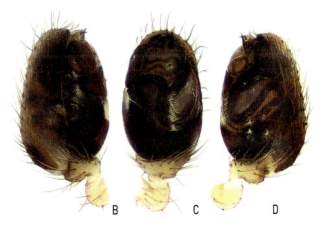

●鼬形藻蛛 *Phycosoma mustelinum* (Simon, 1889)

Euryopis mustelina Simon, 1889d: 251.

Dipoena mustelina Yaginuma, 1967: 88, fig. 1a–c; Zhu, 1998: 240, fig. 157A–D.

Trigonobothrys mustelinus Yoshida, 2002: 14.

Phycosoma mustelinum Yoshida, 2009: 391, figs 12, 341–342; Yin et al. 2012: 372, fig. 156a–c.

雌蛛：背甲近圆形，淡黄褐色。腹部长卵圆形，背面灰黄色，在前端两侧及中央亚轴位置左右各有1条较宽的灰黑色波状纵斑，正中还有1条细的黑灰纵纹。外雌器近后缘有1唇形角质脊，其前并列1对交媾孔。纳精囊2对，交媾管并列位于腹面中央。(图12-44)

A.雌性外形，背面观Female habitus, dorsal　B.生殖厣Epigynum　C.阴门Vulva

▲图 12-44　鼬形藻蛛 *Phycosoma mustelinum*

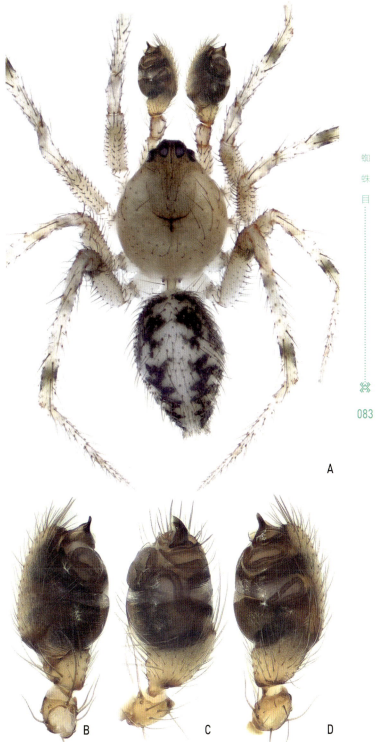

雄蛛：斑纹颜色更深，其他特征同雌蛛。触肢器褐色，引导器、根部及插入器均短小，聚集在一起。（图12-45）

观察标本：2♀2♂，湖南省新宁县崀山八角寨，2015年7月22日；2♀2♂，崀山天一巷，2015年7月23日；10♀4♂，崀山天一巷（后门），2015年7月25日；1♀2♂，崀山辣椒峰，2015年7月26日；2♀4♂，崀山骆驼峰，2015年7月27日；4♂，崀山辣椒峰（后门），2015年7月27日；4♂，崀山天生桥，2015年7月28日，银海强、周兵、甘佳慧、龚玉辉、柳旺、曾晨、陈卓尔采。11♀6♂，湖南省新宁县崀山天一巷，2014年11月21日；7♀3♂，崀山天一巷，2014年11月22日，银海强、王成、周兵、龚玉辉、甘佳慧采。

地理分布：中国［湖南（崀山、张家界、城步、衡阳、江永），云南，浙江，吉林，辽宁］，俄罗斯，韩国，日本，印度尼西亚。

A.雄性外形，背面观Male habitus, dorsal　B.触肢器，前侧观Palp, prolateral
C.同上，腹面观Ditto, ventral　D.同上，后侧观Ditto, retrolateral

▲图12-45　鼬形藻蛛 *Phycosoma mustelinum*

●斑点藻蛛 *Phycosoma stictum* (Zhu, 1992)

Dipoena sticta Zhu, 1992: 110, figs 14–17; Zhu, 1998: 252, fig. 168A–D; Song, Zhu & Chen, 1999: 112, fig. 56M–N (m).

Phycosoma sticta Yin et al. 2012: 373, fig. 157a–c.

雄蛛：背甲中间凹陷，头区与胸区间有 1 褐色横沟。腹部卵圆形，前端覆盖部分胸区。腹部背面灰褐色至黑褐色，具 2 条纵向深色波浪纹及 2 对圆形肌斑。腹部均匀密布短刚毛，刚毛基部各有 1 褐色点状斑。触肢器深褐色，插入器、引导器和根部聚集在一起，输精管扭曲情况很复杂。（图 12-46）

雌蛛：崀山尚未发现。

观察标本：1 ♂，湖南省新宁县崀山天一巷，2015 年 7 月 21 日；1 ♂，崀山天一巷，2015 年 7 月 23 日；5 ♂，崀山天一巷（后门），2015 年 7 月 25 日；1 ♂，崀山辣椒峰，2015 年 7 月 26 日；4 ♂，崀山骆驼峰，2015 年 7 月 27 日；6 ♂，崀山辣椒峰（后门），2015 年 7 月 27 日；3 ♂，崀山天生桥，2015 年 7 月 28 日；1 ♂，崀山紫霞峒，2015 年 7 月 28 日；2 ♂，崀山天一巷，2014 年 11 月 21 日；1 ♂，崀山骆驼峰，2014 年 11 月 27 日。银海强、王成、周兵、龚玉辉、甘佳慧采。

地理分布：中国［湖南（崀山、长沙），安徽，福建］，日本。

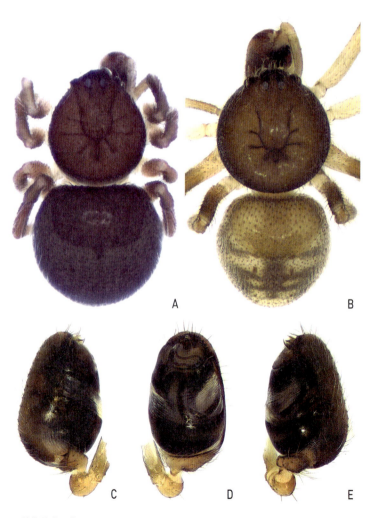

A.雄性外形，背面观 Male habitus, dorsal　B.同上（不同标本），背面观 Ditto（from a different specimen），dorsal　C.触肢器，前侧观 Palp, prolateral　D.同上，腹面观 Ditto, ventral　E.同上，后侧观 Ditto, retrolateral

▲图 12-46　斑点藻蛛 *Phycosoma stictum*

菱球蛛属 *Rhomphaea* L. Koch, 1872

Rhomphaea L. Koch, 1872: 290.

体中型。额部向前突出且倾斜。步足细长。雄蛛眼区隆起，触肢器胫节延长，将近跗舟长的2倍，引导器膜质化，插入器中等长度，基部较粗，末端尖。雌蛛腹部延长，末端与纺器相距甚远。外雌器腹面观，通常具1突起或唇形结构。

模式种：*Rhomphaea cometes* L. Koch, 1872。

该属全球目前已记载33种，其中中国6种。崀山1种。

●唇形菱球蛛 *Rhomphaea labiata* (Zhu & Song, 1991)

Argyrodes labiatus Zhu & Song, 1991: 137, fig. 9A–G; Zhu, 1998: 213, fig. 139A–G; Song, Zhu & Chen, 1999: 100, fig. 46E–F, N.

Rhomphaea labiata Yoshida, 2001d: 187, figs 10–13, 15, 18; Yin et al. 2012: 376, fig. 159a–e.

雌蛛：背甲中段横向凹陷。步足细长。腹部长，后端向后上方突出。腹部黄褐色，杂以白色和褐色斑。舌状体较大，其上有刚毛2根。外雌器黄褐色，交媾腔位于生殖厣中部中央，后缘增厚呈唇形。纳精囊纵长卵圆形，交媾管在纳精囊的外缘与之相连，朝下方再朝腹面延伸至交媾腔。（图12-47）

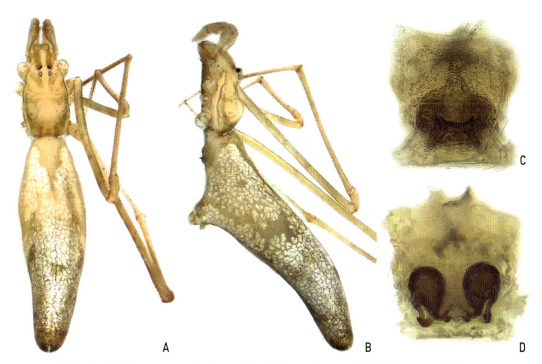

A.雌性外形，背面观 Female habitus, dorsal　B.同上，侧面观 Ditto, lateral　C.生殖厣 Epigynum　D.阴门 Vulva

▲图 12-47　唇形菱球蛛 *Rhomphaea labiata*

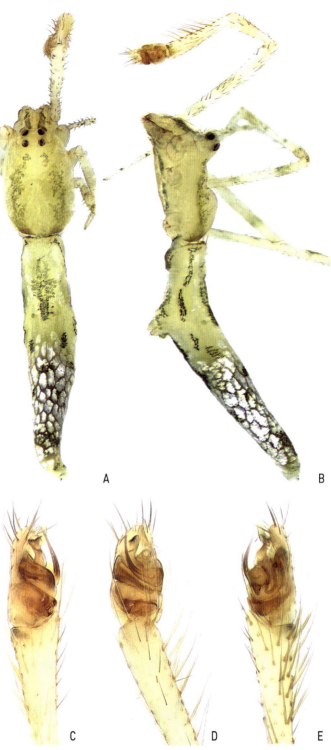

雄蛛：体色淡黄色，腹部具灰色斑及白色鳞状斑纹。触肢器的插入器起始于生殖球后侧面，顺时针方向扭转短距离后，再朝上方延伸，基部宽大，末端尖；引导器膜质，纵向杆状。（图 12-48）

观察标本：3♂，湖南省新宁县崀山八角寨，2015 年 7 月 22 日；1♂，崀山天一巷，2015 年 7 月 23 日；1♀，崀山天一巷（后门），2015 年 7 月 25 日；1♀1♂，崀山骆驼峰，2015 年 7 月 27 日；1♀1♂，崀山辣椒峰（后门），2015 年 7 月 27 日；3♀2♂，崀山天生桥，2015 年 7 月 28 日，银海强、周兵、甘佳慧、龚玉辉、柳旺、曾晨、陈卓尔采。2♀，湖南省新宁县崀山辣椒峰，2014 年 11 月 27 日，银海强、王成、周兵、龚玉辉、甘佳慧采。

地理分布：中国［湖南（崀山、浏阳、常德、张家界、绥宁、龙山、道县、江永），贵州，广西，福建，云南］，老挝，日本，印度，韩国。

A.雄性外形，背面观 Male habitus, dorsal　B.同上，侧面观 Ditto, lateral
C.触肢器，前侧观 Palp, prolateral　D.同上，腹面观 Ditto, ventral　E.同上，后侧观 Ditto, retrolateral

▲图 12-48　唇形菱球蛛 *Rhomphaea labiata*

肥腹蛛属 *Steatoda* Sundevall, 1833

Steatoda Sundevall, 1833: 16.

体中型。背甲长大于宽，放射沟深。雄蛛背甲侧缘常有疣状齿突，后缘具发声脊，腹柄上具骨化环。腹部卵圆形，常有黄色或白色斑点，或条纹。一般第Ⅳ步足最长。舌状体大。

模式种：*Araneus castaneus Clerck*，1757。

该属全球目前已记载 116 种，其中中国 29 种。崀山 2 种。

●腰带肥腹蛛 *Steatoda cingulata* (Thorell, 1890)

Stethopoma cingulatum Thorell, 1890: 289.

Steatoda cavernicola Hu, 1984: 166, figs 1–6; Chen & Gao, 1990: 95, fig. 120a–b.

Steatoda cingulata Zhu, 1998: 329, fig. 220A–E; Yin et al. 2012: 384, fig. 163a–e.

雌蛛：背甲黑褐色，头区稍隆起。腹部背面黑褐色，被褐色小刚毛，前缘具黄白色弧形斑纹，背中央具 3 对褐色肌斑。外雌器腹面观，交媾腔后缘稍稍增厚。背面观，纳精囊 1 对，球形；交媾管不明显。（图 12-49）

A.雌性外形，背面观 Female habitus, dorsal　B.生殖厣 Epigynum　C.阴门 Vulva

▲图 12-49　腰带肥腹蛛 *Steatoda cingulata*

雄蛛：背甲上有小颗粒，边缘有小锯齿突起。其余一般特征同雌蛛。触肢器跗舟末端尖；插入器棒状，位于生殖球后侧面，朝跗舟远端延伸。（图 12-50）

观察标本：1♀，湖南省新宁县崀山天一巷（后门），2015年7月25日；1♀，崀山八角寨，2014年11月24日；18♀2♂，崀山风神洞，2014年11月26日，银海强、王成、周兵、龚玉辉、甘佳慧采。

地理分布：中国［湖南（崀山、长沙、衡阳、邵阳、绥宁），贵州，浙江，广东，广西，安徽，甘肃，四川，台湾，重庆］，老挝，韩国，日本，爪哇，苏门答腊，印度，越南。

A.雄性外形，背面观 Male habitus, dorsal　B.触肢器，前侧观 Palp, prolateral
C.同上，腹面观 Ditto, ventral　D.同上，后侧观 Ditto, retrolateral

▲图 12-50　腰带肥腹蛛 *Steatoda cingulata*

●怪肥腹蛛 *Steatoda terastiosa* Zhu, 1998

Steatoda terastiosa Zhu, 1998: 346, fig. 232A–C; Song, Zhu & Chen, 1999: 132, fig. 70C–D; Yin et al. 2003a: 137, figs 14–20; Yin et al. 2012: 388, fig. 166a–g; Zhang & Wang, 2017: 765, 5 fig.

雄蛛：背甲深红褐色，边缘具锯齿。腹部背面黑色，具大型白色斑纹。触肢器胫节杯状；中突粗壮，黑色，腹面观呈牛角状；中突与插入器之间膜质结构发达；插入器起源于前侧面，基部宽扁；引导器膜质，宽大。（图 12-51）

雌蛛：崀山尚未发现。

观察标本：2 ♂，湖南省新宁县崀山八角寨，2015 年 7 月 22 日，银海强、周兵、甘佳慧、龚玉辉、柳旺、曾晨、陈卓尔采。

地理分布：中国［湖南（崀山、石门），云南，广西，重庆］。

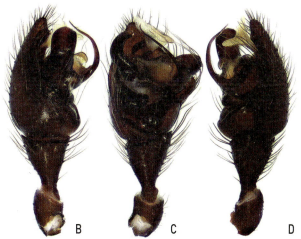

A.雄性外形，背面观 Male habitus, dorsal　B.触肢器，前侧观 Palp, prolateral
C.同上，腹面观 Ditto, ventral　D.同上，后侧观 Ditto, retrolateral

▲图 12-51　怪肥腹蛛 *Steatoda terastiosa*

高蛛属 *Takayus* Yoshida, 2001

Takayus Yoshida 2001: 167.

中小型蜘蛛，体长 2～4 mm。背甲卵圆形，腹部通常具鲜明的羽状斑纹。雌蛛外雌器有 1 小垂体，交媾管一般细长而扭曲。雄蛛触肢器的引导器与大的盾片形成 1 个骨板；插入器通常被引导器遮挡。该属与球蛛属（*Theridion*）相似。

模式种：*Theridion takayensis* Saito, 1939。

该属全球目前已记载 17 种，主要分布在东亚，其中中国 16 种。崀山 1 种。

●四斑高蛛 *Takayus quadrimaculatus* (Song & Kim, 1991)

Theridion quadrimaculatum Song & Kim, 1991: 20, figs 4–6; Zhu, 1998: 178, fig. 114A–F; Zhu & Zhang, 2011: 107, fig. 63A–E.

Takayus quadrimaculatus Yoshida, 2001: 165; Yin et al. 2012: 397, fig. 172a–f.

雌蛛：背甲浅黄褐色，眼区与腹柄间具 1 宽的深色纵带。腹部略呈椭圆形，灰褐色，背面正中有 1 黄色叶状纵斑，纵斑周围具大型白色鳞斑。腹部左右两侧各有 4 个黑色点斑。外雌器后缘正中呈锥状突出。纳精囊 1 对，长卵圆形，"八"字形排列。交媾管与纳精囊后缘相接，细长，多处卷曲；受精管起始于纳精囊内侧面的后方，弯钩状。（图 12-52）

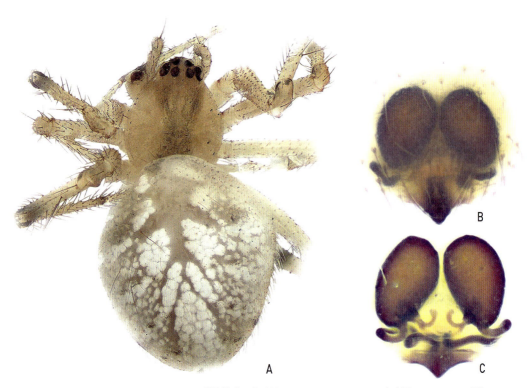

A.雌性外形，背面观 Female habitus, dorsal　B.生殖厣 Epigynum　C.阴门 Vulva

▲图 12-52　四斑高蛛 *Takayus quadrimaculatus*

雄蛛：腹部长卵圆形（标本稍干瘪），腹背正中有 1 宽的黑色纵斑。触肢器的引导器从生殖球后侧面顺时针斜向延伸，一直至触肢器远端。腹面观引导器宽大呈泳鸭形，远端颜色深，最末端鸟喙状；盾片突起耳状，远端多锯齿状黑色突起。（图 12-53）

观察标本：1 ♀ 1 ♂，湖南省新宁县崀山骆驼峰，2015 年 7 月 27 日，银海强、周兵、甘佳慧、龚玉辉、柳旺、曾晨、陈卓尔采。

地理分布：中国［湖南（崀山、长沙、道县），湖北，浙江，陕西，辽宁，重庆］，韩国。

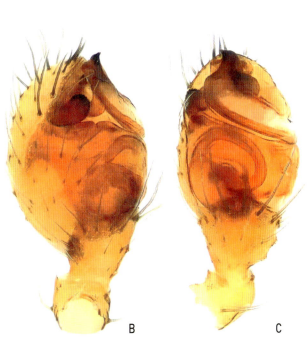

A.雄性外形，背面观 Male habitus, dorsal   B.触肢器，前侧观 Palp, prolateral   C.同上，腹面观 Ditto, ventral

▲图 12-53   四斑高蛛 *Takayus quadrimaculatus*

球蛛属 *Theridion* Walckenaer, 1805

Theridion Walckenaer, 1805: 72.

体中小型。背甲梨形，通常长大于宽，中窝不明显。腹部呈卵圆形或球形。无舌状体，舌状体位置亦无刚毛。外雌器轻微骨化。触肢器所具骨化结构其形态、位置各异。

模式种：*Aranea picta* Walckenaer, 1802。

目前该属全球已记载582种，其中中国64种。崀山3种。

● 大孔球蛛 *Theridion macropora* Tang, Yin & Peng, 2006

Theridion fruticum Tang, Yin & Peng, 2005: 525, figs 4-6.

Theridion macropora Tang, Yin & Peng, 2006: 922; Yin et al. 2012: 411, fig. 181a-c.

Theridion shimenensis Zhang & Zhu, 2007: 73.

雌蛛：背甲灰黑色，边缘色深。腹部卵圆形，腹部背面浅灰黑色，满布褐色、灰黄或白色碎斑，正中具有1较宽的灰黄色条斑，条斑边缘各有1条白色纵向波状纹，波状纹外侧颜色稍深。外雌器腹面观，交媾腔1对，彼此相距较远。背面观，纳精囊1对，卵圆形；交媾管与纳精囊外侧的下缘相接，扭转至背面，突然膨大，且向腹面延伸直至与交媾腔相连。（图12-54）

雄蛛：崀山尚未发现。

观察标本：1♀，湖南省新宁县崀山八角寨，2015年7月22日；13♀，崀山天一巷，2015年7月23日；4♀，崀山天一巷（后门），2015年7月25日；4♀，崀山辣椒峰，2015年7月26日；3♀，崀山辣椒峰（后门），2015年7月27日，银海强、周兵、甘佳慧、龚玉辉、柳旺、曾晨、陈卓尔采。

地理分布：中国［湖南（崀山、石门）、宁夏］。

A.雌性外形，背面观 Female habitus, dorsal

B.生殖厣 Epigynum　C.阴门 Vulva

▲图12-54　大孔球蛛 *Theridion macropora*

●昏暗球蛛 *Theridion obscuratum* Zhu, 1998

Theridion obscuratum Zhu, 1998: 167, fig. 105A–D; Song, Zhu & Chen, 1999: 138, fig. 77G–H; Zhang & Jin, 2016: 620–622, figs 1–2.

雌蛛：背甲淡黄褐色，边缘及头区颜色深。腹部卵圆形，背面为黄白色，前端具 1 拱桥形的黑色斑纹，之后，散布着 2 横列黑色斑点。外雌器腹面观，交媾腔后位，后边缘明显，无明显的前边缘，交媾孔褐色，位于交媾腔的侧边缘的末端。背面观，纳精囊 1 对，纵向卵圆形；交媾管短，不明显；受精管起始于纳精囊后端。（图 12-55）

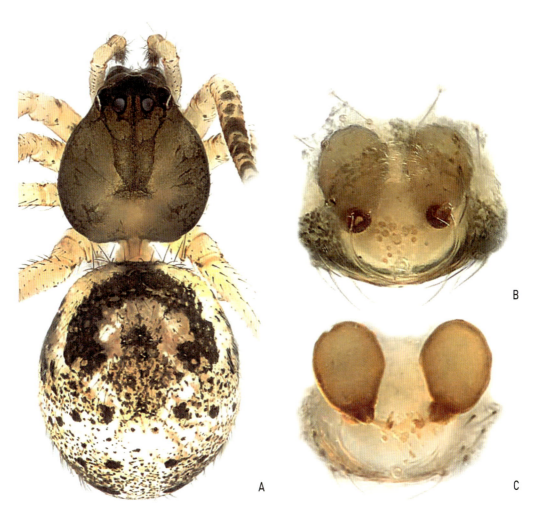

A.雌性外形，背面观 Female habitus, dorsal　B.生殖厣 Epigynum　C.阴门 Vulva

▲图 12-55　昏暗球蛛 *Theridion obscuratum*

雄蛛：一般特征同雌蛛。触肢器黄褐色，跗舟顶端具4根短的粗刺。腹面观，插入器基部宽，膜质，远端稍弯曲；引导器起源于生殖球后侧面的远端，基部宽大，末端尖，末端位置几乎与触肢器的远端平齐。（图12-56）

观察标本：7♀2♂，湖南省新宁县崀山八角寨，2015年7月22日；9♀6♂，崀山天一巷（后门），2015年7月25日；5♀3♂，崀山辣椒峰，2015年7月26日；8♀7♂，崀山骆驼峰，2015年7月27日；4♀4♂，崀山辣椒峰（后门），2015年7月27日；11♀，崀山天生桥，2015年7月28日，银海强、周兵、甘佳慧、龚玉辉、柳旺、曾晨、陈卓尔采。

地理分布：中国［湖南（崀山、衡山、常德），湖北］。

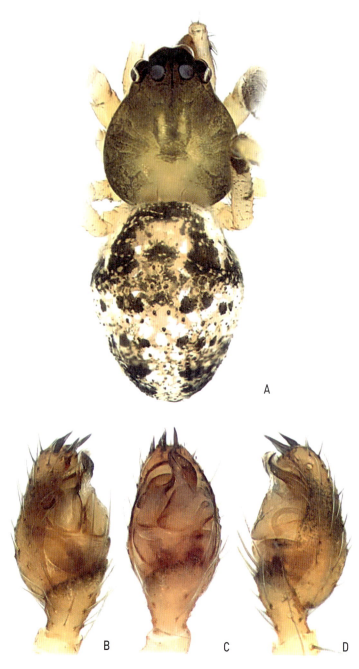

A.雄性外形，背面观 Male habitus, dorsal　B.触肢器，前侧观 Palp, prolateral
C.同上，腹面观 Ditto, ventral　D.同上，后侧观 Ditto, retrolateral

▲图12-56　昏暗球蛛 *Theridion obscuratum*

●波纹球蛛 *Theridion undatum* Zhu, 1998

Theridion undatum Zhu, 1998: 190, fig. 123A–E; Song, Zhu & Chen, 1999: 148, fig. 81C–D, J–K; Yin *et al*. 2012: 418, fig. 186a–e.

雌蛛：背甲黄褐色，具不规则棕色斑纹。腹部卵圆形，背面密布褐色刚毛，刚毛的毛基具褐色斑，背面正中有1宽的淡色纵带，纵带侧边缘色深，呈波浪形。外雌器腹面观，黄褐色，交媾孔小，不大明显，但可根据表皮下交媾管的走向大致判断交媾孔的位置。背面观，纳精囊球形；交媾管粗长，螺旋形扭转数圈。（图12-57）

雄蛛：崀山尚未发现。

观察标本：1♀，湖南省新宁县崀山骆驼峰，2015年7月27日，银海强、周兵、甘佳慧、龚玉辉、柳旺、曾晨、陈卓尔采。

地理分布：中国［湖南（崀山、张家界、道县、南岳），湖北，贵州］。

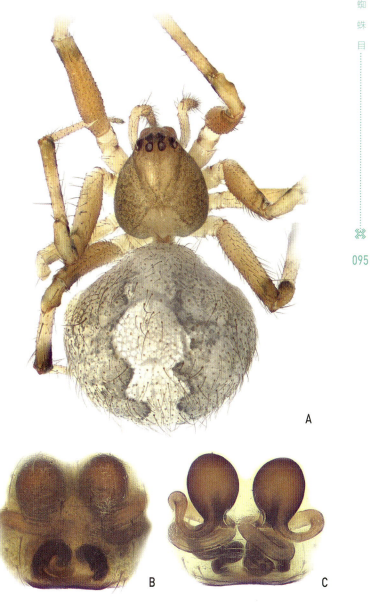

A.雌性外形，背面观 Female habitus, dorsal　B.生殖厣 Epigynum　C.阴门 Vulva

▲图 12-57　波纹球蛛 *Theridion undatum*

银板蛛属 *Thwaitesia* O. P.-Cambridge, 1881

Thwaitesia O. P.-Cambridge, 1881: 766.

体型中等，约3～5 mm。背甲近乎圆形，前眼列强后曲，前、后侧眼相连。螯肢小，前、后齿堤均无齿。胸板后端钝圆，伸入第Ⅳ步足基节之间。步足细长。腹部向上方或后上方突出，背面具银白色鳞状斑。舌状体无，其位置具2根刚毛。外雌器交媾强明显，交媾管短。触肢器跗节较长，跗节上具听毛。

模式种：*Thwaitesia margaritifera* O. P.-Cambridge, 1881。

该属全球目前已记载23种，其中中国3种。崀山1种。

●圆尾银板蛛 *Thwaitesia glabicauda* Zhu, 1998

Thwaitesia glabicauda Zhu, 1998: 284, fig. 192A–E; Song, Zhu & Chen, 1999: 148, fig. 83K–L; Liu & Zhu, 2008: 81, fig. 1A–G; Zhu & Zhang, 2011: 112, fig. 68A–G.

Chrysso shimenensis Tang, Yin & Peng, 2003: 53, fig. 1–6; Yin et al. 2012: 301, fig. 112a–f.

雌蛛：背甲黄白色，正中具有1灰黑纵带。腹部长卵形，背面正中浅褐色，具黑色斑块以及具分散的，或集中的白色鳞斑，两侧满布厚实的白色鳞斑。外雌器腹面观，交媾腔后位，略呈方形。背面观，纳精囊1对，红褐色，纵向延长；交媾管短；受精管起始于纳精囊内侧缘的近后端，末端宽扁。（图12-58）

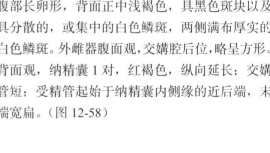
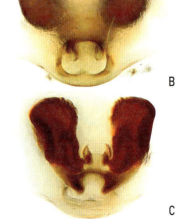

A.雌性外形，背面观 Female habitus, dorsal　B.生殖厣 Epigynum　C.阴门 Vulva

▲图12-58　圆尾银板蛛 *Thwaitesia glabicauda*

雄蛛：腹部背面褐色区域远大于雌蛛，褐色区域内未见白色鳞斑，两侧同雌蛛，满布厚实的白色鳞斑。触肢器的跗节较长，与跗舟长度大致相等，跗节后侧面具 2 根听毛；插入器长，起始于生殖球中部的后侧面，顺时针方向旋转约 3/4 周，随后向触肢器远端延伸，插入器除基部和起始端外，大部分被透明膜质结构所包裹。（图 12-59）

观察标本：1 ♂，湖南省新宁县崀山八角寨，2015 年 7 月 22 日；2 ♂，崀山天一巷（后门），2015 年 7 月 25 日；1 ♂，崀山骆驼峰，2015 年 7 月 27 日，银海强、周兵、甘佳慧、龚玉辉、柳旺、曾晨、陈卓尔采。

地理分布：中国［湖南（崀山、石门），贵州，四川，海南，重庆］。

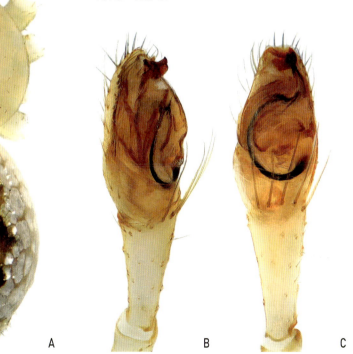

A.雄性外形，背面观 Male habitus, dorsal　B.触肢器，前侧观 Palp, prolateral　C.同上，腹面观 Ditto, ventral

▲图 12-59　圆尾银板蛛 Thwaitesia glabicauda

八木球蛛属 *Yaginumena* Yoshida, 2002

Yaginumena Yoshida, 2002: 11.

该属蜘蛛与圆腹蛛属（*Dipoena*）相似。背甲卵圆形，头区隆起，中窝不明显。外雌器具卵圆形的交媾腔，2个交媾孔开口于腔内。触肢器的盾片大，盾片内输精管粗而长，盾片突、中突、插入器和引导器均小，引导器与盾片相连。

模式种：*Dipoena castrata* Bösenberg & Strand, 1906。

目前该属全球已记载 3 种，分布于亚洲和欧洲，其中中国 2 种。崀山 1 种。

●太监八木球蛛 *Yaginumena castrata* (Bösenberg & Strand, 1906)

Dipoena castrata Bösenberg & Strand, 1906: 149, pl. 5, fig. 50, pl. 12, figs 246–247; Zhu, 1998: 248, fig. 164A–E; Song, Zhu & Chen, 1999: 110, fig. 53I–J, N–O.

Dipoena uniforma Bösenberg & Strand, 1906: 151, pl. 12, fig. 285.

Yaginumena castrata Yoshida, 2002: 12, figs 21–24.

雄蛛：背甲深褐色，头部隆起，侧面观塔顶状。腹部卵形，黑褐色，背面具灰白色大型斑纹，刚毛基部有黄白色小斑点。触肢器盾片大，里面输精管扭转复杂；插入器和引导器几乎都位于生殖球顶端，插入器短小，引导器短钝。（图 12-60）

雌蛛：崀山尚未发现。

观察标本：1 ♂，湖南省新宁县崀山天一巷，2015 年 7 月 23 日，银海强、周兵、甘佳慧、龚玉辉、柳旺、曾晨、陈卓尔采。

地理分布：中国［湖南（崀山），辽宁，吉林］，韩国，俄罗斯，日本。

A.雄性外形，背面观 Male habitus, dorsal　B.触肢器，前侧观 Palp, prolateral　C.同上，腹面观 Ditto, ventral　D.同上，后侧观 Ditto, retrolateral

▲图 12-60　太监八木球蛛 *Yaginumena castrata*

13. 肖蛸科
Family Tetragnathidae Menge, 1866

Tetragnathidae Menge, 1866: 90.

体型从小型至大型不等。8 眼 2 列，前、后眼列均后曲，多数种类前后侧眼相接。螯肢各异，多数种类螯肢长，其齿堤上齿的数量、大小、排列是重要的分类依据，雄蛛螯肢前侧面通常有 1 大的突起，与交配相关，称为婚距。步足细长。纺器 3 对，具舌状体。

结水平或稍倾斜的圆网，常栖息于水田、溪流附近的草丛、灌木丛、林间，喜温暖湿润，在亚热带和热带分布的种类较多。

模式属：*Tetragnatha* Latreille, 1804。

世界性分布，全球已记载 50 属 988 种，其中中国 19 属 148 种。崀山 2 属 3 种。

银鳞蛛属 *Leucauge* White, 1841

Leucauge White, 1841: 473.

体小至中型。8眼2列，前后侧眼相接。中窝和颈沟明显。螯肢不是很粗壮，雄性个体无婚距。步足 I 最长，步足 IV 腿节的背面着生2列长而弯曲的听毛。腹部背面具银色鳞状斑及不同形状的深色花纹。纳精囊1室或1室以上。触肢器的跗舟背侧近基部具角状突起，副跗舟棒状或稍弯曲，插入器通常被筒状引导器包被而不外露。

全球已记载159种，其中中国21种。崀山2种。

●肩斑银鳞蛛 *Leucauge blanda* (L. Koch, 1878)

Meta blanda L. Koch, 1878: 743, pl. 15, fig. 5.

Meta japonica Thorell, 1881: 126.

Leucauge blanda Bösenberg & Strand, 1906: 182, pl. 3, fig. 8, pl. 15, fig. 394; Zhu, Song & Zhang, 2003: 220, figs 117A–I, 118A–D; Zhu & Zhang, 2011: 158, figs 104A–I, 105A–D; Yin et al., 2012: 434, fig. 194a–g.

Leucauge szechuensis Schenkel, 1936b: 93, fig. 33.

雌蛛： 前眼列后曲，后眼列近平直。腹部背面近前缘2个黑褐色斑纹之处实为2个小的圆形隆起。腹背除鳞状斑外，有大型的浅褐色斑纹。外雌器腹面观，后端具中隔。背面观，2对纳精囊，上方1对大，囊状，色浅；下方1对色深，彼此斜向相对。（图13-1）

A.雌性外形，背面观Female habitus, dorsal　B.生殖厣Epigynum　C.阴门Vulva

▲图 13-1　肩斑银鳞蛛 *Leucauge blanda*

雄蛛：一般特征同雌蛛，但腹部背面斑纹稍淡。触肢器的跗舟背侧突小，副跗舟匙状弯曲，插入器被筒状引导器包被。触肢器后侧面观，输精管（sperm duct）扭曲呈"S"状。（图 13-2）

观察标本：1♀，湖南省新宁县崀山辣椒峰（后门），2015 年 7 月 27 日；6♀2♂，崀山天生桥，2015 年 7 月 28 日。以上标本均由银海强、周兵、甘佳慧、龚玉辉、柳旺、曾晨、陈卓尔所采。

地理分布：中国［湖南（崀山、长沙、道县、绥宁、炎陵、江永），湖北，贵州，安徽，浙江，广东，四川，云南，山东，山西，河南，陕西，台湾］，韩国，俄罗斯（远东），日本。

A

A.雄性外形，背面观 Male habitus, dorsal　B.触肢器，前侧观 Palp, prolateral
C.同上，腹面观 Ditto, ventral　D.同上，后侧观 Ditto, retrolateral

▲图 13-2　肩斑银鳞蛛 *Leucauge blanda*

●西里银鳞蛛 *Leucauge celebesiana* (Walckenaer, 1841)

Tetragnatha celebesiana Walckenaer, 1841: 222.

Leucauge celebesiana Hogg, 1919: 89, pl. 8, fig. 4; Song, Chen & Zhu, 1997: 1708, fig. 6a–d; Zhu, Song & Zhang, 2003: 223, figs 119A–F, 120A–E, pl. VIIE–H; Zhu & Zhang, 2011: 160, figs 106A–F, 107A–E; Yin et al., 2012: 436, fig. 195a–e; Zhang & Wang, 2017: 730, 6 fig.

Leucauge magnifica Yaginuma, 1954: 2, figs 1–2, 5–7, 11; Yin et al., 2012: 438, fig. 197a–g.

雌蛛: 腹部被白色鳞状斑, 正中黑色条形斑纹十分醒目。外雌器腹面观, 交媾腔前缘弧形, 角质化, 腔被宽的中隔分为 2 部分。(图 13-3)

A.雌性外形, 背面观 Female habitus, dorsal   B.生殖厣 Epigynum   C.阴门 Vulva

▲图 13-3　西里银鳞蛛 *Leucauge celebesiana*

雄蛛：腹部斑纹与雌蛛一致。触肢器的跗舟背面近基部具有 1 小突起；副跗舟远端比基部粗壮；插入器大部分被筒形引导器所包裹，但远端可见。（图 13-4）

观察标本：2 ♂，湖南省新宁县崀山辣椒峰，2015 年 7 月 26 日；3 ♀ 3 ♂，崀山紫霞峒，2015 年 7 月 28 日。以上标本均由银海强、周兵、甘佳慧、龚玉辉、柳旺、曾晨、陈卓尔所采。

地理分布：中国［湖南（崀山、长沙、浏阳、石门、张家界、绥宁、龙山、江永），湖北，浙江，江西，海南，广西，四川，贵州，云南，西藏，吉林，河南，安徽，福建，山东，陕西，台湾］，印度，老挝，日本，新几内亚，印度尼西亚，苏拉威西岛，俄罗斯（远东），韩国，越南。

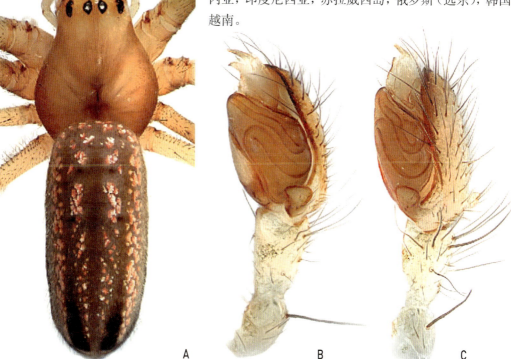

A. 雄性外形，背面观 Male habitus, dorsal　B. 触肢器，后侧观 Palp, retrolateral

C. 同上，后侧观（示跗舟背突）Ditto, retrolateral (showing a dorsal apophysis of cymbium)

▲图 13-4　西里银鳞蛛 *Leucauge celebesiana*

肖蛸属 *Tetragnatha* Latreille, 1804

Tetragnatha Latreille, 1804; 135.

体型细长，步足细长。8眼2列，眼基部具黑褐色环纹。螯肢一般长而粗壮，雄性个体螯肢具有婚距。腹部圆筒形，部分种类腹部在纺器后方延伸成"尾"状部。外雌器仅有1裂片覆盖于交媾孔，无角质化生殖厣结构。纳精囊成对位于两侧，部分种类3个纳精囊呈1横列或呈"品"字形排列。触肢器结构简单，顶部不发达，盾片球形，多数跗舟呈片状，跗舟、副跗舟形状因种而异。

模式种：*Tetragnatha extensa*（Linnaeus, 1758）。

全球已记载319种，其中中国51种。崀山1种。

●凯氏肖蛸 *Tetragnatha keyserlingi* Simon, 1890

Tetragnatha mandibulata Keyserling, 1865: 848, pl. 21, figs 6–9.

Tetragnatha maxillosa Thorell, 1895: 139; Feng, 1990: 106, fig. 81.1–10; Chen & Gao, 1990: 81, fig. 103a–e; Chen & Zhang, 1991: 125, fig. 119.1–12; Song, Zhu & Li, 1993: 868, fig. 30A–F; Zhao, 1993: 273, fig. 131a–f; Song, Zhu & Chen, 1999: 221, figs 126O, 128A–D; Zhu et al., 2002: 84, fig. 6A–N; Zhu, Song & Zhang, 2003: 153, figs 81A–G, 82A–G; Zhu & Zhang, 2011: 179, figs 123A–G, 124A–G; Yin et al., 2012: 459, fig. 209a–g.

Tetragnatha keyserlingi Castanheira et al., 2019: 477, figs 8A–J, 9A–I, 10A–F, 20C, 21H–I, L–M, O.

雌蛛： 背甲相对狭窄，中窝椭圆形。前齿堤8齿，第1齿位于螯牙基部，距第2齿远，后续6齿依次由大变小；后齿堤11齿，位于螯牙基部的第一齿最大。外雌器背面观，纳精囊3个呈"品"字排列，成对纳精囊卵圆形，中纳精囊小很多，球形。（图13-5）

观察标本： 2♀,湖南省新宁县崀山紫霞峒,2015年7月28日,银海强、周兵、甘佳慧、龚玉辉、柳旺、曾晨、陈卓尔采。

地理分布： 中国［湖南（崀山、长沙、岳阳、临澧、张家界、凤凰、沅陵、吉首、湘潭、衡山、绥宁、城步、邵东、炎陵、江华、江永）,湖北,江西,云南,贵州,四川,海南,河北,河南,辽宁,江苏,浙江,安徽,福建,山东,山西,广东,广西,西藏,陕西,新疆,台湾,重庆］,南非,孟加拉到菲律宾,瓦努阿图群岛,中美洲,加勒比,巴西,韩国,印度,新赫布里底群岛,波里尼西亚。

A.雌性外形,背面观 Female habitus, dorsal　B 螯肢,后侧观 Chelicera, retrolateral　C.生殖厣 Epigynum　D.阴门 Vulva

▲ 图13-5　凯氏肖蛸 *Tetragnatha keyserlingi*

14. 皿蛛科
Family Linyphiidae Blackwall, 1859

Linyphiidae Blackwall, 1859: 261.

体小型，有时极小型。8 眼 2 列，前中眼黑色。微蛛亚科雄蛛头区通常具瘤状突起。下唇前缘通常加厚。螯肢具发音器，无侧结节。各步足膝节和胫节具刺，跗节 3 爪。腹部一般卵形，斑纹明显或不明显。具舌状体。外雌器形状多样，微蛛亚科通常外雌器简单，皿蛛亚科外雌器通常具垂体。触肢器结构复杂，皿蛛亚科通常无胫节突，副跗舟发达；微蛛亚科具胫节突，副跗舟通常较小。

该科蜘蛛常在灌木层、草丛、落叶层等环境下结皿状网，蜘蛛倒悬于网下。

模式属：*Linyphia* Latreille, 1804。

全球分布，目前已记载 622 属 4 717 种，其中中国记载 163 属 404 种。崀山 4 属 5 种。

微蛛属 *Erigone* Audouin, 1826

Erigone Audouin, 1826: 115.

体小型。背甲梨形，边缘着生锯齿，雄蛛锯齿尤其明显。头区隆起，雄蛛隆起尤为显著。雄蛛螯肢前侧面具突起。第 I 至第 III 步足胫节各具 2 背刺，第 IV 步足胫节具 1 背刺。触肢器胫节具多个突起。

模式种：*Linyphia longipalpis* Sundevall, 1830。

目前该属全球记载 103 种，其中中国记载 10 种。崀山 1 种。

● 隆背微蛛 *Erigone prominens* Bösenberg & Strand, 1906

Erigone prominens Bösenberg & Strand, 1906: 168, pl. 12, fig. 270; Song et al., 1977: 37, fig. 4A-D; Tu & Li, 2004: 422, fig. 3A-J; Zhu & Zhang, 2011: 122, fig. 75A-D; Yin et al., 2012: 485, fig. 222a-e.

雄蛛：背甲红棕色，两侧具锯齿。头区隆起。腹部长卵圆形，黄褐色，背面有浅色横条纹。触肢器膝节远端具 1 刺突；胫节突大，突起复杂。（图 14-1）

雌蛛：崀山尚未发现。

观察标本：2 ♂，湖南省新宁县崀山天一巷，2014 年 11 月 21 日；1 ♂，崀山紫霞峒，2014 年 11 月 26 日，银海强、王成、周兵、龚玉辉、甘佳慧采。

地理分布：中国［湖南（崀山、涟源、城步），江西，湖北，陕西，山东，福建，河北，河南，江苏，安徽，浙江，广东，四川，重庆，台湾］，喀麦隆到日本。新西兰，澳大利亚，非洲为引入种。

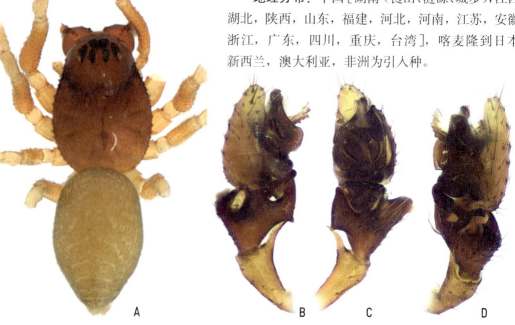

A. 雄性外形，背面观 Male habitus, dorsal   B. 触肢器，前侧观 Palp, prolateral   C. 同上，腹面观 Ditto, ventral
D. 同上，后侧观 Ditto, retrolateral

▲图 14-1   隆背微蛛 *Erigone prominens*

盖蛛属 *Neriene* Blackwall, 1833

Neriene Blackwall, 1833: 187.

体小型。各步足胫节具2背刺。腹部通常斑纹明显。外雌器腹板发达，背板小，垂体由背板延伸而成。触肢器胫节多刺或刺状毛；副跗舟小，月牙形；中突"L"形，末端钩状；顶突螺旋状。

模式种：*Linyphia clathrata* Sundevall, 1830。

目前该属全球已记载60种，其中中国31种。崀山3种。

● **卡氏盖蛛** *Neriene cavaleriei* (Schenkel, 1963)

Linyphia cavaleriei Schenkel, 1963: 119, fig. 71.

Neriene cavaleriei Song, 1981: 56, figs 10–14; Yin et al., 2012: 520, figs 244a–f, 3–21d–e; Li, Liu & Chen, 2018: 16, figs 15A–H, 16A–F, 17A–E.

雌蛛：背甲褐色，头区隆起，中窝纵向。腹部卵圆形，前后两端窄，中部最宽；背面褐色，具大型浅棕色条形斑并间杂少量白色斑点。外雌器垂体较小，呈指状；交媾管螺旋状，盘绕数圈。（图14-2）

A.雌性外形，背面观Female habitus, dorsal　B.生殖厣Epigynum　C.阴门Vulva

▲图14-2　卡氏盖蛛 *Neriene cavaleriei*

雄蛛：背甲黄褐色，腹部窄长。触肢器顶突发达，腹面观，顶突呈螺旋状卷曲约5圈半。（图14-3）

观察标本：1♀，湖南省新宁县崀山天一巷（后门），2015年7月25日；2♀，崀山骆驼峰，2015年7月27日；1♀，崀山辣椒峰（后门），2015年7月27日；3♀1♂，崀山天生桥，2015年7月28日；1♀，崀山紫霞峒，2015年7月28日，银海强、周兵、甘佳慧、龚玉辉、柳旺、曾晨、陈卓尔采。

地理分布：中国［湖南（崀山、张家界、韶山、永顺、龙山、浏阳、南岳、道县、绥宁、宜章、江永），湖北，贵州，吉林，辽宁，甘肃，福建，山西，安徽，广西，四川，浙江，黑龙江，重庆］，越南。

A. 雄性外形，背面观 Male habitus, dorsal   B. 触肢器，前侧观 Palp, prolateral
C. 同上，腹面观 Ditto, ventral   D. 同上，后侧观 Ditto, retrolateral

▲图14-3　卡氏盖蛛 *Neriene cavaleriei*

● **醒目盖蛛** *Neriene emphana* (Walckenaer, 1841)

Linyphia emphana Walckenaer, 1841: 246.

Neriene emphana Hu, 1984: 182, fig. 191.1–3; Zhu & Zhang, 2011: 137, fig. 88A–D; Yin et al., 2012: 524, fig. 247a–e; Zhang & Wang, 2017: 322, fig.5.; Li, Liu & Chen, 2018: 26, figs 27A–H, 28A–F, 29A–E.

雄蛛：背甲橘黄色。前中眼紧靠，前、后侧眼相接，前中眼与前侧眼相距较远。腹部长圆筒形，背面灰白色，两侧各有 1 白色纵条纹，靠近腹部末端具黑斑。触肢器胫节较长，具有长刚毛；副跗舟呈横向"U"形，开口朝后侧方；片状突（lamella）强壮，前侧面观，远端宽扁，基部尖长，中部发出 1 横向分支，分支长而尖。（图 14-4）

雌蛛：崀山尚未发现。

观察标本：1 ♂，湖南省新宁县崀山天一巷（后门），2015 年 7 月 25 日，银海强、周兵、甘佳慧、龚玉辉、柳旺、曾晨、陈卓尔采。

地理分布：中国［湖南（崀山、长沙、浏阳、龙山、宜章、城步、道县），湖北，贵州，浙江，广东，福建，安徽，西藏，四川，河北，北京，山西，陕西］，哈萨克斯坦，伊朗，韩国，日本，高加索，俄罗斯。

A.雄性外形，背面观 Male habitus, dorsal　B.触肢器，前侧观 Palp, prolateral
C.同上，腹面观 Ditto, ventral　D.同上，后侧观 Ditto, retrolateral

▲图 14-4　醒目盖蛛 *Neriene emphana*

蜘蛛目

109

面蛛属 *Prosoponoides* Millidge & Russell-Smith, 1992

Prosoponoides Millidge & Russell-Smith, 1992: 1369.

体小型。外雌器背板后端向后延伸形成垂体，纳精囊小，交媾管螺旋式缠绕。触肢器的膝节、胫节较短；副跗舟小；插入器长。

模式种：*Prosoponoides hamatum* Millidge & Russell-Smith, 1992。

目前该属记载 6 种，分布于东亚和东南亚，其中中国记载 3 种。崀山 1 种。

● **中华面蛛** *Prosoponoides sinensis* (Chen, 1991)

Neriene sinensis Chen, 1991: 164, fig. 2A–D; Song, Zhu & Li, 1993: 866, fig. 27A–D; Song, Zhu & Chen, 1999: 194, fig. 112C–D, M–N.

Prosoponoides sinensis Tu & Li, 2006: 113, fig. 9A–H; Yin et al., 2012: 550, fig. 263a–e; Chen et al., 2020: 28, figs 4A–E, 5A–E.

雄蛛：背甲黄褐色，中窝、颈沟及放射沟处颜色较深。腹部浅褐色，背面具白色与褐色交织一起的条纹。触肢器膝节短小；胫节无突起；副跗舟较小；引导器膜质，宽大；前侧面观，片状突粗壮，多分支，其中最大最长的分支末端尖。（图 14-5）

雌蛛：崀山尚未发现。

观察标本：3 ♂，湖南省新宁县崀山天一巷，2015 年 7 月 23 日，银海强、周兵、甘佳慧、龚玉辉、柳旺、曾晨、陈卓尔采。

地理分布：中国［湖南（崀山、浏阳、郴州、城步），贵州，浙江，福建，海南］，越南。

A. 雄性外形，背面观 Male habitus, dorsal B. 触肢器，前侧观 Palp, prolateral
C. 同上，腹面观 Ditto, ventral D. 同上，后侧观 Ditto, retrolateral

▲ 图 14-5 中华面蛛 *Prosoponoides sinensis*

沟瘤蛛属 *Ummeliata* Strand, 1942

Ummeliata Strand, 1942: 397.

体小型。头区隆起,雄蛛的隆起的头区分为前后两个部分,彼此之间具 1 深凹横沟。第 Ⅰ、Ⅱ步足胫节各具 2 背刺;第 Ⅲ、Ⅳ 步足胫节只 1 背刺。外雌器简单,纳精囊小。触肢器具胫节突;插入器长。

模式种:*Ummeliata insecticeps* Bösenberg & Strand, 1906。

目前该属全球记载 9 种,其中中国已记载 2 种。岽山 1 种。

●食虫沟瘤蛛 *Ummeliata insecticeps* (Bösenberg & Strand, 1906)

Oedothorax insecticeps Bösenberg & Strand, 1906: 163, pl. 12, fig. 257.

Oedothorax insecticeps Oi, 1960: 158, figs 79–83; Song, 1980: 151, fig. 81a–f.

Ummeliata insecticeps Chen & Gao, 1990: 112, fig. 140a–b; Zhao, 1993: 193, fig. 88a–d; Zhu & Zhang, 2011: 153, fig. 102A–F; Yin et al., 2012: 557, fig. 268a–e, 3013n–o.

雌蛛:背甲红褐色,颈沟、放射沟、中窝颜色较深。腹部卵圆形,背面正中有 1 白色纵纹,纵纹两侧及后面具浅黄色点斑和细条纹。外雌器后缘中部具骨化板,交媾腔不明显;纳精囊褐色,彼此相距较远。(图 14-6)

A.雌性外形,背面观 Female habitus, dorsal   B.生殖厣 Epigynum   C.阴门 Vulva

▲图 14-6　食虫沟瘤蛛 *Ummeliata insecticeps*

雄蛛：头区有1横沟，横沟之后的隆起光滑。步足多毛。腹部背面浅黄色，密布短毛，后端两侧具对称的褐色斑。触肢器腹面观，胫节突斜向"L"形；插入器宽而长，螺旋状扭曲。（图14-7）

观察标本：2♀1♂，湖南省新宁县崀山天一巷，2014年11月21日；1♂，崀山紫霞峒，2014年11月26日；1♂，崀山骆驼峰2014年11月27日，银海强、王成、周兵、龚玉辉、甘佳慧采。

地理分布：中国［湖南（崀山、湘阴、望城、道县、城步、绥宁、江永），湖北，江西，吉林，河南，上海，安徽，浙江，福建，陕西，台湾］，韩国，日本，俄罗斯至越南。

A.雄性外形，背面观 Male habitus, dorsal　B.触肢器，前侧观 Palp, prolateral
C.同上，腹面观 Ditto, ventral　D.同上，后侧观 Ditto, retrolateral

▲图 14-7　食虫沟瘤蛛 *Ummeliata insecticeps*

15. 园蛛科

Family Araneidae Clerck, 1757

Araneidae: Clerck, 1757: 1.

体型小至大型。本科蜘蛛因常在庭院、花园等处结网而名园蛛（garden spider）。部分属雌、雄异形现象相当明显，如络新妇属（*Nephila*）雌、雄蛛的个体大小相差极大。该科蜘蛛头胸部多呈梨形，背甲基本光滑或密被绒毛，少数种类具有疣突、小棘等衍生物。8 眼 2 列，极少数种类为 6 眼，退化的 2 眼一般为侧眼。步足多刺。腹部形状多变，多数呈圆形，背面也时着生肩角、棘、瘤等突起。无筛器，有舌状体。

模式属：*Araneus* Clerk, 1757。

本科蜘蛛全球广泛分布，目前已记载 177 属 3 067 种，其中中国 50 属 406 种。崀山 11 属 19 种。

金蛛属 *Argiope* Audouin, 1826

Argiope: Audouin, 1826: 121.

体中、大型。雌、雄个体大小悬殊。背甲通常覆盖白色绒毛，头区显著窄于胸区。步足具深色环纹。腹部通常长卵形，也有的呈五角形等其他形状。腹背一般颜色艳丽，具银色、金色、黑色等斑纹，通常雌蛛比雄蛛艳丽。

本属蜘蛛结垂直圆网，网上有支持带 4 条或 2 条，支持带看起来像英文字母"Z""N""W"等字样连于一起，故金蛛通常又被称为"会写英文字母的蜘蛛"。

模式种：*Aranea sericea* Olivier, 1789。

本属蜘蛛全球性分布，目前已记载 88 种，其中中国 20 种。崀山 2 种。

●小悦目金蛛 *Argiope minuta* Karsch, 1879

Argiope minuta Karsch, 1879: 67; Yin, 1978: 4, fig. 8A–C; Yin et al., 1997: 77, fig. 10a–f; Song, Zhu & Chen, 1999: 261, figs 151T–U, 153A; Zhu & Zhang, 2011: 209, fig. 147A–G; Yin et al., 2012: 575, figs 276a–f, 3–17c.

Coganargiope minuta Nakatsudi, 1942: 305, figs 5–7.

雄蛛：体色较淡，斑纹不大明显。背甲覆盖少量白色绒毛。腹部长卵形，后端稍尖。腹部背面密布白色斑点，以及 3 对左右黑色圆斑，中间具有 1 纵向条纹。触肢器的插入器起源于生殖球的前侧面，插入器与引导器一起朝腹面显著延伸，引导器大，远端呈宽勺状。中突发达，前侧面观，中突远端分为两叉。（图 15-1）

雌蛛：崀山尚未发现。

观察标本：1 ♂，湖南省新宁县崀山天一巷，2015 年 7 月 23 日；1 ♂，崀山辣椒峰，2015 年 7 月 26 日；2 ♂，崀山辣椒峰（后门），2015 年 7 月 27 日，银海强、周兵、甘佳慧、龚玉辉、柳旺、曾晨、陈卓尔采。

地理分布：中国［湖南（崀山、长沙、衡阳、炎陵、绥宁），贵州，安徽，浙江，湖北，江西，福建，河南，广东，广西，四川，云南，台湾，重庆］，孟加拉，日本。

A.雄性外形，背面观 Male habitus, dorsal B.触肢器，前侧观 Palp, prolateral C.同上，后侧观 Ditto, retrolateral

▲图 15-1 小悦目金蛛 *Argiope minuta*

●目金珠 *Argiope ocula* Fox, 1938

Argiope ocula Fox, 1938b: 364, fig. 6; Feng, 1990: 68, fig. 43.1–3; Chen & Gao, 1990: 51, fig. 59; Yin et al., 1997: 67, fig. 1a–e; Song, Zhu & Chen, 1999: 262, fig. 151W–X; Yin et al., 2012: 577, fig. 277a–g.

Argiope ohsumiensis Yaginuma, 1967: 50, 59, fig. 1.1–9.

雄蛛：背甲淡褐色，两侧与正中之间颜色稍淡。腹部长卵形，黄褐色，腹背两侧具白色大型斑纹，中央有 4 对褐色斑，前 2 对较大，后 2 对非常小。腹背后半部 3 个圆形黑斑呈三角形排列，第三个位于腹部末端的正中。触肢器的引导器宽大，中突的顶端两叉，形如两爪。（图 15-2）

雌蛛：崀山尚未发现。

观察标本：1 ♂，湖南省新宁县崀山八角寨，2015 年 7 月 22 日，银海强、周兵、甘佳慧、龚玉辉、柳旺、曾晨、陈卓尔采。

地理分布：中国［湖南（崀山、绥宁、炎陵、江永），贵州，浙江，福建，四川，台湾，重庆］，日本。

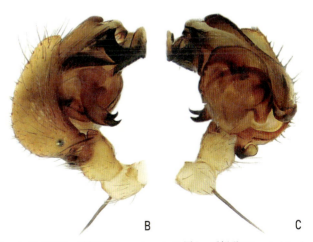

A. 雄性外形，背面观 Male habitus, dorsal　B. 触肢器，前侧观 Palp, prolateral　C. 同上，后侧观 Ditto, retrolateral

▲图 15-2　目金珠 *Argiope ocula*

壮头蛛属 *Chorizopes* O. Pickard-Cambridge, 1871

Chorizopes: O. Pickard–Cambridge, 1871: 737.

头区显著隆起近球形，胸区窄于头区。8眼，前、后眼列均强后曲，侧眼位于头区两侧，远离中眼，前、后侧眼相互靠近。螯肢后齿堤无齿。腹部两侧及末端通常具成对突起。

模式种：*Chorizopes frontalis* O. Pickard–Cambridge, 1871。

该属目前全球已记载29种，主要分布在亚洲，尤其是中国和印度，其中中国13种。崀山1种。

●石门壮头蛛 *Chorizopes shimenensis* Yin & Peng, 1994

Chorizopes shimenensis Yin & Peng, in Yin, Peng & Wang, 1994: 107, figs 14–17; Yin et al., 1997: 218, fig. 132a–d; Song, Zhu & Chen, 1999: 263, figs 154Q–R, 155I; Yin et al., 2012: 631, fig. 308a–g.

雌蛛：背甲黑褐色。步足短而细，黄褐色，具黑褐色环纹。腹部背面灰褐色，具黄褐色斑纹以及许多褐色小圆斑，靠近腹部末端有4个圆形的黑色斑块。外雌器腹面观，后缘正中有1颜色较浅的小型唇状突起。背面观，纳精囊球形，相互紧靠；交媾管粗壮，从两侧向中间再向后方延伸。（图15-3）

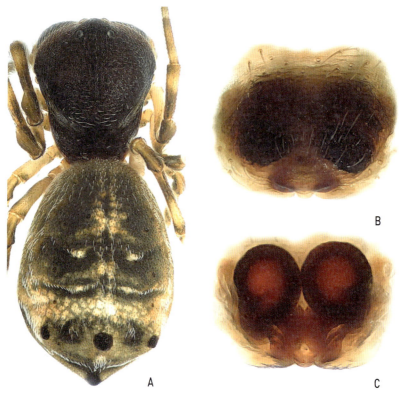

A.雌性外形，背面观Female habitus, dorsal　B.生殖厣Epigynum　C.阴门Vulva

▲图15-3　石门壮头蛛 *Chorizopes shimenensis*

雄蛛：一般特征同雌蛛，斑纹较雌蛛更清晰，腹背正中 2 对新月形斑纹和腹部末端 4 个圆形黑斑尤其清楚。触肢器前侧面观，插入器细长，扭曲；中突强壮，末端钩状。

观察标本：1 ♂，湖南省新宁县崀山天一巷（后门），2015 年 7 月 25 日；1 ♀，崀山辣椒峰，2015 年 7 月 26 日；1 ♂，崀山骆驼峰，2015 年 7 月 27 日；2 ♀，崀山辣椒峰（后门），2015 年 7 月 27 日；4 ♀ 2 ♂，崀山天生桥，2015 年 7 月 28 日；1 ♀，崀山紫霞峒，2015 年 7 月 28 日，银海强、周兵、甘佳慧、龚玉辉、柳旺、曾晨、陈卓尔采。（图 15-4）

地理分布：中国［湖南（崀山、石门、绥宁）］。

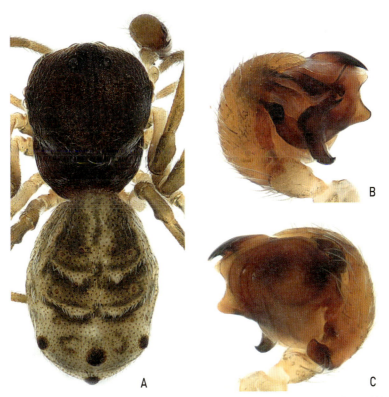

A. 雄性外形，背面观 Male habitus, dorsal B. 触肢器，前侧观 Palp, prolateral C. 同上，后侧观 Ditto, retrolateral

▲ 图 15-4 石门壮头蛛 *Chorizopes shimenensis*

艾蛛属 *Cyclosa* Menge, 1866

Cyclosa Menge, 1866: 73.

头胸部梨形，颈沟明显，呈"U"形。八眼 2 列，前、后眼列均后曲。腹部末端超出纺器末端并向后方突出，背面通常具疣状突起。雌性外雌器具垂体，垂体位于两侧呈球形隆起的突起之间，但垂体常有脱落，给物种鉴定带来困难。

模式种：*Aranea conica* Pallas, 1772。

世界性分布，该属目前已记载 129 种，其中中国 42 种。崀山 6 种。

●银背艾蛛 *Cyclosa argenteoalba* Bösenberg & Strand, 1906

Cyclosa argenteoalba Bösenberg & Strand, 1906: 202, pl. 4, fig. 38, pl. 15, fig. 419; Yin et al., 1997: 256, fig. 167a–I; Song, Zhu & Chen, 1999: 263, figs 155Q–R, 158I, 160H; Zhu & Zhang, 2011: 212, fig. 149A–F; Yin et al., 2012: 636, fig. 310a–i.

Cyclosa kiangsica Schenkel, 1963: 139, fig. 81; Yin, 1978: 7, fig. 18A–D; Chen & Zhang, 1991: 99, fig. 91.1–4.

雌蛛：背甲长梨形，黑色有光泽。步足具黄褐色环纹。腹部卵形，末端窄，背面具 1 大型银色斑块，占据大部分或全部背面。外雌器腹面观（垂体已脱落），垂体基部前段比中段宽，被中段覆盖；中段垂体基部前 1/3 窄，中 1/3 宽，后 1/3 逐渐变窄。外雌器背面观，纳精囊形如斜向放置的茄子，前端朝外侧分离开，后端向内侧靠近。（图 15-5）

A.雌性外形，背面观 Female habitus, dorsal　B.生殖厣 Epigynum　C.阴门 Vulva

▲图 15-5　银背艾蛛 *Cyclosa argenteoalba*

雄蛛：腹部末端圆钝，背面白色斑纹所占比例大于雌蛛。触肢器的插入器黑色，粗刺状，末端止于引导器的膜质部，引导器膜质部较宽且多褶皱。中突宽扁，末端稍尖。（图 15-6）

观察标本：2♀2♂，湖南省新宁县崀山天一巷，2015 年 7 月 23 日；1♀4♂，崀山天一巷（后门），2015 年 7 月 25 日；1♀，崀山辣椒峰，2015 年 7 月 26 日；1♀，崀山骆驼峰，2015 年 7 月 27 日；1♀，崀山天一巷，2014 年 11 月 21 日，银海强、周兵、甘佳慧、龚玉辉、柳旺、曾晨、陈卓尔采。

地理分布：中国［湖南（崀山、浏阳、石门、桑植、城步），贵州，江西，河南，安徽，浙江，福建，云南，山东，广东，广西，四川，台湾，重庆］，朝鲜，俄罗斯，日本，韩国。

A.雄性外形，背面观 Male habitus, dorsal　B.触肢器，前侧观 Palp, prolateral　C.同上，后侧观 Ditto, retrolateral

▲图 15-6　银背艾蛛 *Cyclosa argenteoalba*

●双锚艾蛛 *Cyclosa bianchoria* Yin, Wang, Xie & Peng, 1990

Cyclosa ginnaga Chen & Gao, 1990: 55, fig. 63b.

Cyclosa bianchoria Yin et al., 1990: 59, figs 148–155; Yin et al., 1997: 229, fig. 143a–I; Song, Zhu & Chen, 1999: 263, figs 155U, 158J, 160I; Yin et al., 2012: 640, fig. 312a–i.

　　雌蛛：背甲棕褐色，部分区域颜色较淡。步足具明显的褐色环纹。腹部长卵圆形，长约为宽的3倍，末端较窄，靠近腹末端的两侧各具1乳状突起。腹部背面具银斑和黑斑，中央黑斑状若2个上下对称的锚。外雌器垂体已脱落，基板左右分离对称；垂体基部多环纹和褶皱。（图15-7）

A.雌性外形，背面观Female habitus, dorsal　B.生殖厣，腹面观（垂体脱落）Epigynum, ventral (scape having been lost)
C.同上，侧面观Ditto, lateral

▲图15-7　双锚艾蛛 *Cyclosa bianchoria*

雄蛛：背甲深褐色，眼区窄，宽度约为头胸部最宽处的三分之一，前眼列后曲，后眼列端直。步足黄色与褐色环纹相间。腹部卵圆形，背面具灰褐色斑纹。触肢器胫节极短；插入器黑色，细长，中部微微弯曲，末端与顶突末端相互靠近但短于顶突。（图15-8）

观察标本：3♀1♂，湖南省新宁县崀山天一巷（后门），2015年7月25日；1♀，崀山骆驼峰，2015年7月27日，银海强、周兵、甘佳慧、龚玉辉、柳旺、曾晨、陈卓尔采。

地理分布：中国［湖南（崀山、绥宁、张家界、宜章、江永），贵州，福建，广西，重庆］。

A.雄性外形，背面观 Male habitus, dorsal B.触肢器，前侧面观 Palp, prolateral
C.同上，后侧面观 Ditto, retrolateral

▲图15-8 双锚艾蛛 *Cyclosa bianchoria*

●浊斑艾蛛 *Cyclosa confusa* Bösenberg & Strand, 1906

Cyclosa confusa Bösenberg & Strand, 1906: 209, pl. 15, fig. 418; Yin et al., 1997: 236, fig. 149a–k; Song, Zhu & Chen, 1999: 264, figs 156A–B, 158M–N, 160L; Yin et al., 2012: 641, fig. 313a–k.

Cyclosa insulana Chikuni, 1989b: 84, fig. 68.

雌蛛：背甲褐色，侧缘、颈沟、头区正中线及中窝后方颜色深。步足黄褐色，具深褐色环纹。腹部长卵圆形，末端尖，末端左右两侧各具 1 乳状突起。腹部背面黄褐色，不均匀分布黑色及银色斑块。外雌器垂体较短，基部翻折后逐渐变窄呈三角形，垂体两侧向正中斜向密布环纹及褶皱，末端较透明。（图 15-9）

雄蛛：崀山尚未发现。

观察标本：1 ♀，湖南省新宁县崀山天一巷，2014 年 11 月 21 日，银海强、周兵、甘佳慧、龚玉辉、柳旺、曾晨、陈卓尔采。

地理分布：中国［湖南（崀山、炎陵、张家界、城步），福建，云南，台湾］，日本，韩国。

A.雌性外形，背面观 Female habitus, dorsal　B.生殖厣，腹面观 Epigynum, ventral　C.同上，侧面观 Ditto, lateral

▲图 15-9　浊斑艾蛛 *Cyclosa confusa*

●日本艾蛛 *Cyclosa japonica* Bösenberg & Strand, 1906

Cyclosa japonica Bösenberg & Strand, 1906: 211, fig. 2; Chen & Gao, 1990: 56, fig. 65a–b; Yin et al., 1997: 241, fig. 153a–l; Song, Zhu & Chen, 1999: 264, figs 156T–U, 159A–B, 161C; Yin et al., 2012: 647, fig. 317a–l.

雄蛛：背甲黄褐色，具不规则深色细斑点。腹部长卵圆形，末端黑色。触肢器的插入器黑色，基部与针状部之间大约呈直角转折。中突宽大强壮，前侧面观基部具 1 刀状突起，后侧面观，中突远端分两叉。（图 15-10）

观察标本：1 ♂，湖南省新宁县崀山紫霞峒，2014 年 11 月 26 日，银海强、周兵、甘佳慧、龚玉辉、柳旺、曾晨、陈卓尔采。

地理分布：中国［湖南（崀山、衡山），贵州，台湾，福建，浙江，江西，云南，四川，重庆］，日本，俄罗斯，韩国。

A.雄性外形，背面观 Male habitus, dorsal　B.触肢器，前侧观 Palp, prolateral　C.同上，后侧观 Ditto, retrolateral

▲图 15-10　日本艾蛛 *Cyclosa japonica*

●山地艾蛛 *Cyclosa monticola* Bösenberg & Strand, 1906

Cyclosa monticola Bösenberg & Strand, 1906: 210, pl. 15, fig. 413; Yin et al., 1997: 246, fig. 158a–j; Song, Zhu & Chen, 1999: 271, figs 157A, 159F–G, 161G; Zhu & Zhang, 2011: 215, fig. 152A–F; Yin et al., 2012: 649, fig. 318a–j; Yuan, Zhao & Zhang, 2019: 19, fig. 12A–C.

Cyclosa laticauda Zhang, 1987: 78, fig. 61.1–2; Chen & Gao, 1990: 56, fig. 66a–c; Feng, 1990: 73, fig. 48.1–4; Chen & Zhang, 1991: 97, fig. 89.1–3.

　　雌蛛：背甲黄褐色，头区隆起。腹部长圆筒形，末端尖，靠近末端的腹背正中及腹部两侧各具 1 乳状突起。外雌器垂体两侧显著隆起，垂体长，多褶皱，垂体末端尖细部分超过生殖沟的位置。（图 15-11）

A.雌性外形，背面观 Female habitus, dorsal　B.生殖厣，腹面观 Epigynum ventral　C.同上，侧面观 Ditto, lateral

▲图 15-11　山地艾蛛 *Cyclosa monticola*

雄蛛：一般特征同雌蛛。触肢器腹面观，插入器基部宽，从中部开始稍弯曲呈弧形；顶突基部呈圆形，远端呈粗刺状，末端尖细。（图 15-12）

　　观察标本：1♀，湖南省新宁县崀山天一巷（后门），2015 年 7 月 25 日；1♀，崀山骆驼峰，2015 年 7 月 27 日；1♂，崀山紫霞峒，2015 年 7 月 28 日；1♀，崀山天一巷，2014 年 11 月 21 日；2♀，崀山八角寨，2014 年 11 月 24 日，银海强、周兵、甘佳慧、龚玉辉、柳旺、曾晨、陈卓尔采。

　　地理分布：中国［湖南（崀山、浏阳、平江、桑植、绥宁、江永），湖北，贵州，江西，甘肃，新疆，安徽，浙江，福建，河南，四川，云南，台湾，重庆］，日本，俄罗斯，韩国。

A.雄性外形，背面观 Male habitus, dorsal　B.触肢器，前侧观 Palp, prolateral　C.同上，后侧观 Ditto, retrolateral

▲图 15-12　山地艾蛛 *Cyclosa monticola*

●长脸艾蛛 *Cyclosa omonaga* Tanikawa, 1992

Cyclosa insulana Chikuni, 1989: 84, fig. 68; Chen & Gao, 1990: 55, fig. 64b.

Cyclosa japonica Feng, 1990: 72, fig. 47.1–4.

Cyclosa omonaga Tanikawa, 1992: 30, figs 44–55; Yin et al., 1997: 243, figs 155a–k; Song, Zhu & Chen, 1999: 271, figs 157M, 159K–L, 161L; Yin et al., 2012: 657, fig. 323a–k.

雄蛛：背甲红棕色，胸区正中颜色稍浅。步足淡黄色，具红褐色环纹。腹部长卵形，末端具有 3 个突起。腹部背面具白色和黑色斑纹。触肢器结构复杂，插入器粗刺状，基部横向延伸。顶突与插入器形状相似，但基部比插入器的基部长，针状部比插入器的短。中突粗大呈斧状，基部具 1 镰刀状突起。（图 15-13）

雌蛛：崀山尚未发现。

观察标本：1 ♂，湖南省新宁县崀山紫霞峒，2015 年 7 月 28 日，银海强、周兵、甘佳慧、龚玉辉、柳旺、曾晨、陈卓尔采。

地理分布：中国［湖南（崀山、浏阳、绥宁），浙江，安徽，云南，四川，台湾，重庆］，日本，韩国。

A.雄性外形，背面观 Male habitus, dorsal　B.触肢器，前侧观 Palp, prolateral　C.同上，后侧观 Ditto, retrolateral

▲图 15-13　长脸艾蛛 *Cyclosa omonaga*

曲腹蛛属 *Cyrtarachne* Thorell, 1868

Cyrtarachne Thorell, 1868.

雌雄个体大小差异悬殊。背甲光滑。腹部宽大于长，通常呈三角形，腹末端与腹两侧相连呈光滑弧形，腹部宽度显著大于头胸部。部分雌蛛腹背具成对的隆起，部分雄蛛腹背具有小的疣状突或刺突。

模式种：*Cyrtogaster grubii* Keyserling, 1864。

该属目前已记载 55 种，其中中国 14 种。崀山 2 种。

●蟾蜍曲腹蛛 *Cyrtarachne bufo* (Bösenberg & Strand, 1906)

Poecilopachys bufo Bösenberg & Strand, 1906: 241, pl. 3, fig. 12, pl. 11, fig. 219.

Cyrtarachne bufo Yaginuma, 1958: 265, fig. C; Yin et al., 1997: 268, fig. 178a–d; Song, Zhu & Chen, 1999: 272, figs 162G–H, 163G; Zhu & Zhang, 2011: 220, fig. 156A–C; Yin et al., 2012: 667, fig. 329a–d.

雄蛛：头胸部棕褐色，头区颜色深于胸区。步足淡棕色，具刺。腹部心形，背面稀疏地被有长刚毛，刚毛基部具褐色突起。腹背前半部具褐色斑纹，后半部斑纹淡黄色。触肢器淡黄色，插入器基部较为粗壮，针状部黑色，稍弯曲。引导器短而宽；中突基部褐色，宽大，密被疣突，远端尖，黑色。（图 15-14）

雌蛛：崀山尚未发现。

观察标本：1 ♂，湖南省新宁县崀山天一巷，2015 年 7 月 23 日，银海强、周兵、甘佳慧、龚玉辉、柳旺、曾晨、陈卓尔采。

地理分布：中国〔湖南（崀山、浏阳、石门、绥宁），贵州，河南，福建，四川，台湾，云南〕，日本，韩国

A.雄性外形，背面观 Male habitus, dorsal B.触肢器，前侧观 Palp, prolateral C.同上，腹面观 Ditto, ventral D.同上，后侧观 Ditto, retrolateral

▲图 15-14　蟾蜍曲腹蛛 *Cyrtarachne bufo*

●汤原曲腹蛛 *Cyrtarachne yunoharuensis* Strand, 1918

Cyrtarachne yunoharuensis Strand, 1918: 81, pl. 1, figs 12–14; Zhang, 1986: 49, figs 1–3; Feng, 1990: 78, fig. 53.1–4; Yin et al., 1997: 276, fig. 187a–g; Song, Zhu & Chen, 1999: 279, figs 162U–V, 163E–F, O; Zhu & Zhang, 2011: 221, fig. 158A–E; Yin et al., 2012: 672, fig. 332a–g.

Cyrtarachne indutus Yaginuma, 1960: append. 4, pl. 26, fig. 148, fig. 101H.

Cyrtarachne induta Yin et al., 1997: 273, fig. 183a–d; Song, Zhu & Chen, 1999: 279, figs 162P–Q, 163L.

雄蛛：背甲深红褐色，中窝前端具 3 根长刚毛。腹部近似五角形，背面颜色比背甲略浅。腹背前缘、两侧及近腹末端均具瘤状突起。触肢器的插入器细长，末端弯曲呈鱼钩状。（图 15-15）

雌蛛：崀山尚未发现。

观察标本： 1♂，湖南省新宁县崀山紫霞峒，2015 年 7 月 28 日，银海强、周兵、甘佳慧、龚玉辉、柳旺、曾晨、陈卓尔采。

地理分布：中国［湖南（崀山、石门、张家界），贵州，福建，云南，河南，台湾］，日本，韩国。

A

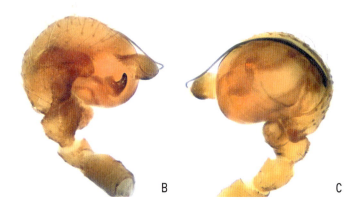

B   C

A.雄性外形，背面观 Male habitus, dorsal   B.触肢器，前侧观 Palp, prolateral
C.同上，后侧面观 Ditto, retrolateral

▲图 15-15   汤原曲腹蛛 *Cyrtarachne yunoharuensis*

云斑蛛属 *Cyrtophora* Simon, 1864

Cyrtophora Simon, 1864: 262.

Euetria Thorell, 1887 = Cyrtophora Simon, 1864 (Simon, 1895a: 775)

Suzumia Nakatsudi, 1943 = Cyrtophora Simon, 1864 (Yaginuma, 1958b: 10)

属中大型蜘蛛，雌雄差异大。背甲梨形，前眼列强后曲，后眼列平直或稍后曲。螯肢侧结节发达。腹部长卵圆形，一般具 1 对肩部隆起。外雌器无垂体。触肢器中突远端钩状。

模式种：*Aranea citricola* Forsskål, 1775。

该属分布广泛，目前全球已记载 49 种，其中中国 12 种。崀山 1 种。

●摩鹿加云斑蛛 *Cyrtophora moluccensis* (Doleschall, 1857)

Epcira moluccensis Doleschall, 1857: 418.

Cyrtophora moluccensis Simon, 1895: 770, fig. 846; Hu, 1984: 112, fig. 109.1–3; Feng, 1990: 82, fig. 57.1–4; Chen & Gao, 1990: 61, fig. 74a–b; Chen & Zhang, 1991: 105, fig. 99.1–4; Song, Zhu & Li, 1993: 872, fig. 38A–C; Yin et al., 1997: 285, fig. 195a–g; Song, Zhu & Chen, 1999: 280, fig. 164I, L. S; Zhu & Zhang, 2011: 222, fig. 159A–C; Yin et al., 2012: 675, fig. 334a–g.

雄蛛：背甲黄褐色，具褐色斑纹。腹部背面具大量白斑，以及黑色、褐色的或直或弯曲的条纹，前端肩突不明显。触肢器前侧面、后侧面观，中突末端尖细，如钩状弯曲。腹面观，中突基部具 1 柱状突起。引导器粗壮，黑色细长的插入器被引导器隐藏。（图 15-16）

雌蛛：崀山尚未发现。

观察标本：1♂，湖南省新宁县崀山八角寨，2015 年 7 月 22 日；1♂，崀山天一巷，2015 年 7 月 23 日；1♂，崀山骆驼峰，2015 年 7 月 27 日，银海强、周兵、甘佳慧、龚玉辉、柳旺、曾晨、陈卓尔采。

地理分布：中国［湖南（崀山、炎陵、绥宁、江永），贵州，安徽，浙江，江西，福建，广西，四川，云南，河南，台湾］，印度，日本，印度尼西亚、巴布亚新几内亚、澳大利亚、所罗门伊斯、帕劳、密克罗尼西亚、斐济、汤加、法属波利尼西亚。

A.雄性外形，背面观 Male habitus, dorsal　B.触肢器，前侧观 Palp, prolateral　C.同上，腹面观 Ditto, ventral　D.同上，后侧观 Ditto, retrolateral

▲图 15-16　摩鹿加云斑蛛 *Cyrtophora moluccensis*

毛园蛛属 *Eriovixia* Archer, 1951

Eriovixia Archer, 1951: 18.

中小型蜘蛛。背甲梨形，头区宽度一般不窄于胸区的 1/2，中窝横向凹陷。腹部卵圆形，末端较尖。外雌器基部与垂体界限清楚，垂体短，呈三角形。触肢器结构复杂，跗舟较大。

模式种：*Araneus rhinurus* Pocock, 1899。

该属全球已记载 33 种，其中中国 15 种。崀山 2 种。

● **卡氏毛园蛛** *Eriovixia cavaleriei* (Schenkel, 1963)

Araneus cavaleriei Schenkel, 1963: 162, figs 95a–g; Song, 1987: 160, fig. 120; Feng, 1990: 53, figs 28.1, 2.

Eriovixia cavaleriei Yin et al., 1997: 295, fig. 203a–e, g; Song, Zhu & Chen, 1999: 281, figs 165K–L, 167E, G; Yin et al., 2012: 686, fig. 339a–h.

雌蛛：背甲密被白毛。腹部心形，背面具 1 大型叶状斑，斑中央有 1 黄褐色网状纹及至少 2 对褐色圆斑。外雌器具 1 三角形的短垂体，垂体远端朝腹面稍稍卷曲形成 1 短的凹陷。（图 15-17）

A.雌性外形，背面观 Female habitus, dorsal　B.垂体，腹面观 Scape , ventral　C.同上，侧面观 Ditto, lateral

▲图 15-17　卡氏毛园蛛 *Eriovixia cavaleriei*

雄蛛：一般特征同雌蛛。触肢器的中突极其发达并向外延伸，具有3个突起，包括1背齿、1三角形棘突和1小棘；在腹面观储精管清晰可见，笔直但中部略弯；副跗舟较小，勾状。（图15-18）

观察标本：3♀，湖南省新宁县崀山八角寨，2015年7月22日；1♂，崀山天一巷，2015年7月23日；11♀1♂，崀山天一巷（后门），2015年7月25日；1♂，崀山辣椒峰，2015年7月26日；4♀3♂，崀山天生桥，2015年7月28日；1♀，崀山紫霞峒，2015年7月28日；2♀，崀山紫霞峒，2014年11月26日；1♂，崀山骆驼峰，2014年11月27日。所有标本均由银海强、周兵、甘佳慧、龚玉辉、柳旺、曾晨、陈卓尔采。

地理分布：中国［湖南（崀山、城步、江华），江西，北京，甘肃，福建，海南，广东，广西，云南，贵州，重庆］。

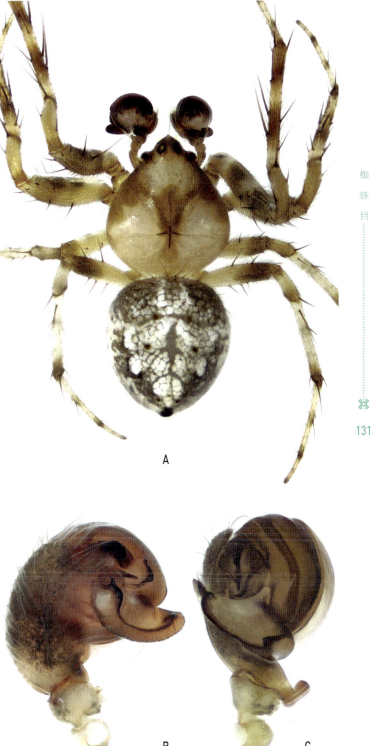

A. 雄性外形，背面观 Male habitus, dorsal　B. 触肢器，前侧观 Palp, prolateral
C. 同上，腹面观 Ditto, ventral

▲图 15-18　卡氏毛园蛛 *Eriovixia cavaleriei*

●**伪尖腹毛园蛛** *Eriovixia pseudocentrodes* (Bösenberg & Strand, 1906)

Aranea pseudocentrodes Bösenberg & Strand, 1906: 232, pl. 15, fig. 415.

Araneus pseudoventrodes Chen & Zhang, 1991: 85, fig. 75.1–2; Yin et al., 1997: 140, fig. 55a–e; Song, Zhu & Chen, 1999: 240, figs 139W–X, 148S.

Eriovixia pseudocentrodes Tanikawa, 1999: 43, figs 1–3, 5–8; Mi, Peng & Yin, 2010: 43, figs 9–16; Han & Zhu, 2010: 2627, figs 4A, 12A–C.

雌蛛：背甲黄褐色，头区隆起；前后眼列均微微前曲。腹部锥形，中部最宽，中后部逐渐变窄，直至末端变尖；背面暗褐色，中央具 2 对灰褐色点斑，两侧有波浪形白斑。外雌器垂体基部宽扁，末端缩缢成水滴状且向腹面弯曲。(图 15-19)

雄蛛：崀山尚未发现。

观察标本：1♀，湖南省新宁县崀山辣椒峰，2015 年 7 月 26 日，银海强、周兵、甘佳慧、龚玉辉、柳旺、曾晨、陈卓尔采。

地理分布：中国［湖南（崀山），贵州，福建，台湾，江西，云南］，老挝，日本。

A.雌性外形，背面观 Female habitus, dorsal　B.同上，侧面观 Ditto, lateral　C.垂体，腹面观 Scape, ventral　D.同上，侧面观 Ditto, lateral

▲图 15-19　伪尖腹毛园蛛 *Eriovixia pseudocentrodes*

肥蛛属 *Larinia* Simon, 1874

Larinia Simon, 1874: 115.

体中型，较为细长。背甲多为长梨形，8 眼 2 列，前眼列明显后曲，后眼列轻微后曲。腹部长梭形，通常长大于宽的 2 倍以上，背面多具点状、带状斑纹。外雌器大，一般具垂体。触肢器的中突大，多数具背突或背钩。

模式种：*Epeira lineata* Lucas, 1846。

该属目前全球已记载 59 种，其中中国 14 种。崀山 1 种。

●大兜肥蛛 *Larinia macrohooda* Yin, Wang, Xie & Peng, 1990

Larinia macrohooda Yin et al., 1990: 84, figs 213–217; Yin et al., 1997: 319, fig. 222a–f; Song, Zhu & Chen, 1999: 291, figs 171J–K, 172M; Yin et al., 2012: 702, figs 348a–f.

Larinia wenshanensis Yin & Yan, in Yin, Peng & Wang, 1994: 108, figs 22–26; Yin et al., 1997: 324, fig. 228a–e; Song, Zhu & Chen, 1999: 292, fig. 172I–J, S; Yin et al., 2012: 708, fig. 352a–i (**syn. n.**).

雌蛛：背甲浅褐色，正中具有 1 长条形褐色纵带。腹部长卵形，前端尖，背面浅灰色，中央具有 1 条白色纵带，纵带的两侧紧挨着褐色纵带，褐色纵带侧边缘具纵向的白色波浪纹。腹背前半部具有 1 对褐色圆斑，紧挨白色纵带两侧，后半部具有 3 ～ 4 对褐色圆斑，越靠近后端，左右圆斑相距越近。外雌器基部方形，强烈角质化；垂体宽短，心形，远端边缘卷曲增厚呈浅兜状。（图 15-20）

雄蛛：崀山尚未发现。

观察标本：1 ♀，湖南省新宁县崀山天生桥，2015 年 7 月 28 日；1 ♀，崀山紫霞峒，2014 年 11 月 26 日，银海强、周兵、甘佳慧、龚玉辉采。

地理分布：中国［湖南（崀山、张家界、绥宁、道县）］。

133

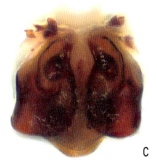

A.雌性外形，背面观 Female habitus, dorsal　B.生殖厣，腹面观 Epigynum, ventral　C.同上，背面观 Ditto, dorsal

▲图 15-20　大兜肥蛛 *Larinia macrohooda*

拟肥蛛属 *Lariniaria* Grasshoff , 1970

Lariniaria Grasshoff, 1970: 420.

本属蜘蛛外形与肥蛛属（*Larinia*）极为相似。外雌器腹面观，垂体短，三角形，基板两侧各具有 1 块耳状侧突。触肢器的膝节具有 2 根粗刚毛；插入器短，远端分两叉；中突大，背侧有钩状突起。

模式种：*Larinia argiopiformis* Bösenberg & Strand, 1906。

本属全世界目前仅记载 1 种，分布于中国、日本、韩国、俄罗斯远东。崀山 1 种。

●黄金拟肥蛛 *Lariniaria argiopiformis* (Bösenberg & Strand, 1906)

Larinia argiopiformis Bösenberg & Strand, 1906: 212, pl. 15, fig. 423; Feng, 1990: 87, fig. 62.1–5; Chen & Gao, 1990: 63, fig. 77a–d; Chen & Zhang, 1991: 107, fig. 100.1–3; Yin et al., 1997: 313, fig. 217a–f; Hu, 2001: 461, fig. 277.1–2; Yin et al., 2012: 696, fig. 344a–f.

Lariniaria argiopiformis Grasshoff, 1970: 217; Song, Zhu & Chen, 1999: 292, figs 172T, 173A–D; Zhu & Zhang, 2011: 229, fig. 164A–E.

Larinia albigera Yin et al., 1990: 76, figs 188–194.

雌蛛：背甲棕褐色，正中纵带及颈沟处颜色深。腹部长梭形，色浅，背面正中有 1 纵长白斑，白斑两侧金黄色，腹背中央有褐色小圆斑 4 ～ 6 对。外雌器垂体短，与基板之间有短柄连接；基板强壮，两侧具牛角状突起。（图 15-21）

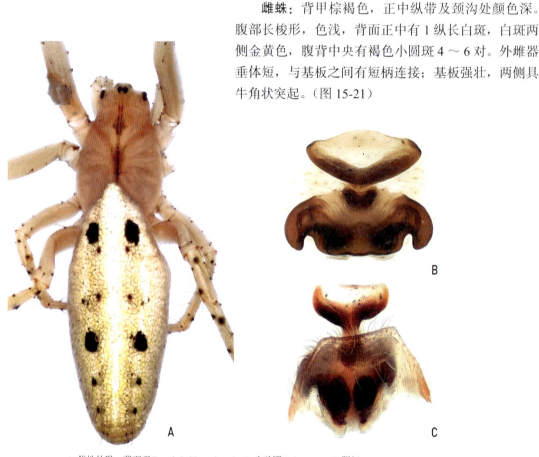

A. 雌性外形，背面观 Female habitus, dorsal　B. 生殖腺 Epigynum　C. 阴门 Vulva

▲图 15-21　黄金拟肥蛛 *Lariniaria argiopiformis*

雄蛛：除腹部背面比雌蛛多2对黑色圆斑外，其余一般特征同雌蛛。触肢器的膝节具有2根粗刚毛；插入器短，远端分两叉；中突大，背侧有钩状突起。（图15-22）

观察标本：1♀1♂，湖南省新宁县崀山天一巷，2014年11月21日；1♂，崀山紫霞峒，2014年11月26日。银海强、周兵、甘佳慧、龚玉辉采。

地理分布：中国〔湖南（崀山、桑植、沅陵），湖北，贵州，江西，江苏，陕西，广东，浙江，安徽，四川，河南，河北，山东，西藏，台湾〕，日本，俄罗斯，韩国。

A.雄性外形，背面观 Male habitus, dorsal　B.触肢器，前侧观 Palp, prolateral　C.同上，后侧观 Ditto, retrolateral

▲图 15-22　黄金拟肥蛛 *Lariniaria argiopiformis*

芒果蛛属 *Mangora* O. Pickard–Cambridge, 1889

Mangora O. Pickard–Cambridge, 1889: 13.

体中型。背甲梨形，8 眼 2 列，前眼列强后曲，后眼列稍后曲，后中眼基部常具有宽的黑色圆环。步足多刺，第Ⅲ步足胫节前缘有数列横向排列的羽状听毛。外雌器多数具垂体。触肢器结构复杂，膝节具有 1 根长刺。

模式种：*Mangora picta* O. Pickard–Cambridge, 1889。

目前全球已记载 186 种，其中中国 11 种。崀山 2 种。

●草芒果蛛 *Mangora herbeoides* (Bösenberg & Strand, 1906)

Aranea herbeoides Bösenberg & Strand, 1906: 227, pl. 4, fig. 30, pl. 11, fig. 241.

Mangora herbeoides Yaginuma, 1955: 16, figs 1–8; Yin et al., 1997: 334, fig. 237a–e; Song, Zhu & Chen, 1999: 293, figs 174C, M–N, T; Yin et al., 2012: 716, fig. 357a–e.

雄蛛：背甲褐色，正中及胸区两侧缘颜色深。腹部背面黄色，稀疏地被有褐色长刚毛，刚毛基部具褐色环纹。灰白色斑块覆盖于腹背，腹背后半部具有大型成对的褐色斑块。触肢器的膝节具 1 粗壮刚毛；中突大，远端黑色；顶突基部稍宽，远端微微扭曲呈鸟喙状；前侧观，插入器黑色，短，匕首状。（图 15-23）

雌蛛：崀山尚未发现。

观察标本：1 ♂，湖南省新宁县崀山天生桥，2015 年 7 月 28 日，银海强、周兵、甘佳慧、龚玉辉采。

地理分布：中国［湖南（崀山、炎陵、张家界、绥宁）、广西］，日本，韩国。

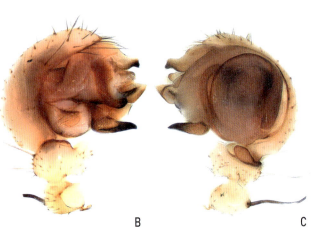

A.雄性外形，背面观 Male habitus, dorsal B.触肢器，前侧观 Palp, prolateral C.同上，后侧观 Ditto, retrolateral

▲图 15-23 草芒果蛛 *Mangora herbeoides*

●松阳芒果蛛 *Mangora songyangensis* Yin et al., 1990

Mangora songyangensis Yin et al., 1990: 99, figs 251–253; Yin et al., 1997: 337, fig. 240a–c; Song, Zhu & Chen, 1999: 293, figs 174F–G, 175B; Yin, Griswold & Xu, 2007: 4, fig. 3a–d; Yin et al., 2012: 720, fig. 359a–g.

雌蛛：背甲黄褐色，头区正中褐色，中窝短，黑色。步足黄褐色，具灰色环纹。腹部长卵圆形，前缘略尖圆，后端钝圆。背面黄褐色，正中带上有深色斑纹，前半部斑纹较窄，后半部，斑纹几乎宽一倍。背面具大型白色斑纹及几对小的、圆形的、褐色肌斑。外雌器中部最宽，后缘最窄且左右裂开；交媾管沿边缘延伸后连接纳精囊；纳精囊球形。（图15-24）

雄蛛：崀山尚未发现。

观察标本：1♀，湖南省新宁县崀山辣椒峰，2015年7月26日，银海强、周兵、甘佳慧、龚玉辉采。

地理分布：中国［湖南（崀山、石门、南岳），浙江］，日本。

A.雌性外形，背面观 Female habitus, dorsal　B.生殖厣 Epigynum　C.阴门 Vulva

▲图 15-24　松阳芒果蛛 *Mangora songyangensis*

新园蛛属 *Neoscona* Simon , 1864

Neoscona Simon, 1864: 261.

体型小或中型。背甲梨形，通常密被白色绒毛。8眼2列，前眼列强烈后曲，后眼列轻微后曲。雄蛛第Ⅰ步足基节腹面远端具1钩状结构，第Ⅱ步足胫节前侧面具刺。腹部大小及形态多样。

模式种：*Epeira arabesca* Walckenaer, 1841。

世界性分布，目前已记载126种，其中中国34种。崀山1种。

●多褶新园蛛 *Neoscona multiplicans* (Chamberlin, 1924)

Aranea multiplicans Chamberlin, 1924: 18, pl. 5, fig. 35.

Neoscona scylla Song, 1988: 129, fig. 8A–B.

Neoscona minoriscylla Yin et al., 1990: 123, figs 301–309; Yin et al., 1997: 367, fig. 262a–I.

Neoscona multiplicans Song, Chen & Zhu, 1997: 1715, fig. 17a–c; Song, Zhu & Chen, 1999: 300, fig. 176N–O; Zhu & Zhang, 2011: 238, fig. 170A–D; Yin et al., 2012: 731, fig. 363a–i.

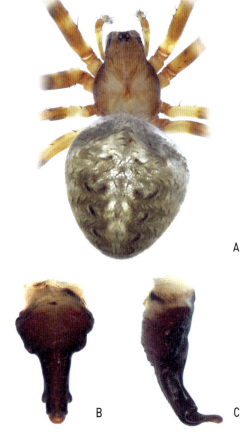

雌蛛：背甲黄褐色，密被白色绒毛，头区具有1"Y"形褐色斑纹，胸区两侧缘红褐色。腹部卵圆形，黄褐色，背面中部具有1大型叶状斑纹，叶状斑纹前方有由众多褐色短线条形成的略呈翼状的斑纹。外雌器基部较宽，在与垂体相接处，基部左右两侧隆起。垂体棒状，其上无环形褶皱，远端1/3处，两侧各有1小隆起，隆起后方的侧边缘朝中间转曲，垂体最远端稍凹陷，边缘略微增厚，呈唇状。（图15-25）

雄蛛：崀山尚未发现。

观察标本：1♀，湖南省新宁县崀山天一巷，2015年7月23日，银海强、周兵、甘佳慧、龚玉辉、柳旺、曾晨、陈卓尔采。

地理分布：中国［湖南（崀山、长沙、绥宁、张家界、城步、宜章），贵州，浙江，江苏，福建，广西，海南，云南，重庆］，日本，韩国。

A.雌性外形，背面观 Female habitus, dorsal
B.生殖厣，腹面观 Epigynum, ventral　C.同上，侧面观 Ditto, lateral

▲图15-25　多褶新园蛛 *Neoscona multiplicans*

毛络新妇属 *Trichonephila* Dahl, 1911

Trichonephila: Dahl, 1911: 277.

大型蜘蛛，性二型现象明显，雌雄两性在颜色、个体大小等方面差异显著。8 眼 2 列，前后侧眼相接，且着生于 1 小突起之上（至少雌蛛如此）。腹部长卵圆形，无隆起、棘突等特殊结构。触肢器的引导器特别长，包围住与其等长的插入器。该属蜘蛛张大型的空中圆网，与络新妇属（*Nephila*）极为相似，是从原络新妇属分出而来。

模式种：*Aranea clavipes* Linnaeus, 1767。

广泛分布于亚洲、非洲、美洲、大洋洲、欧洲，目前该属已记载 26 种，其中中国 2 种。崀山 1 种。

●棒毛络新妇 *Trichonephila clavata* (L. Koch, 1878)

Nephila clavata L. Koch, 1878: 741, pl. 15, fig. 4; Feng, 1990: 96, figs 71.1–3; Chen & Gao, 1990: 69, fig. 88a–b; Chen & Zhang, 1991: 110, fig. 104.1–3; Song, Zhu & Chen, 1999: 217, figs 124M–N, 125B–C; Song, Zhu & Chen, 2001: 167, fig. 97A–B; Yin et al., 2012: 475, fig. 217a–f; Zhang & Wang, 2017: 476, 4 fig.; Zhan et al., 2019: 7, fig. 2K.

Trichonephila clavata Kuntner et al., 2019: 557.

雌蛛：头胸部梨形，背甲褐色。步足粗长，黑色，具有亮黄色环纹。腹部长卵圆形，色彩艳丽，背面亮黄色、灰白色大型横纹相间，正中具有 2 对黑色肌斑，侧面具有黑色、黄色及红色斑纹。外雌器腹面观，黑色，后缘正中朝前轻微凹入。背面观，纳精囊深棕色，远端几乎相互紧挨，基部彼此分离，交媾管不明显。（图 15-26）

雄蛛：崀山尚未发现。

观察标本：1♀，湖南省新宁县崀山天一巷，2014 年 11 月 22 日；1♀，崀山八角寨，2014 年 11 月 24 日，银海强、周兵、甘佳慧、龚玉辉、柳旺、曾晨、陈卓尔采。

地理分布：中国［湖南（崀山、长沙、浏阳、绥宁、炎陵、道县），北京，河北，山西，浙江，辽宁，安徽，山东，河南，湖北，广西，海南，四川，贵州，云南，陕西，台湾］，印度到日本。

A.雌性外形，背面观 Female habitus, dorsal   B.生殖厣 Epigynum   C.阴门 Vulva

▲图 15-26   棒毛络新妇 *Trichonephila clavata*

16. 狼蛛科
Family Lycosidae Sundevall, 1833

Lycosidae Sundevall, 1833: 23.

体型差异大，小型至大型。8 眼，4–2–2 排列，连接每一侧的后侧眼与后中眼，两侧连接线交于背甲前缘之前（盗蛛科则交于背甲前缘之后）。步足跗节 3 爪。外雌器具角质化生殖厣，内部结构相对简单。触肢器无胫节突。

游猎型蜘蛛，多数不结网，少数结简单的漏斗型小网。该科蜘蛛性凶猛且食性广泛，是农田、果园、人工林地及湿地的优势类群。多数种类的雌蛛有将卵袋携在腹部末端的特殊护幼行为。

模式属: *Lycosa* Latreille, 1804。

目前全球共记载 125 属 2 431 种，其中中国 29 属 311 种。崀山 5 属 5 种。

熊蛛属 Genus *Arctosa* C. L. Koch, 1847

Arctosa C. L. Koch, 1847: 94.

　　头胸部梨形，正中斑和侧纵带通常不明显。步足跗节与后跗节多具毛丛。腹部背面通常有明显的心脏斑。外雌器中隔较大，无垂兜；交媾管常扭曲。触肢器顶突发达；中突复杂，分叉或不分叉；插入器起源于生殖球上方的前侧面，其长度通常约为生殖球宽度的 2/3 ～ 3/4。

　　模式种：*Aranea cinerea* Fabricius, 1777。

　　全球已记载 167 种，中国 31 种。崀山 1 种。

●片熊蛛 *Arctosa laminata* Yu & Song, 1988

　　Arctosa laminata Yu & Song, 1988: 235, figs 6–10; Chen & Zhang, 1991: 220, fig. 227.1-5; Yin et al., 1997: 91, fig. 41a–f; Zhu & Zhang, 2011: 256, fig. 184A–D; Yin et al., 2012: 801, fig. 400a–f.

　　雌蛛：头区隆起，颈沟与中窝相连呈"Y"形。腹部背面心斑约为腹部长的 1/2，心斑两侧及其后方具有淡黄色山形纹。外雌器交媾腔的前缘中部向后延伸成中隔，中隔左右各有一光滑而饱满的馒头状结构，中隔后缘中部有 1 对小突起。纳精囊成对，臂状，彼此相距远；交媾管位于纳精囊腹面，角质化程度高，宽扁且卷曲，稍呈筒状与交媾腔连接。（图 16-1）

　　雄蛛：崀山尚未发现。

　　观察标本：1♀，湖南省新宁县崀山八角寨，2015 年 7 月 22 日，银海强、周兵、甘佳慧、龚玉辉、柳旺、曾晨、陈卓尔采。

　　地理分布：中国〔湖南（崀山、浏阳、桑植、炎陵、宜章），广西，福建，江西，安徽，贵州，新疆，河南〕，日本。

A.雌性外形，背面观 Female habitus, dorsal　B.生殖厣 Epigynum　C.阴门 Vulva

▲图 16-1　片熊蛛 *Arctosa laminata*

豹蛛属 *Pardosa* C. L. Koch, 1847

Pardosa C. L. Koch, 1847: 39.

体小至中型。背甲窄而高，头区前端及两侧垂直，背甲多具"T"形正中斑。外雌器中隔因种而异，通常具垂兜 1 ~ 2 个。触肢器顶突常与插入器尖端和引导器紧连；插入器一般起源于生殖球纵向的中部位置；中突一般具 2 个突起。

模式种：*Lycosa alacris* C. L. Koch, 1833。

全球已记载 525 种，中国 125 种。崀山 2 种。

●沟渠豹蛛 *Pardosa laura* Karsch, 1879

Pardosa laura Karsch, 1879: 102, pl. 1, fig. 21; Zhu & Zhang, 2011: 275, fig. 199A–E; Yin et al., 2012: 844, fig. 422a–f; Yuan, Zhao & Zhang, 2019: 25, fig. 20A–C; Lu, Wu & Zhang, 2021: 55, figs 1D–F, J–L, 3A–J.

Pardosa diversa Tanaka, 1985: 73, figs 33–36; Hu, 2001: 187, fig. 88.1–5.

雌蛛：背甲正中斑黄褐色，斑纹前 1/3 处稍缩缢。腹部心斑明显。外雌器具中隔，中隔纵板前宽中间窄，基板宽扁，基板后缘平直（地豹蛛 *P. agraria* 基板后缘中部略向前凹）；中隔左右两侧形成对称的长卵形凹陷，凹陷前缘具垂兜。交媾管开口前缘与中隔基板后缘形成的夹角较大（在地豹蛛中夹角明显较小）。纳精囊圆球形；交媾管稍扭转。（图 16-2）

雄蛛：崀山尚未发现。

观察标本：1♀，湖南省新宁县崀山天一巷，2015 年 7 月 23 日，银海强、周兵、甘佳慧、龚玉辉、柳旺、曾晨、陈卓尔采。

地理分布：中国［湖南（崀山、慈利），贵州，湖北，福建，江西，云南，河南，安徽，四川，陕西，江苏，青海，宁夏，浙江，辽宁，吉林，重庆，台湾］，俄罗斯，朝鲜，日本，韩国。

备注：尹长民等（2012）将地豹蛛 *Pardosa agraria* Tanaka, 1993 作为本种的次异名；陆天等（2021）建议恢复地豹蛛种名和分类地位。

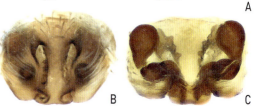

A.雌性外形，背面观 Female habitus, dorsal
B.生殖厣 Epigynum　C.阴门 Vulva

▲图 16-2　沟渠豹蛛 *Pardosa laura*

羊蛛属 *Ovia* Sankaran, Malamel & Sebastian, 2017

Ovia Sankaran, Malamel & Sebastian, 2017: 367.

体小至中型。外雌器垂兜大，无中隔，交媾腔大。触肢器顶突大、钩状；插入器较长；中突有前后两距。

模式种：*Pardosa procurva* Yu & Song, 1988。

全球已记载 5 种，中国 2 种，崀山 1 种。

●前凹羊蛛 *Ovia procurva* Yu & Song, 1988

Pardosa procurva Yu & Song, 1988: 30, figs 14–19; Chen & Zhang, 1991: 205, fig. 208.1–6; Yin et al., 1997: 276, fig. 131a–f; Song, Zhu & Chen, 1999: 197E, K; Wei & Chen, 2003: 93, figs 4A–D, 5A–E; Tso & Chen, 2004: 405, figs 25–28; Yin et al., 2012: 850, figs 426a–f, 3–17d, f.

Ovia procurva Sankaran, Malamel & Sebastian, 2017: 367, figs 1A–B, 2A–J, 3A–M, 4A–D, 5A–K, 6A–B; Lu et al., 2018: 355, figs 3A–G, 6A–G, 9A–F, 12A–D.

雌蛛： 背甲正中斑明显，斑纹前方延至中眼列之间。腹部具肌痕 4 至 5 对，山形纹 4 至 5 条，每两纹间有横纹相隔。外雌器无中隔，具垂兜 1 对，垂兜大，彼此紧紧相连。纳精囊球形；交媾管较长，强烈扭转。（图 16-3）

A.雌性外形，背面观 Female habitus, dorsal　B.生殖厣 Epigynum　C.阴门 Vulva

▲图 16-3　前凹羊蛛 *Ovia procurva*

雄蛛： 一般特征同雌蛛。触肢器跗舟顶端具1粗刺；顶突发达；中突宽扁。（图16-4）

观察标本： 2♀，湖南省新宁县崀山天一巷，2015年7月21日；3♀，崀山天一巷（后门），2015年7月25日；1♀1♂，崀山辣椒峰，2015年7月26日；4♀2♂，崀山骆驼峰，2015年7月27日；2♀，崀山紫霞峒，2015年7月28日；1♀，崀山骆驼峰，2014年11月27日。以上标本均由银海强、王成、周兵、龚玉辉、甘佳慧采、龚玉辉、柳旺、曾晨、陈卓尔所采。

备注： 2017年该种从豹蛛属（*Pardosa*）被移至羊蛛属（*Ovia*），2017年以前该种中文名叫前凹豹蛛（*Pardosa procurva*）。

地理分布： 中国［湖南（崀山），北京，浙江，安徽，福建，江西，山东，湖北，广东，广西，贵州，陕西，台湾］，不丹，印度。

A.雄性外形，背面观 Male habitus, dorsal　B.触肢器，前侧观 Palp, prolateral
C.同上，腹面观 Ditto, ventral　D.同上，后侧观 Ditto, retrolateral

▲ 图16-4　前凹羊蛛 *Ovia procurva*

小水狼蛛属 *Piratula* Roewer, 1960

Piratula Roewer, 1960: 677.

体小至中型。背甲具浅色中纵带，头区上有深色"V"形纹。该属与水狼蛛属（*Pirata*）很相似，但可通过如下特征相区别：1. 前眼列宽度小于第二列眼，第二眼列指后中眼所在眼列（水狼蛛属的种类前眼列宽大于第二列眼宽）；2. 雌蛛第Ⅰ步足的胫节具1前侧刺（水狼蛛属此前侧刺缺失）；3. 透过触肢器盾片所见到的输精管几乎呈水平走向（而在水狼蛛属除 *Pirata hygrophila* 外，输精管呈倾斜走向）。

模式种：*Pirata hygrophilus* Thorell, 1872。

全球已记载27种，其中中国11种。崀山1种。

●克氏小水狼蛛 *Piratula clercki* (Bösenberg et Strand, 1906)

Tarentula clercki Bösenberg & Strand, 1906: 316, pl. 8, fig. 107, pl. 13, fig. 320.

Pirata clercki Fox, 1935: 456; Song, Zhu & Chen, 1999: 335, fig. 200E, Q; Zhu & Zhang, 2011: 282, fig. 204A-E; Yin et al., 2012: 772, fig. 384a–d.

Piratula clercki Roewer, 1955: 287.

雌蛛：背甲"V"形纹明显，腹部具黄褐色山形纹。外雌器后缘中部显著前凹。纳精囊三叶草状，呈"品"字排列；位于纳精囊之间的1对支持骨片发达，末端远超出纳精囊前缘。（图16-5）

雄蛛：崀山尚未发现。

观察标本：1♀，湖南省新宁县崀山天一巷，2015年7月21日；1♀，崀山飞廉洞，2014年11月23日。银海强、王成、周兵、龚玉辉、甘佳慧采。

地理分布：中国［湖南（崀山、张家界），湖北，浙江，陕西，四川，台湾］，韩国，日本。

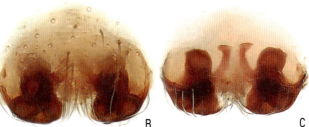

A.雌性外形，背面观 Female habitus, dorsal　B.生殖厣 Epigynum　C.阴门 Vulva

▲图16-5　克氏小水狼蛛 *Piratula clercki*

脉狼蛛属 *Venonia* Thorell, 1894

Venonia Thorell, 1894: 333.

体型小，结小型网。头区微隆起，前眼列强前曲。外雌器无中隔。触肢器的中突其顶端的弯曲方向及程度与跗舟的弯曲及走向一致。

模式种：*Venonia coruscans* Threll, 1894。

全球已记载 16 种，中国 1 种，崀山 1 种。

●旋囊脉狼蛛 *Venonia spirocysta* Chai, 1991

Venonia spirocysta Chai, in Chen & Zhang, 1991: 208, fig. 211.1–4; Cai, 1993: 60, figs 1–16; Yin et al., 1997: 50, fig. 21a–d; Song, Zhu & Chen, 1999: 346, fig. 202A, E; Tso & Chen, 2004: 408, figs 41–44; Yin et al., 2012: 788, fig. 394a–d.

雌蛛：背甲正中带及侧纵带色浅，腹部背面具 2 对肌痕，肌痕之后有少数几条山形纹。外雌器无中隔，后缘中央向前凹陷形成缺刻。纳精囊长梨形，稍朝外侧倾斜；交媾管螺旋状盘曲。（图 16-6）

雄蛛：崀山尚未发现。

观察标本：1♀，湖南省新宁县崀山天一巷，2015 年 7 月 21 日，银海强、周兵、甘佳慧、龚玉辉、柳旺、曾晨、陈卓尔采。

地理分布：中国［湖南（崀山、长沙、石门、张家界、浏阳、宁乡、炎陵、绥宁），浙江，福建，贵州，广西，江西，重庆，台湾］。

A. 雌性外形，背面观 Female habitus, dorsal　B. 生殖厣 Epigynum　C. 阴门 Vulva

▲图 16-6　旋囊脉狼蛛 *Venonia spirocysta*

17. 盗蛛科
Family Pisauridae Simon, 1890

Pisauridae: Simon, 1890: 82.

体型中到大型。3 爪类游猎型，外形与狼蛛科（Lycosidae）极为相似。背甲密被白毛，8 眼，4–2–2 排列，连接每一侧的后侧眼与后中眼，两侧连接线交于背甲前缘之后（狼蛛科则交于背甲前缘之前）。腹部长卵形，被有羽状毛，背面常具有斑纹。

该科蜘蛛常出现于多水草的湿润地带，如水沟、小溪、河流及水田等附近，行动敏捷，有的种类可捕食鱼、虾等。

模式属：*Pisaura* Simon, 1886。

目前全球共记载 51 属 353 种，其中中国 11 属 42 种。岚山 1 属 1 种。

盗蛛属 *Pisaura* Simon , 1886

Pisaura Simon, 1886: 354.

体中或大型。后中眼通常最大。螯肢前、后齿堤各 3 齿。各步足膝节具有 2 根背刺，第 I 步足胫节具 4 对腹刺。外雌器腹面观，交媾腔的边缘角质化，扭曲情形复杂；背面观，纳精囊较小，交媾管长且多处扭曲。触肢器的后侧胫节突较大。

模式种：*Araneus mirabilis* Clerck, 1757。

分布于古北区与东洋区，目前共记载 13 种，其中中国 5 种。崀山 1 种。

●双角盗蛛 *Pisaura bicornis* Zhang & Song, 1992

Pisaura bicornis Zhang & Song, 1992: 17, fig. 1A–D; Song, Zhu & Chen, 1999: 348, fig. 204B–C, I–J; Zhang, Zhu & Song, 2004: 392, figs 118–123, 226–231; Yin et al., 2012: 890, fig. 447a–c; Zhang & Wang, 2017: 558, 7 fig.

Pisaura lantanus Wang, 1993a: 158, fig. 11; Song, Zhu & Chen, 1999: 348, fig. 204E.

雌蛛：背甲深褐色，头区前缘相对较宽。腹部长卵圆形，斑纹不清晰（标本已损坏）。外雌器腹面观，交媾腔大，侧缘呈波浪形。背面观，纳精囊 1 对，后位，黑色；交媾管长，如肠形扭曲，扭曲情形与交媾腔边缘一致。（图 17-1）

雄蛛：崀山尚未发现。

观察标本：1 ♀，湖南省新宁县崀山骆驼峰，2015 年 7 月 27 日，银海强、周兵、甘佳慧、龚玉辉、柳旺、曾晨、陈卓尔采。

地理分布：中国［湖南（崀山、道县），福建，浙江，贵州］，日本。

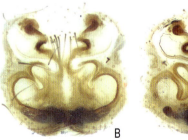
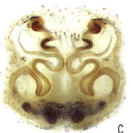

A.雌性外形，背面观 Female habitus, dorsal　B.生殖厣 Epigynum　C.阴门 Vulva

▲图 17-1　双角盗蛛 *Pisaura bicornis*

18. 猫蛛科
Family Oxyopidae Thorell, 1869

Oxyopidae Thorell, 1869: 42.

体型差异较大,小到大型不等。一般黄绿色,通常具深色条纹。8 眼,3 列（2–4–2）或 4 列（2–2–2–2），前中眼最小，其余 6 眼排成六角形。螯肢具侧结节，步足多刺，跗节 3 爪。腹部通常长卵形，前宽后尖。舌状体小，无筛器和栉器。

该科蜘蛛通常生活于草丛、灌木丛等处，不结网，属游猎型蜘蛛，行动十分敏捷。

模式属：*Oxyopes* Latreille, 1804。

目前全球共记载 9 属 442 种，其中中国已记载 4 属 58 种。崀山 1 属 4 种。

猫蛛属 *Oxyopes* Latreille, 1804

Oxyopes Latreille, 1804: 135.

背甲高耸，头区微隆起，胸区呈坡形倾斜。后眼列强前曲，4眼通常等大。外雌器交媾腔大，位于中后方，交媾腔后缘强角质化。触肢器的膝节、胫节具粗刚毛，胫节突多样。

模式种：*Oxyopes heterophthalma* (Latreille, 1804)。

目前全球该属已记载 285 种，其中中国 38 种。崀山 4 种。

●福建猫蛛 *Oxyopes fujianicus* Song & Zhu, 1993

Oxyopes fujianicus Song & Zhu, in Song, Zhu & Li, 1993: 875, fig. 43A–B; Song, Zhu & Chen, 1999: 399, figs 235E, 236D; Tang & Li, 2012a: 29, figs 27A–D, 28A–D; Lo, Cheng & Lin, 2021: 66, figs 3a–e, 11a.

Oxyopes bianatinus Xie & Kim, 1996: 33, figs 1–5; Song, Zhu & Chen, 1999: 399, figs 233I–J, 235A, N; Yin et al., 2012: 907, fig. 457a–e.

雌蛛：背甲浅黄色，中纵带颜色稍深。腹部背面心斑浅灰色，两侧及前缘覆盖白色麟斑，中央具宽的褐色条纹。外雌器腹面观，强角质化的后缘中部向前凹入，两侧形成2乳状突起。背面观，纳精囊位于交媾管腹面，交媾管短粗，扭曲呈"S"形。（图 18-1）

A.雌性外形，背面观 Female habitus, dorsal　B.生殖厣 Epigynum　C.阴门 Vulva

▲图 18-1　福建猫蛛 *Oxyopes fujianicus*

雄蛛：头胸部明显宽于腹部。背甲橘黄色，腹部背面浅黄色，具金黄色及黑色纵条纹。触肢器跗舟远端尖长，胫节突多而复杂，引导器细小。（图 18-2）

观察标本：2♀2♂，湖南省新宁县崀山天一巷，2015 年 7 月 21 日；9♀5♂，崀山八角寨，2015 年 7 月 22 日；1♀2♂，崀山天一巷（后门），2015 年 7 月 25 日；2♀2♂，崀山辣椒峰，2015 年 7 月 26 日；5♀4♂，崀山骆驼峰，2015 年 7 月 27 日；7♀，崀山辣椒峰（后门），2015 年 7 月 27 日；5♀3♂，崀山天生桥，2015 年 7 月 28 日。以上标本均由银海强、周兵、甘佳慧、龚玉辉、柳旺、曾晨、陈卓尔、何秉妍采。

地理分布：中国［湖南（崀山、绥宁、炎陵），广东，福建，台湾］。

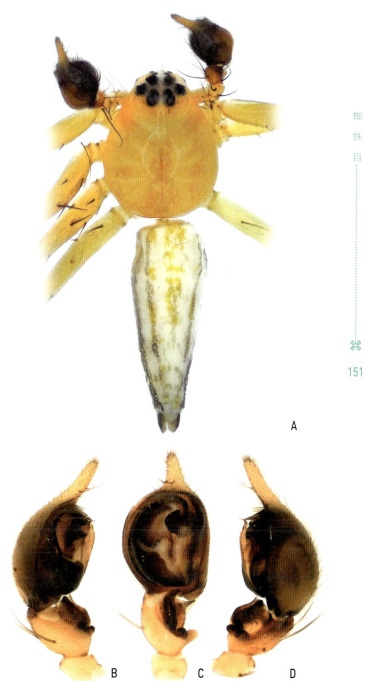

A.雄性外形，背面观 Male habitus, dorsal　B.触肢器，前侧观 Palp, prolateral
C.同上，腹面观 Ditto, ventral　D.同上，后侧观 Ditto, retrolateral

▲图 18-2　福建猫蛛 *Oxyopes fujianicus*

●类斜纹猫蛛 *Oxyopes sertatoides* Xie & Kim, 1996

Oxyopes sertatoides Xie & Kim, 1996: 35, figs 11–14; Song, Zhu & Chen, 1999: 400, figs 234K–L, 236M; Yin et al., 2012: 915, fig. 463a–d.

雌蛛：背甲淡黄色，被深颜色短毛（大部分已脱落），中窝黄色，纵向。腹部背面具白色、黄色、黑色等多种颜色斑纹，心斑菱形，心斑两侧发出几对斜纹。外雌器腹面观，交媾腔后位，边缘强角质化。背面观，纳精囊只露出远端，其他部分被交媾管所掩盖，交媾管粗壮，强烈扭曲。（图 18-3）

雄蛛：崀山尚未发现。

观察标本：4♀，湖南省新宁县崀山骆驼峰，2015 年 7 月 27 日，银海强、周兵、甘佳慧、龚玉辉、柳旺、曾晨、陈卓尔采。

地理分布：中国［湖南（崀山、长沙、宜章、绥宁）、贵州、福建、广东、重庆］。

A

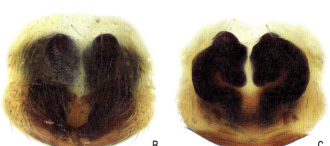

B   C

A.雌性外形，背面观Female habitus, dorsal   B.生殖厣Epigynum   C.阴门Vulva

▲图 18-3   类斜纹猫蛛 *Oxyopes sertatoides*

●条纹猫蛛 *Oxyopes striagatus* Song, 1991

Oxyopes striagatus Song, 1991: 174, fig. 6A–D; Song, Zhu & Chen, 1999: 401, figs 234Q–R, 235J, 237C;Yin et al., 2012: 918, fig. 465a–e; Lo, Cheng & Lin, 2021: 75, figs 8a–e, 12e.

雌蛛： 背甲淡黄色，眼区之后具有1个由褐色短毛形成的瘦长 "V" 形斑，背甲左右亚侧缘各具1纵列由褐色短毛形成的深色斑。腹部瘦长，背面心斑黄褐色，两侧具黑色纵纹，其余部分密被白色鳞斑。外雌器腹面观，角质化程度高，交媾腔后缘的中央向前凸出，形成宽的类似中隔的结构。背面观，交媾管粗短，受精管位于两侧，细长。（图18-4）

A.雌性外形，背面观Female habitus, dorsal　B.生殖厣Epigynum　C.阴门Vulva

▲图18-4　条纹猫蛛 *Oxyopes striagatus*

雄蛛：头胸部明显宽于
腹部。背甲黄色，腹部背面
浅黄色，两侧具深色纵条纹，
心斑金黄色，由前端一直延
伸至后端。触肢器跗舟远端
尖长，前侧面观，胫节中部
具1宽扁、边缘为黑色的突起。
(图18-5)

观察标本：2♀1♂，湖
南省新宁县崀山天一巷，
2015年7月21日；6♀2♂，
崀山八角寨，2015年7月22
日；2♀，崀山天一巷（后门），
2015年7月25；1♀，崀山
辣椒峰，2015年7月26日；
3♀，崀山辣椒峰（后门），
2015年7月27日；8♀3♂，
崀山天生桥，2015年7月
28。以上标本均由银海强、
周兵、甘佳慧、龚玉辉、柳旺、
曾晨、陈卓尔、何秉妍采。

地理分布：中国［湖南
（崀山、桑植、城步、宜章、
龙山、绥宁、道县），贵州，
广东，广西，福建，安徽，浙江，
重庆，台湾］。

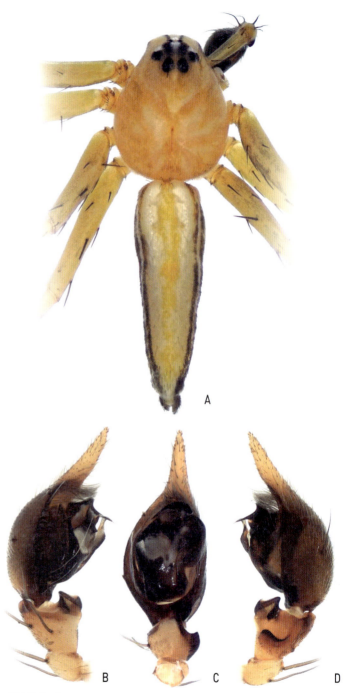

A.雄性外形，背面观 Male habitus, dorsal　B.触肢器，前侧观 Palp, prolateral　C.同上，
腹面观 Ditto, ventral　D.同上，后侧观 Ditto, retrolateral

▲图18-5　条纹猫蛛 *Oxyopes striagatus*

●**盾形猫蛛** *Oxyopes sushilae* Tikader, 1965

Oxyopes sushilae Tikader, 1965: 141, fig. 2a–b; Hu, Liu & Li, 1985: 28, figs 1–9; Song, 1991: 175, fig. 7A–D; Zhu & Zhang, 2011: 337, fig. 244A–E; Yin et al., 2012: 920, fig. 466a–f; Lo & Lin, 2016: 139, figs 1–7.

　　雌蛛：背甲黄褐色，具有由更深颜色的短毛所形成的斑纹。腹部细长，长度超过头胸部的2倍。腹背正中是浅灰色纵带，纵带两侧是由黄褐色短毛形成的纵纹，纵纹外侧是纵长的白色鳞斑，再外侧是黑色纵纹。外雌器腹面观，交媾腔被宽大的中隔分成两部分。背面观，纳精囊仅露出远端很少部分，交媾管黑色，粗短。（图 18-6）

蜘蛛目

　　观察标本：2 ♀，湖南省新宁县崀山天一巷（后门），2015 年 7 月 25 日；2 ♀，崀山骆驼峰，2015 年 7 月 27 日；3 ♀，崀山天生桥，2015 年 7 月 28 日；1 ♀，崀山紫霞峒，2015 年 7 月 28 日。以上标本均由银海强、周兵、甘佳慧、龚玉辉、柳旺、曾晨、陈卓尔、何秉妍采。

155

　　地理分布：中国［湖南（崀山、石门、宜章、浏阳、桑植、道县）、浙江、安徽、福建、海南、广东、江西、贵州、重庆、台湾］，印度。

A.雌性外形，背面观 Female habitus, dorsal　B.生殖厣 Epigynum　C.阴门 Vulva

▲图 18-6　盾形猫蛛 *Oxyopes sushilae*

19. 褛网蛛科
Family Psechridae Simon, 1890

Psechridae Simon, 1890: 80.

体大型。8 眼 2 列。螯肢粗壮，具侧结节。步足细长，跗节 3 爪，爪下有毛簇（claw tufts）。具筛器，第 IV 步足栉器至少包括 3 行刚毛。

该科蜘蛛喜隐藏在石块间或土坡上的缝隙、老朽的树洞间，洞外结大型漏斗网，蜘蛛通常潜伏在洞口，一有风吹草动，立即潜入洞穴或缝隙中，行动十分敏捷。但，一旦洞口被堵，蜘蛛便失去了逃遁能力，呆若木鸡而坐以待毙。

模式属：*Psechrus* Thorell, 1878。

全球共记载 2 属 61 种，其中中国 2 属 18 种。崀山 1 属 1 种。

褛网蛛属 *Psechrus* Thorell, 1878

Psechrus Thorell, 1878: 171.

该属前中眼最多与其他各眼等大，多数情况比其他各眼小。腹部腹面具有白色纵纹。额较高，是前中眼直径的 2 ~ 3.5 倍。第 IV 步足与第 II 步足长度大致相等（便蛛属 *Fecenia* 的第 IV 步足短于第 II 步足）。触肢器的胫节通常无后侧胫节突等突起，无中突。外雌器具有简单的中隔，球形纳精囊具纳精囊头（spermathecal head）。

该属的蛛网属于水平的、具圆顶的薄片状网（horizontal, dome-shaped sheet webs），而便蛛属（*Fecenia*）的是垂直的伪圆形网（vertical pseudo-orbwebs）。

模式种：*Tegenaria argentata* Doleschall, 1857。

该属分布于东南亚，已记载 57 种，其中中国 17 种。崀山 1 种。

● 广褛网蛛 *Psechrus senoculatus* Yin, Wang & Zhang, 1985

Psechrus mimus Xu & Wang, 1983: 35, figs 1–7; Song, Zhu & Chen, 1999: 397, fig. 232E–F, Q–R.

Psechrus sinensis Hu, 1984: 55, fig. 50.1–4; Chen & Gao, 1990: 25, fig. 27a–b.

Psechrus senoculata Yin, Wang & Zhang, 1985: 21, fig. 2A–J; Feng, 1990: 33, fig. 8.1–5; Wang & Yin, 2001: 336, figs 19–23; Zhu & Zhang, 2011: 333, fig. 241A–B; Bayer, 2012: 113, figs 62a–d, 63a–g, 82q, 86e, 89g, 92g, 93b; Yin et al., 2012: 927, fig. 469a–k; Zhang & Wang, 2017: 578, 8 fig.

雌蛛：背甲两侧及中窝前后黄褐色，其余部分颜色较深。腹部长卵形，背面黄褐色，具有黑色圆形斑块。外雌器腹面观，结构简单，具 1 块前宽后窄的方形骨板，交媾腔退化成缝隙状。背面观，纳精囊 1 对，很小，纳精囊头位于内侧；交媾管靠近纳精囊的一端膨大成囊状，黑色，远大于纳精囊，靠近交媾腔隙的一端管状。（图 19-1）

雄蛛：崀山尚未发现。

观察标本：1 ♀，湖南省新宁县崀山八角寨，2014 年 11 月 24 日，银海强、王成、周兵、龚玉辉、甘佳慧采。

地理分布：中国［湖南（崀山、长沙、浏阳、石门、张家界、双牌、绥宁、城步、道县）、贵州、浙江、湖北、山西、广西、安徽、重庆］

A. 雌性外形，背面观 Female habitus, dorsal　B. 生殖厣 Epigynum　C. 阴门 Vulva

▲图 19-1　广褛网蛛 *Psechrus senoculatus*

20. 漏斗蛛科
Family Agelenidae C. L. Koch, 1837

Agelenidae C. L. Koch, 1837:13.

体中至大型。雄雌大小差别不显著。头区隆起，中窝纵向。8 眼 2 列。螯肢基部具侧结节。筛器有或无。后纺器 2 节，末节细长。体表有的具羽状毛，有的无。（图 20-1）

通常生活在岩隙、墙角及树皮下，也能栖息于草间、灌木丛、疏松的浅表土层等。典型漏斗蛛所结的网有前、后门之分，网形似漏斗。

模式属：*Agelena* Walchenaer, 1805。

目前全球已记载 90 属 1 350 种，其中中国 35 属 449 种。崀山 5 属 5 种。

▲ 图 20-1　漏斗蛛一般外形（The general habitus of agelenid）

龙角蛛属 *Draconarius* Ovtchinnikov, 1999

Draconarius Ovtchinnikov, 1999: 70.

体中型。外雌器通常具有 2 个生殖厣齿，生殖厣齿彼此分离甚远；交媾腔小，下位；纳精囊和交媾管一般比较宽大。触肢器通常具膝节突 1 个；后侧胫节突与侧胫节突均存在；跗舟沟通常长于跗舟长度的一半；插入器通常长，且后部起源；引导器膜大，引导器具背突；中突匙状，多数情况下纵向延长，某些种类中突不呈匙状或中突缺失。

模式种：*Draconarius venustus* Ovtchinnikov, 1999。

目前该属全球已记载 271 种，其中中国 173 种。崀山 1 种。

●江永龙角蛛 *Draconarius jiangyongensis* (Peng, Gong & Kim, 1996)

Coelotes jiangyongensis Peng, Gong & Kim, 1996: 19, figs 7–9; Wang, 2003: 536, figs 36A–B, 96B; Yin et al., 2012: 1010, fig. 521a–c; Chen, Yin & Xu, 2016: 42, figs 1A–F, 2A–C, 3A–F; Zhu, Wang & Zhang, 2017: 299, fig. 174A–B.

雄蛛：背甲淡黄色，中窝、放射沟明显。腹部卵圆形，背面淡黄色，具有灰褐色斑纹。触肢器的跗舟远端瘦长，跗舟沟短；中突勺状；引导器呈斧头状，一端宽钝一端尖，且其上具有很多褶皱。（图 20-2）

A.雄性外形，背面观 Male habitus, dorsal B.触肢器，前侧观 Palp, prolateral

C.同上，腹面观 Ditto, ventral D.同上，后侧观 Ditto, retrolateral

▲图 20-2 江永龙角蛛 *Draconarius jiangyongensis*

雌蛛：一般特征同雄蛛。外雌器具1花瓶状的中隔，中隔前端较窄基部宽；生殖厣齿短粗，位于两侧。纳精囊基部圆形，相距较远；纳精囊柄部较长；纳精囊头基部愈合，远端向两侧延伸。（图20-3）

观察标本：2♀，湖南省新宁县崀山天一巷，2014年11月21日；3♀2♂，崀山天一巷，2014年11月22日；1♀1♂，崀山飞廉洞口，2014年11月23日；1♀，崀山八角寨，2014年11月24日；5♀8♂，崀山辣椒峰，2014年11月27日。以上标本均由银海强、王成、周兵、龚玉辉、甘佳慧采。

地理分布：中国［湖南（崀山、江永）］。

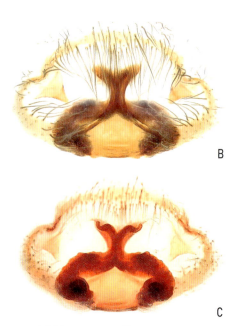

A.雌性外形，背面观Female habitus, dorsal　B.生殖厣Epigynum　C.阴门Vulva

▲图20-3　江永龙角蛛 *Draconarius jiangyongensis*

花冠蛛属 *Orumcekia* Koçak & Kemal, 2008

Orumcekia Koçak & Kemal, 2008: 2.

体中型。外雌器无生殖厣齿；交媾腔宽大，具中隔；纳精囊明显分为纳精囊基部和纳精囊柄。触肢器具 2 个膝节突，后侧胫节突正常，侧胫节突退化；跗舟沟短，其长度通常小于跗舟长的 1/3；插入器短，基部宽，前侧起源；引导器膜小，引导器具有背突和腹突；中突指状，细长。

模式种：*Coronilla gemata* Wang, 1994。

该属分布于中国、越南与泰国，目前已记载 10 种，其中中国 9 种。崀山 1 种。

●蕾形花冠蛛 *Orumcekia gemata* (Wang, 1994)

Coronilla gemata Wang, 1994a: 281, figs 1–5; Wang, 2002: 61, figs 158–180; Wang, 2003: 504, fig. 3A–E; Yin et al., 2012: 1000, fig. 514a–e.

Coelotes huangsangensis Peng et al., 1998: 77, figs 1–6.

Coronilla yanlingensis Yin, 2001: 2, fig. 8A–E.

Coronilla yanling Zhang & Yin, 2001: 488, figs 8–11.

Orumcekia gemata Okumura, 2017: 30, fig. 1E–H; Zhu, Wang & Zhang, 2017: 475, fig. 314A–E, pl. Ⅱ B; Jiang, Chen & Zhang, 2018: 79, figs 15A–E, 26O, 27A.

雌蛛：背甲黄褐色；头区隆起，宽而长。腹部黄褐色，背面密被刚毛，具浅色"八"字纹及大量黑色小班。外雌器宽扁，纳精囊黑色，左右纳精囊紧挨一起。（图 20-4）

A.雌性外形，背面观 Female habitus, dorsal　B.生殖厣 Epigynum　C.阴门 Vulva

▲图 20-4　蕾形花冠蛛 *Orumcekia gemata*

雄蛛：一般特征同雌蛛。触肢器跗舟沟短，插入器起源于 8 至 9 点钟的位置，中突末端弯曲呈钩状。（图 20-5）

观察标本：3♀，湖南省新宁县崀山天一巷，2014 年 11 月 21 日；9♀4♂，崀山天一巷，2014 年 11 月 22 日；4♀，崀山飞廉洞口，2014 年 11 月 23 日；5♀2♂，崀山紫霞峒，2014 年 11 月 26 日；1♀1♂，崀山骆驼峰，2014 年 11 月 27 日。以上标本均由银海强、王成、周兵、龚玉辉、甘佳慧采。

地理分布：中国［湖南（崀山、张家界、绥宁、炎陵），四川，重庆］，越南。

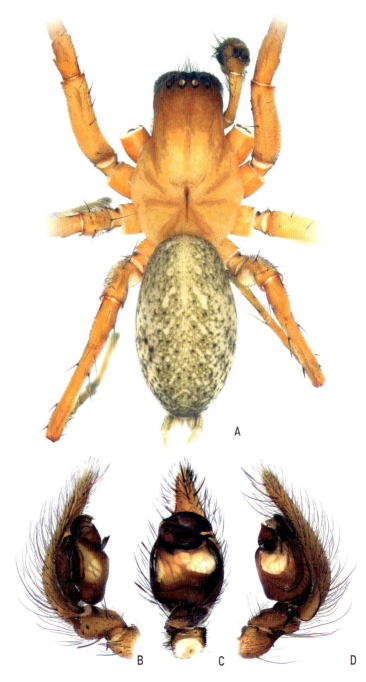

A.雄性外形，背面观 Male habitus, dorsal B.触肢器，前侧观 Palp, prolateral

C.同上，腹面观 Ditto, ventral D.同上，后侧观 Ditto, retrolateral

▲图 20-5 蕾形花冠蛛 *Orumcekia gemata*

拟隙蛛属 *Pireneitega* Kishida, 1955

Pireneitega Kishida, 1955: 11.

体中至大型。外雌器腹面观，具大的生殖厣齿，交媾腔宽大。背面观，交媾管宽大，膜质。触肢器具膝节突、后侧胫节突、侧胫节突；引导器发达，通常弯转呈环圈状，无背突；中突匙状。

该属蜘蛛喜在老房子屋檐、墙根、门窗等有空隙的角落以及野外石壁缝隙、枯死的树皮之下或腐朽的木材等阴暗隐蔽处结网，通常网大丝量多。（图 20-6）

模式种：*Drassus segestriformis* Dufour, 1820。

目前该属全球已记载 35 种，其中中国 21 种。崀山 1 种。

▲图 20-6　拟隙蛛蛛网 The web of a *Pireneitega* species

●阴暗拟隙蛛 *Pireneitega luctuosa* (L. Koch, 1878)

Coelotes luctuosus L. Koch, 1878: 752, pl. 15, figs 14–16.

Coelotes luctuosus Yin, Wang & Hu, 1983: 34, fig. 5E; Feng, 1990: 141, fig. 116.1–3; Zhao, 1993: 303, fig. 138a–c; Song, Zhu & Chen, 2001: 295, fig. 188A–C.

Paracoelotes luctuosus Brignoli, 1982: 350, figs 9–10; Yin et al., 2012: 1021, figs 529a–e, 3–13p–q.

Pireneitega triglochinata Zhang et al., 2017: 56, figs 7A–C, 8A–E.

Coelotes liansui Bao & Yin, 2004: 455, figs 1–3.

Pireneitega liansui Wang & Jäger, 2007: 46; Zhang et al., 2017: 50, figs 3A–C, 4A–E.

Pireneitega luctuosa Okumura et al., 2009: 178, figs 44–45; Zhu & Zhang, 2011: 326, fig. 236A–E; Zhu, Wang & Zhang, 2017: 486, fig. 322A–E; Jiang, Chen & Zhang, 2018: 80, figs 16A–E, 27B–C; Yuan, Zhao & Zhang, 2019: 16, fig. 9A–G.

Paracoelotes liansui Yin et al., 2012: 1020, fig. 528a–c.

雌蛛： 背甲红褐色，头区高，中窝、放射沟明显。腹部卵形，腹背浅褐色，具更浅色的山形纹，心斑色深，纵长。外雌器腹面观，交媾腔大，前缘中部朝后方延伸，生殖厣齿位于交媾腔两侧，齿尖端延伸至交媾腔后缘。背面观，纳精囊纵长，基部靠近，远端分离；交媾管膜质，宽大，靠近纳精囊一侧具有与纳精囊弯曲程度一致的、加厚的边缘。（图 20-7）

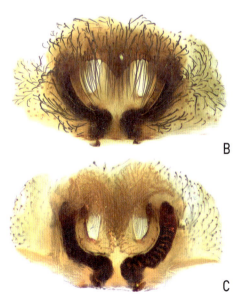

A.雌性外形，背面观 Female habitus, dorsal　B.生殖厣 Epigynum　C.阴门 Vulva

▲图 20-7　阴暗拟隙蛛 *Pireneitega luctuosa*

雄蛛： 一般特征基本同雌蛛。触肢器的膝节具有 1 突起，突起远端分叉；后侧胫节突宽大；跗舟沟长不及跗舟的一半；引导器宽扁，螺旋扭转，末端宽，但末端一侧形成 1 小的尖突。（图 20-8）

观察标本： 6♀1♂，湖南省新宁县崀山天一巷，2014 年 11 月 21 日；6♀1♂，崀山天一巷，2014 年 11 月 22 日；1♀，崀山辣椒峰，2014 年 11 月 27 日；1♀，崀山骆驼峰，2014 年 11 月 27 日。以上标本均由银海强、王成、周兵、龚玉辉、甘佳慧采。

地理分布： 中国［湖南（崀山、长沙、常德、湘潭、道县、慈利、双牌、凤凰、双峰、冷水江、新化），贵州，江苏，安徽，河北，四川，陕西，山西，河南，浙江］，韩国，俄罗斯，日本，中亚。

A.雄性外形，背面观 Male habitus, dorsal　B.触肢器，前侧观 Palp, prolateral
C.同上，腹面观 Ditto, ventral　D.同上，后侧观 Ditto, retrolateral

▲图 20-8　阴暗拟隙蛛 *Pireneitega luctuosa*

宽隙蛛属 *Platocoelotes* Wang, 2002

Platocoelotes Wang, 2002: 119.

体中型。外雌器腹面观，无生殖厣齿（epigynal teeth）；生殖厣兜（hood）明显，位于中部或后部；交媾腔大。背面观，纳精囊通常分为纳精囊基部（spermathecal base）、纳精囊柄（spermathecal stalk）、纳精囊头（spermathecal head）3 部分，其中纳精囊头小或不明显，纳精囊柄通常螺旋状扭曲。触肢器具膝节突 1 个或 2 个；后侧胫节突与侧胫节突存在；跗舟具跗舟沟；引导器具腹突（conductor ventral apophysis）；插入器长；无中突。其中引导器具腹突是该属雄蛛最重要的鉴别特征。

模式种：*Coelotes impletus* Peng and Wang, 1997。

该属分布于东亚，目前已记载 23 种，除 1 种（*Platocoelotes uenoi*）分布于日本外，其余 22 种均分布在中国。崀山 1 种。

●类钩宽隙蛛 *Platocoelotes icohamatoides* (Peng & Wang, 1997)

Coelotes icohamatoides Peng & Wang, 1997: 328, figs 5–10; Song, Zhu & Chen, 1999: 375, fig. 219Q–R.

Platocoelotes icohamatoides Wang, 2002: 122; Wang, 2003: 562, fig. 76A–B; Yin, Xu & Yan, 2010: 45, figs 2A–E, 4A–G; Yin et al., 2012: 1024, fig. 531a–c.

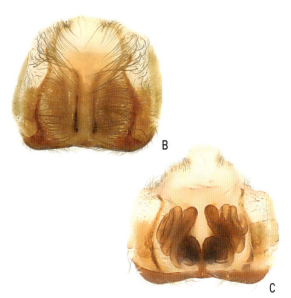

雌蛛：背甲淡黄色，头区隆起，8 眼 2 列，前眼列稍后曲，后眼列稍前曲。腹部卵形，背面具褐色山形纹。外雌器腹面观，交媾腔大，膜质；生殖厣兜位于后缘的两侧。背面观，纳精囊基部小，相互靠近，纳精囊柄部螺旋扭曲大约 3 圈。（图 20-9）

A.雌性外形，背面观 Female habitus, dorsal　B.生殖厣 Epigynum　C.阴门 Vulva

▲图 20-9　类钩宽隙蛛 *Platocoelotes icohamatoides*

雄蛛：一般特征同雌蛛。触肢器膝节具有 2 个突起，后侧胫节突正常，侧胫节突宽扁；跗舟沟超过跗舟长的一半；引导器腹突粗壮，棒状，远端直达插入器基部；插入器细长，末端尖细。（图 20-10）

观察标本：1♀1♂，湖南省新宁县崀山天一巷，2014 年 11 月 21 日；7♀2♂，崀山天一巷，2014 年 11 月 22 日；13♀7♂，崀山飞廉洞口，2014 年 11 月 23 日；9♀，崀山八角寨，2014 年 11 月 24 日；1♀，崀山风神洞，2014 年 11 月 26 日；2♀1♂，崀山紫霞峒，2014 年 11 月 26 日。以上标本由银海强、王成、周兵、龚玉辉、甘佳慧采。

地理分布：中国［湖南（崀山、桑植、绥宁、凤凰、城步），贵州］。

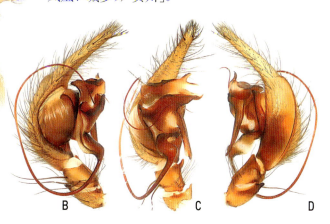

A.雄性外形，背面观 Male habitus, dorsal　B.触肢器，前侧观 Palp, prolateral
C.同上，腹面观 Ditto, ventral　D.同上，后侧观 Ditto, retrolateral

▲图 20-10　类钩宽隙蛛 *Platocoelotes icohamatoides*

隅蛛属 *Tegenaria* Latreille, 1804

Tegenaria Latreille, 1804: 49.

体中型。8眼2列，前后眼列近乎端直。体表具羽状毛。外雌器结构简单，纳精囊通常球形，颜色深。触肢器跗舟无跗舟沟，无膝节突，引导器通常宽大。

该属蜘蛛喜在屋檐、墙角等处结漏斗网，网的一端开口通常与墙缝相通。

模式种：*Araneus domesticus* Clerck, 1757。

目前该属全球已记载113种，其中中国1种。崀山1种。

●家隅蛛 *Tegenaria domestica* (Clerck, 1757)

Araneus domesticus Clerck, 1757: 76, pl. 2, fig. 9.2.

Aranea domestica Linnaeus, 1758: 620.

Tegenaria domestica Simon, 1875: 73; Qiu, 1983: 92, fig. 13.3a–c; Hu, 1984: 207, figs 1–2；Feng, 1990: 143, fig. 118.1–6; Zhu & Zhang, 2011: 308, fig. 223A–E;Yin et al., 2012: 951, fig. 482a–e; Zhu, Wang & Zhang, 2017: 556, figs 8B, 10G, 11B, 366A–E.

雌蛛：背甲褐色，头区隆起，中窝、放射沟明显。腹部卵形，背面浅黄色，多毛，具多条灰黑色山形纹。外雌器腹面观，后缘角质化，两侧各具1三角形齿状突起。背面观，纳精囊球形，彼此相距大约一个纳精囊的宽度，交媾管不明显。（图20-11）

雄蛛：崀山尚未发现。

观察标本：3♀，湖南省新宁县崀山风神洞，2014年11月26日，银海强、王成、周兵、龚玉辉、甘佳慧采。

地理分布：中国［湖南（崀山、长沙、城步、湘潭、双牌）以及其他省、自治区、直辖市等］，全球广泛分布。

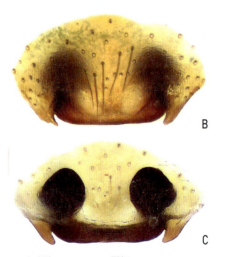

A.雌性外形，背面观Female habitus, dorsal　B.生殖厣 Epigynum　C.阴门 Vulva

▲图20-11　家隅蛛 *Tegenaria domestica*

21. 栅蛛科

Family Hahniidae Bertkau, 1878

Hahniidae Bertkau, 1878: 393.

体小型。3 爪。纺器排成 1 横排（如栅蛛属 *Hahnia*）或不如此（如洞叶蛛属 *Cicurina*）。触肢器具后侧胫节突（RTA），大部分种类膝节具有 1 突起。

模式属：*Hahnia* C. L. Koch, 1841。

全球广泛分布，目前已记载 24 属 355 种，其中中国 6 属 48 种。崀山 2 属 2 种。

洞叶蛛属 *Cicurina* Menge, 1871

Cicurina Menge, 1871: 272.

背甲相对光滑，具少许刚毛。颈沟不明显。中窝纵向，线形。腹背密布刚毛。纺器排列同大多数新蛛下目蜘蛛（Araneomorphae），不像典型栅蛛那样排成一横排。外雌器具 1 对纳精囊。触肢器具有发达的引导器，无跗舟沟。该属 2017 年从卷叶蛛科（Dictynidae）转移至栅蛛科。

模式种：*Aranea cicurea* Fabricius, 1793。

该属分布于全北区（Holarctic），目前已记载 140 种，其中中国 18 种。崀山 1 种。

●萼洞叶蛛 *Cicurina calyciforma* Wang & Xu, 1989

Cicurina calyciforma Wang & Xu, 1989: 4, figs 1-7; Song, Zhu & Chen, 1999: 363, figs 213Q-R, 214G-H; Zhang & Wang, 2017: 247, 7 fig.; Wang, Zhou & Peng, 2019: 353, fig. 11A-G.

雌蛛：背甲黄褐色，中窝明显，中窝离背甲前缘很远，离腹柄较近。腹部背面密被黄褐色长刚毛。外雌器腹面观，交媾腔中位，膜质，后缘角质化加厚，形成横向或稍弧形的骨板。背面观，纳精囊大，基部相互靠近，远端彼此分离甚远；交媾管细长，复杂扭曲，在进入交媾腔前其管腔膨大。（图 21-1）

雄蛛：崀山尚未发现。

观察标本：2♀，湖南省新宁县崀山飞廉洞，2014 年 11 月 23 日，银海强、王成、周兵、龚玉辉、甘佳慧采。

地理分布：中国［湖南（崀山），安徽］。

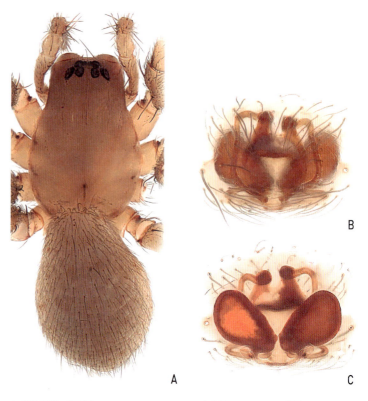

A.雌性外形，背面观 Female habitus, dorsal　B.生殖厣 Epigynum　C.阴门 Vulva

▲图 21-1　萼洞叶蛛 *Cicurina calyciforma*

栅蛛属 *Hahnia* C. L. Koch, 1841

Hahnia C. L. Koch, 1841: 61.

纺器排列成一横排，似栅栏。外雌器具 1 对纳精囊，有的除纳精囊外还具有亚纳精囊（subspermatheca），亚纳精囊位置通常靠前，比纳精囊小。触肢器无引导器，胫节突与膝节突的形状因种而异。

模式种：*Hahnia pusilla* C. L. Koch, 1841。

除澳洲界外，全世界均有分布，已记载 103 种，其中中国 23 种。崀山 1 种。

●浙江栅蛛 *Hahnia zhejiangensis* Song & Zheng, 1982

Hahnia zhejiangensis Song & Zheng, 1982: 81, figs 1–4; Feng, 1990: 144, fig. 119.1–5; Song, Zhu & Chen, 1999: 362, figs 211D–E, 212G–H; Yin et al., 2012: 961, fig. 488a–g; Zhang & Zhang, 2013: 529, figs 8A–C, 9A–I, 10A–G, 11A–E.

Hahnia yueluensis Yin & Wang, 1983: 143, figs 11-12; Song, 1987: 202, fig. 161C-D.

Hahnia thortoni Brignoli, 1982b: 346, figs 13-14; Song, 1987: 201, fig. 160.

Hahnia thorntoni Song, Zhu & Chen, 1999: 361, fig. 212.

雄蛛：背甲黄褐色，侧缘、颈沟、中窝及放射沟处颜色深。步足具有黄褐色环纹。腹部卵形，背面深褐色，前半部中央具 2 对浅色圆形斑，后半部具 4 个浅色山形横纹。纺器排列成一横排。触肢器的插入器黑色，细长，顺时针方向旋转超过 1 周，后侧胫节突粗壮，末端突然细小朝基部弯曲。（图 21-2）

雌蛛：尚未发现

观察标本：1 ♂，湖南省新宁县崀山天一巷，2014年 11 月 21 日；1 ♂，崀山辣椒峰，2014 年 11 月 27 日。银海强、王成、周兵、龚玉辉、甘佳慧采。

地理分布：中国［湖南（崀山、长沙岳麓山、望城），浙江，安徽，台湾，重庆］，越南。

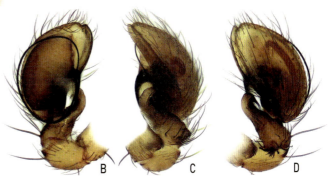

A.雄性外形，背面观 Male habitus, dorsal　B.触肢器，前侧观 Palp, prolateral

C.同上，侧面观 Ditto, ventral　D.同上，近背侧观 Ditto, near dorsal

▲图 21-2　浙江栅蛛 *Hahnia zhejiangensis*

22.红螯蛛科
Family Cheiracanthiidae Wagner, 1887

Cheiracanthiidae Wagner, 1887: 105.

体中、大型。8 眼 2 列，8 眼近乎等大，眼区几乎与头区等宽。步足较为细长，各节腹面具有短刺，跗节 2 爪。螯肢较为粗大呈红棕色。腹部长卵圆形，颜色较浅，多为乳白色或淡灰色。触肢器跗舟一般呈梭形；跗舟突和胫节突发达；插入器细长。外雌器通常具明显的交媾腔。

模式属：*Cheiracanthium* C. L. Koch, 1839。

全球共 14 属 363 种，中国 3 属 47 种。崀山 1 属 2 种。

崀山蜘蛛

红螯蛛属 *Cheiracanthium* C. L. Koch, 1839

Cheiracanthium C. L. Koch, 1839: 9.

体中、大型。背甲颜色淡黄至红棕，中窝纵向、短。8眼2列，前、后眼列近端直。步足颜色较深，各节腹面具有短刺。外雌器具明显交媾腔，腔通常后位或中位，其前缘或侧缘通常增厚；交媾管明显，形状不一。触肢器跗舟突基部不弯曲，远端指向因种而异；插入器通常细长，围绕生殖球延伸。

红螯蛛通常隐藏于卷起的植物叶片中，层层笋壳或棕皮之间也常常是它们理想的栖居之所。

模式种：*Aranea punctoria* Villers, 1789。

全球已记载214种，其中中国45种。崀山2种。

●宁明红螯蛛 *Cheiracanthium ningmingense* Zhang & Yin, 1999

Cheiracanthium ningmingensis Zhang & Yin, 1999: 285, figs 1–3; Song, Zhu & Chen, 1999: 413, fig. 243M–N; Yin et al., 2012: 1052, fig. 548a–d.

雌蛛（首次描述）： 背甲棕色，无明显斑纹。8眼2列，几乎等大。螯肢红棕色，前齿堤3齿，后齿堤2齿。胸板棕色，长大于宽。步足颜色与头胸部一致，无明显斑纹。腹部卵形，黄白色，背面无斑纹，心脏斑不明显。外雌器宽等于长，交媾腔前缘加厚，略呈弧形；纳精囊球形，两个纳精囊相距约纳精囊直径的2/3；交媾管先朝前方延伸，然后围绕延伸部分大约环绕4圈，前三圈红棕色，第四圈膜质，半透明且最宽；受精管较细，长度约为纳精囊直径的1/2。（图22-1）

A

B

C

A.雌性外形，背面观Female habitus, dorsal　B.生殖厣Epigynum　C.阴门Vulva

▲图22-1　宁明红螯蛛 *Cheiracanthium ningmingense*

雄蛛：背甲红棕色。8 眼 2 列。腹部较为细长，灰白色，心斑可见。后纺器末节细长。触肢器跗舟突尖长，远端朝腹面弯曲；盾片突细长，色浅，起始于生殖球正中；插入器起始于 11 点钟位置，顺时针方向绕生殖球一圈；引导器膜质，纵向延伸。（图 22-2）

观察标本：1♂，湖南省新宁县崀山八角寨，2015 年 7 月 22 日；1♂ 1♀，崀山骆驼峰，2015 年 7 月 27 日，银海强、周兵、甘佳慧、龚玉辉、柳旺、曾晨、陈卓尔采。

地理分布：中国［湖南（崀山、石门），广西］。

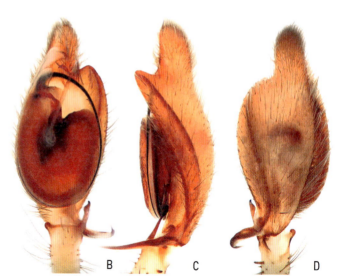

A.雄性外形，背面观 Male habitus, dorsal　B.触肢器，腹面观 Palp, ventral　C.同上，后侧观 Ditto, retrolateral
D.同上，背面观 Ditto, dorsal

▲图 22-2　宁明红螯蛛 *Cheiracanthium ningmingense*

●钩红螯蛛 *Cheiracanthium unicum* Bösenberg & Strand, 1906

Cheiracanthium unicum Bösenberg & Strand, 1906: 287, pl. 16, fig. 501; Song, 1987: 318, fig. 272; Chen & Zhang, 1991: 250, fig. 261.1–4; Zhu & Zhang, 2011: 344, fig. 249A–D; Yin et al., 2012: 1061, fig. 555a–e.

Cheiracanthium jokohamae Strand, 1907: 562.

雌蛛: 背甲淡棕色。腹部灰白色,长卵圆形,心斑可见。外雌器交媾腔大,前窄后宽,前缘具角质化弧形兜;交媾管基部宽大、膜质,中部强烈扭曲,后半部强烈角质化;纳精囊卵形,褐色,位于交媾腔两侧,2纳精囊彼此相隔较远。(图22-3)

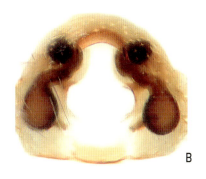
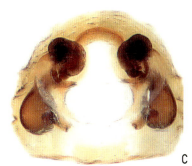

A.雌性外形,背面观 Female habitus, dorsal   B.生殖厣 Epigynum   C.阴门 Vulva

▲图 22-3   钩红螯蛛 *Cheiracanthium unicum*

雄蛛：体色略淡，其他一般特征与雌蛛相似。触肢器跗舟突基部粗，远端细，远端稍弯曲（前侧面观）。盾片突大约位于生殖球中央（腹面观），朝触肢器远端延伸，末端尖细；插入器黑色，基部具白色膜，起始于3点位置，顺时针方向沿着生殖球边缘延伸（腹面观）。（图22-4）

观察标本：1♂，湖南省新宁县崀山天一巷，2015年7月23日；1♀，崀山辣椒峰，2015年7月26日，银海强、周兵、甘佳慧、龚玉辉、柳旺、曾晨、陈卓尔采。

地理分布：中国［湖南（崀山、衡阳、道县、绥宁），浙江，福建，河南，四川］，韩国，日本，老挝。

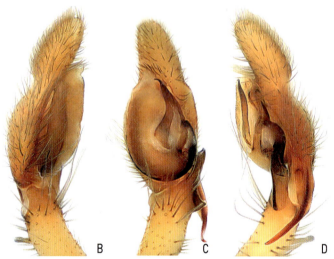

A.雄性外形，背面观 Male habitus, dorsal　B.触肢器，前侧观 Palp, prolateral
C.同上，腹面观 Ditto, ventral　D.同上，后侧观 Ditto, retrolateral

▲图22-4　钩红螯蛛 *Cheiracanthium unicum*

23.米图蛛科
Family Miturgidae Simon, 1886

Miturgidae Simon, 1886: 373.

体中、小型。8 眼密集，间距窄。跗节 2 爪。触肢器的跗舟具跗舟沟，后侧胫节突（RTA）上具有膜质区域，中突与插入器基部相连，近中突的基部有时具附属骨片。

模式属：*Miturga* Thorell, 1870。

目前全球已记载 29 属 140 种，其中中国 5 属 9 种。崀山 1 属 1 种。

毛丛蛛属 *Prochora* Simon, 1886

Prochora Simon, 1886: 374.

该属后纺器的基节与末节等长。外雌器的前缘具头盔状的结构（helm-shaped），交媾管粗长，缠结一团。触肢体的跗舟具有宽而长的跗舟沟；插入器长，围绕生殖球的基部位置环绕大约1圈。

模式种：*Agroeca lycosiformis* O. Pickard-Cambridge, 1872。

目前全球该属仅记载2种，分布于亚洲和欧洲，其中中国1种。崀山1种。

●草栖毛丛蛛 *Prochora praticola* (Bösenberg & Strand, 1906)

Agroeca praticola Bösenberg & Strand, 1906: 291, pl. 16, fig. 464.

Itatsina praticola Song, 1987: 328, fig. 282; Chen & Zhang, 1991: 258, fig. 271.

Talanites dorsilineatus Dönitz & Strand, in Bösenberg & Strand, 1906: 377, pl. 7, fig. 84; Song, Zhu & Chen, 1999: 402, fig. 238I-L; Zhu & Zhang, 2011: 349, fig. 252A-E; Yin et al., 2012: 1068, fig. 559a-h.

Prochora praticola Chen, 2017: 45 (Synonym of *Draconarius wulingensis*); Zhang & Wang, 2017: 460, 5 fig.

雌蛛：背甲红褐色，具黑色斑纹，中窝纵向，长。腹部长卵形，背面黄褐色，多黑色斑纹，前缘密集长刚毛。外雌器腹面观，交媾腔的前缘及侧缘骨化。背面观，交媾管极度弯曲扭转。（图23-1）

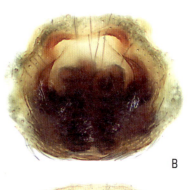

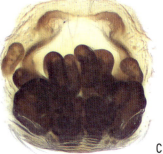

A.雌性外形，背面观 Female habitus, dorsal　B.生殖厣 Epigynum　C.阴门 Vulva

▲图23-1　草栖毛丛蛛 *Prochora praticola*

雄蛛: 与雌蛛相比,体色较浅,头区更窄,背甲覆盖浓密的黑色长绒毛。触肢器的前侧缘及后侧缘上刚毛发达,跗舟沟发达,插入器细长,中突宽钝。(图23-2)

观察标本: 1♀,湖南省新宁县崀山天一巷,2015年7月21日;2♀2♂,崀山八角寨,2015年7月22日;1♂,崀山天一巷(后门),2015年7月25日;1♂,崀山骆驼峰,2015年7月27日;1♀,崀山天一巷,2014年11月21日。标本由银海强、王成、周兵、龚玉辉、甘佳慧采。

地理分布: 中国[湖南(崀山、永顺),江西,江苏,浙江,台湾],韩国,日本。

A.雄性外形,背面观 Male habitus, dorsal B.触肢器,前侧观 Palp, prolateral
C.同上,腹面观 Ditto, ventral D.同上,后侧观 Ditto, retrolateral

▲图23-2 草栖毛丛蛛 *Prochora praticola*

24. 管巢蛛科
Family Clubionidae Wagner, 1887

Clubionidae Wagner, 1887:104.

体中小型。体色一般淡黄或浅褐色，头区和螯肢颜色稍深。背甲长显著大于宽，中窝纵向，颈沟和放射沟不明显。腹部长卵圆形，斑纹有或无。无筛器。具 3 对纺器，前纺器相互靠近，后纺器 2 节，且末节极短。外雌器通常隆起，交媾腔明显。纳精囊通常 2 对（第一纳精囊与受精管相连；第二纳精囊与交媾管相连）。触肢器具 1 个或 2 个胫节突。插入器通常分基部和针状部，针状部较短。

通常昼伏夜出，白天躲藏于由嫩叶卷曲而成的粽包状巢穴中，或者藏匿于枯树皮、卷曲的枯树叶中。

模式属：*Clubiona* Latreille, 1804。

全球已记载 15 属 653 种，其中中国 5 属 158 种。崀山已知 1 属 4 种。

管巢蛛属 *Clubiona* Latreille, 1804

Clubiona Latreille, 1804: 134.

该属目前包含了管巢蛛科将近 80% 的种类，其生殖器结构多种多样。管巢蛛属被广泛认为是多起源的属，有待将来进一步细分。

模式种：*Araneus pallidula* Clerck, 1757。

除极地和南美外，全球广泛分布，已记载 515 种，其中中国 152 种。崀山已知 4 种。

●白马管巢蛛 *Clubiona baimaensis* Song & Zhu, 1991

Clubiona baimaensis Song & Zhu, in Song et al., 1991a: 66, fig. 1A–B; Song & Li, 1997: 418, fig. 22A–B; Song, Zhu & Chen, 1999: 415, fig. 244O–P; Yang, Song & Zhu, 2003: 9, fig. 4A–E; Zhu & Zhang, 2011: 353, fig. 253A–E; Yin et al., 2012: 1088, fig. 571a–e.

雌蛛： 背甲浅黄色，中窝短线型，褐色；前眼列稍后曲，后眼列几乎端直。腹部色浅。外雌器后缘向后凸出，超过生殖沟的位置。交媾腔 1 个，紧邻外雌器后缘。第二纳精囊彼此相距较远，位于第一纳精囊后方，且大于第一纳精囊。交媾管起始端左右 2 管纵向平行，且相互紧靠。（图 24-1）

雄蛛： 崀山尚未发现。

观察标本： 2♀，湖南省新宁县崀山天一巷（后门），2015 年 7 月 25 日；1♀，崀山骆驼峰，2015 年 7 月 27 日。以上标本均由银海强、周兵、甘佳慧、龚玉辉、柳旺、曾晨、陈卓尔所采。

地理分布： 中国［湖南（崀山、长沙、张家界），湖北，四川，重庆］。

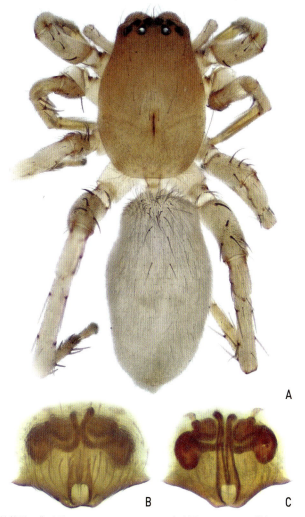

A. 雌性外形，背面观 Female habitus, dorsal   B. 生殖厴 Epigynum   C. 阴门 Vulva

▲图 24-1　白马管巢蛛 *Clubiona baimaensis*

●圆筒管巢蛛 *Clubiona cylindrata* Liu, Yan, Griswold & Ubick, 2007

Clubiona cylindrata Liu et al., 2007: 67, figs 11–15.

雄蛛：背甲黄棕色，中窝纵向、短。前眼列后凹，后眼列几乎平直。步足黄棕色，具少许刺。腹部黄棕色，前缘平直且具长毛，腹背2对肌斑。触肢器后侧胫节突黑色，指状；生殖球膨大，显著朝腹下方延伸；插入器黑色，细长，沿着跗舟前侧面边缘延伸；引导器片状，膜质透明。（图24-2）

雌蛛：崀山尚未发现。

观察标本：1♂，湖南省新宁县崀山八角寨，2014年11月24日，银海强、王成、周兵、龚玉辉、甘佳慧采。

地理分布：中国［湖南（崀山），云南］。

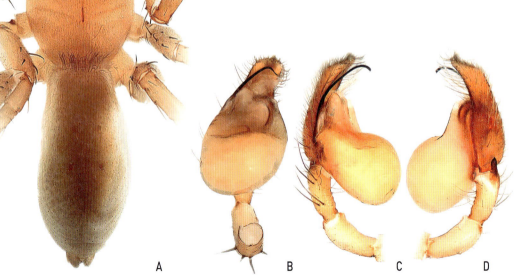

A.雌性外形，背面观Female habitus, dorsal　B.触肢器，前侧观Palp, prolateral
C.同上，腹面观Ditto, ventral　D.同上，后侧观Ditto, retrolateral

▲图24-2　圆筒管巢蛛 *Clubiona cylindrata*

●双凹管巢蛛 *Clubiona duoconcava* Zhang & Hu, 1991

Clubiona duoconcava Zhang & Hu, 1991: 417, figs 1-4; Zhang, 1992: 47, figs 1-4; Song, Zhu & Chen, 1999: 415, figs 245J-K, 248D-E; Zhu & Zhang, 2011: 356, fig. 255A-E; Yin et al., 2012: 1094, fig. 574a-d; Zhan et al., 2019: 7, fig. 2H.

雌蛛: 背甲黄色，中窝褐色，线状。前眼列几乎端直，后眼列稍前曲。腹部浅褐色，具黑褐色棒状心斑，心斑之后有多条浅褐色山形纹。外雌器后缘向后凸出，显著超过生殖沟的位置。交媾腔1个，紧邻外雌器后缘。第一、第二纳精囊排成一横排，第一纳精囊位于中间。交媾管起始端左右2管纵向平行，且相互紧靠，随后，两管各自朝外侧延伸与第二纳精囊相接。（图24-3）

雄蛛: 崀山尚未发现。

观察标本: 1♀，湖南省新宁县崀山辣椒峰，2015年7月26日；2♀，崀山骆驼峰，2015年7月27日；1♀，崀山天生桥，2015年7月28日。以上标本均由银海强、周兵、甘佳慧、龚玉辉、柳旺、曾晨、陈卓尔所采。

地理分布: 中国［湖南（崀山、浏阳、石门、炎陵、韶山），贵州，江苏，福建，广西，云南，重庆］。

A. 雌性外形，背面观 Female habitus, dorsal B. 生殖厣 Epigynum C. 阴门 Vulva

▲图24-3 双凹管巢蛛 *Clubiona duoconcava*

●谷川管巢蛛 *Clubiona tanikawai* Ono, 1989

Clubiona tanikawai Ono, 1989: 163, figs 23–27; Song, Zhu & Chen, 1999: 427, figs 251O–P, 254A–B; Yin et al., 2012: 1119, fig. 593a–c; Huang & Chen, 2012b: 86, figs 25A–F, pl. 7D, 8A–B, box 2E.

Anaclubiona tanikawai Ono, 2010: 4.

雄蛛： 背甲浅黄褐色，中窝处颜色稍深，颈沟与放射沟不明显。前眼列稍后凹，后眼列稍前凹。腹部长卵形，色浅。触肢器胫节突粗壮，后侧面观，突起末端形成钩状；盾片与盾片突高度角质化，盾片突呈宽带状，顺时针螺旋扭曲约 3/4 圈。插入器纤细，短而颜色浅，远端朝下方弯转；引导器白色膜质，宽扁。（图 24-4）

雌蛛： 崀山尚未发现。

观察标本： 2 ♂，湖南省新宁县崀山八角寨，2015 年 7 月 22 日，银海强、周兵、甘佳慧、龚玉辉、柳旺、曾晨、陈卓尔采。

地理分布： 中国［湖南（崀山），安徽，台湾］，日本。

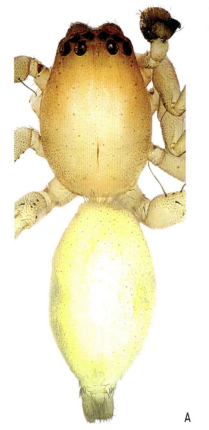

A.雌性外形，背面观 Female habitus, dorsal   B.触肢器，腹面观 Palp, ventral   C.同上，后侧观 Ditto, retrolateral

▲图 24-4   谷川管巢蛛 *Clubiona tanikawai*

25.管蛛科
Family Trachelidae Simon, 1897

Trachelidae: Simon, 1897: 178.

体小型。背甲深棕色或红棕色，表面粗糙，密布大量微小颗粒。8眼2列，前、后眼列皆后曲。步足通常无粗刺或粗刚毛。腹部颜色较浅，多为淡灰色。外雌器具1对纳精囊和1对黏液囊（bursae）。触肢器结构较为简单，无中突。该科蜘蛛与刺足蛛科（Phrurolithidae）相似，都具有爪垫（claw tufts），但管蛛科雄性触肢器的腿节腹面通常不像刺足蛛的那般隆起。

模式属：*Trachelas* L. Koch, 1872 。

目前全球共记载20属253种，其中中国6属32种。崀山1属1种。

管蛛属 *Trachelas* L. Koch, 1872

Trachelas O. Pickard–Cambridge, 1872: 256.

背甲红棕色，前缘端直。腹部较浅，通常奶油色或灰色。步足刺退化，前 2 对足通常比后 2 对足更粗壮。

模式种：*Trachelas minor* O. Pickard–Cambridge, 1872。

目前该属共记载 90 种，其中中国 12 种。崀山 1 种。

●中华管蛛 *Trachelas sinensis* Chen, Peng & Zhao, 1995

Trachelas sinensis Chen, Peng & Zhao, 1995: 161, figs 1–4; Song, Zhu & Chen, 1999: 429, fig. 256A–B, I–J; Zhang, Fu & Zhu, 2009a: 53, figs 36–41; Wang, Zhang & Zhang, 2012: 50, fig. 13A–F; Zhang & Wang, 2017: 887, 5 fig.

雌蛛：背甲红褐色，密布大量颗粒。步足褐色，无长刺或长刚毛。腹部背面褐色，具 5 个颜色稍深的山形横纹。外雌器腹面观，交媾腔分为 2 部分，每部分呈纵长卵形。背面观，黏液囊纵向延伸，彼此相距远；纳精囊球形，靠近外雌器后缘；交媾管细长，左右 2 管几乎平行地延伸至交媾腔。（图 25-1）

雄蛛：崀山尚未发现。

观察标本：2♀，湖南省新宁县崀山辣椒峰，2014 年 11 月 27 日。

地理分布：中国［湖南（崀山），湖北，贵州，江西］。

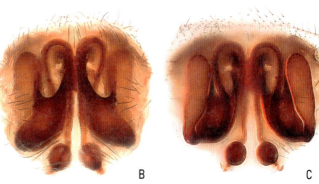

A.雌性外形，背面观 Female habitus, dorsal　B.生殖厣 Epigynum　C.阴门 Vulva

▲图 25-1　中华管蛛 *Trachelas sinensis*

26. 拟平腹蛛科
Family Zodariidae Thorell, 1881

Zodariidae Thorell, 1881: 184.

体中型。8 眼 2 列，2 眼列均前曲或均后曲。头胸部形状变化大，一般卵形，前边狭窄，通常雄蛛的头胸部比雌蛛的更强壮。头区扁平或隆起，中窝通常发达。螯肢螯爪通常短，颚叶基部锯齿（gnathocoxal serrula）缺失。第Ⅳ步足最长，偶有第Ⅰ步足最长（*Thaumastochilus*）。步足刺发达，后 2 对足比前 2 对足具更多、更强壮的刺。3 对纺器，前纺器最长、最强壮。

通常生活于灌木层、落叶层，也有的在干燥、疏松的沙地掘洞而居（*Psammoduon* 等）。

模式属：*Zodarion* Walckenaer, 1826。

分布广泛，主要分布在热带和亚热带地区，目前已记载 87 属 1 207 种，其中中国 8 属 50 种。崀山 2 属 2 种。

阿斯蛛属 *Asceua* Thorell, 1887

Asceua Thorell, 1887: 76.

体小型。体表通常光滑。8眼2列，前、后眼列皆前曲。外雌器的交媾腔通常不明显，交媾管长而缠绕复杂。触肢器的跗舟狭窄，具有发达的跗舟沟，插入器长。

模式种：*Asceua elegans* Thorell, 1887。

目前该属全球已记载30种，主要分布在东亚和东南亚，其中中国9种。崀山1种。

● 道县阿斯蛛 *Asceua daoxian* Yin, 2012

Asceua daoxian Yin, in Yin et al., 2012: 1137, fig. 604a-c.

雌蛛：头胸部前缘较宽，背甲深红褐色，头区较高，颈沟、放射沟不明显，中窝短。8眼2列，前、后眼列皆前曲。腹部卵形，纺器色浅，突出于腹末端，腹背具大型醒目的白斑。外雌器腹面观，交媾腔不明显。背面观，纳精囊被交媾管缠绕，交媾管缠绕呈乱麻状。（图26-1）

雄蛛：崀山尚未发现。

观察标本：1♀，湖南省新宁县崀山辣椒峰，2015年7月26日，银海强、周兵、甘佳慧、龚玉辉、柳旺、曾晨、陈卓尔采。

地理分布：中国［湖南（崀山、道县）］。

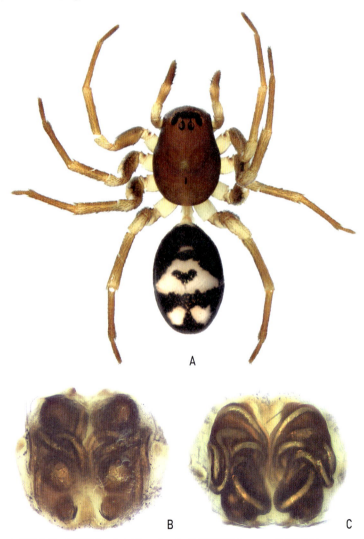

A.雌性外形，背面观 Female habitus, dorsal B.生殖厣 Epigynum C.阴门 Vulva

▲ 图26-1　道县阿斯蛛 *Asceua daoxian*

马利蛛属 *Mallinella* Strand, 1906

Mallinella Strand, 1906: 670.

体中型。背甲深褐色，除眼区和中窝外，背甲光滑无毛。8 眼 2 列，前、后眼列皆前曲。腹部卵形，刚毛稀疏，无肌斑。外雌器腹面观，结构简单，具无毛的短骨板，形状因种而异。背面观，交媾管形似螺丝钉（tigh corkscrew）。触肢器具有短的胫节突，跗舟沟或长或短。引导器强角质化，盾片突发达，角质化程度高，插入器细长。

模式种：*Mallinella maculata* Strand, 1906。

目前该属全球已记载 216 种，其中中国 23 种。崀山 1 种。

● 茂兰马利蛛 *Mallinella maolanensis* Wang, Ran & Chen, 1999

Mallinella maolanensis Wang, Ran & Chen, 1999: 193, figs 1–4; Bao & Yin, 2002: 86, figs 6–13; Yin et al., 2012: 1144, fig. 609a–h.

雌蛛：头胸部前缘较宽，背甲深红褐色，中央稍高，颈沟、放射沟不明显，中窝短。腹部卵形，腹末端可见及部分纺器，腹背具成对的白斑，最末端白斑不成对，居于正中。（图 26-2）

雄蛛：崀山尚未发现。

观察标本：1♀，湖南省新宁县崀山天一巷，2015 年 7 月 23 日；1♀，崀山辣椒峰，2015 年 7 月 26 日，银海强、周兵、甘佳慧、龚玉辉、柳旺、曾晨、陈卓尔、何秉妍采。

地理分布：中国［湖南（崀山、衡山、南岳山），贵州］。

A

A.雌性外形，背面观 Female habitus, dorsal　B.生殖厣 Epigynum　C.阴门 Vulva

▲图 26-2　茂兰马利蛛 *Mallinella maolanensis*

27.平腹蛛科

Family Gnaphosidae Banks, 1892

Gnaphosidae Banks, 1892: 94.

体中、小型。无筛器。头胸部通常扁，头区窄，8眼2列，眼很小，后中眼常具珍珠光泽。步足粗壮，较短，第Ⅰ、Ⅱ步足的跗节具有毛丛，且较为浓密，第Ⅲ、Ⅳ步足的毛丛有或无。通常第Ⅲ步足最短，第Ⅳ步足最长。跗节2爪，爪下具有毛簇。腹部较长，体色通常单一，少数具有斑纹，腹部前端通常具直立的刚毛。外雌器具1个交媾腔，或由垂体或中隔分为左右两个腔。触肢器通常具1粗壮的后侧突，突起末端尖。

该科蜘蛛被称为地面蜘蛛（ground-dwellers, ground spiders），通常生活于落叶中，岩石下、腐烂的木材下边或里面，很少有栖居于树上的种类。

模式属：*Gnaphosa* Latreille, 1804。

目前全球已记载163属2 583种，其中中国36属213种。崀山4属6种。

异狂蛛属 *Allozelotes* Yin &Peng , 1998

Allozelotes Yin & Peng, 1998: 260.

体小型。第Ⅲ、Ⅳ步足后跗节远端具梳理器（preening comb）。触肢器后侧胫节突上有1刺，插入器基部的骨片呈半环形。外雌器交媾腔较大，除纳精囊、交媾管、受精管外，另具1对交媾囊。

模式种：*Allozelotes lushan* Yin & Peng, 1998。

目前该属仅分布于中国，仅记载4种。崀山1种。

●庐山异狂蛛 *Allozelotes lushan* Yin & Peng, 1998

Allozelotes lushan Yin & Peng, 1998: 261, figs 1-9; Song, Zhu & Zhang, 2004: 22, fig. 11A-D; Yin et al., 2012: 1152, fig. 613a-i.

雌蛛：背甲红褐色。8眼2列，前眼列前曲，后眼列后曲。中窝黑色，短。腹部灰褐色，大约4对褐色小肌斑。外雌器腹面观，前后缘多毛，前缘具1长弧形角质横带，交媾腔大，分为2部分。背面观，纳精囊蝌蚪状，远端朝两侧延伸；交媾管螺旋状卷曲，越靠近近端，交媾管的管腔越大；交媾囊圆形，角质化，被交媾管环绕。（图27-1）

雄蛛：崀山尚未发现。

观察标本：2♀，湖南省新宁县崀山天一巷，2015年7月23日，银海强、周兵、甘佳慧、龚玉辉、柳旺、曾晨、陈卓尔采。

地理分布：中国［湖南（崀山、绥宁、衡阳），江西］。

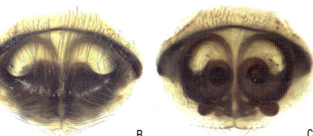

A.雌性外形，背面观 Female habitus, dorsal　B.生殖厣 Epigynum　C.阴门 Vulva

▲图27-1　庐山异狂蛛 *Allozelotes lushan*

平腹蛛属 *Gnaphosa* Latreille, 1804

Gnaphosa Latreille, 1804: 24.

体中、小型。背甲颜色深，头区微隆起，中窝纵向。8 眼 2 列，前眼列稍前曲或稍后曲，后眼列端直或后曲。步足多刺和长刚毛。前纺器彼此分开较远。外雌器交媾腔前缘通常具 1 兜状结构。触肢器的胫节具 1 ～ 2 个突起，盾片较宽大，插入器或长或短。

模式种：*Aranea lucifuga* Walckenaer, 1802。

目前该属全球已记载 149 种，其中中国 30 种。崀山 1 种。

●矛平腹蛛 *Gnaphosa hastata* Fox, 1937

Gnaphosa hastata Fox, 1937a: 247, fig. 1; Song, Zhu & Chen, 1999: 449, figs 260Q, 261E; Song, Zhu & Zhang, 2004: 99, fig. 55A–D; Zhu & Zhang, 2011: 390, fig. 278A–D; Yin et al., 2012: 1167, fig. 621a–g.

Gnaphosa baotianmanensis Hu, Wang & Wang, 1991: 45, figs 22–23.

雌蛛：背甲黑褐色，前眼列近端直，后眼列后曲。腹部卵形，黄褐色，背面多刚毛，前缘刚毛长而直立。外雌器腹面观，角质化骨片多，交媾腔上缘有宽扁的兜状结构。两侧有骨化的边缘，交媾孔内侧缘亦具角化边缘。背面观，纳精囊从中部弯折，交媾管短，不明显。（图 27-2）

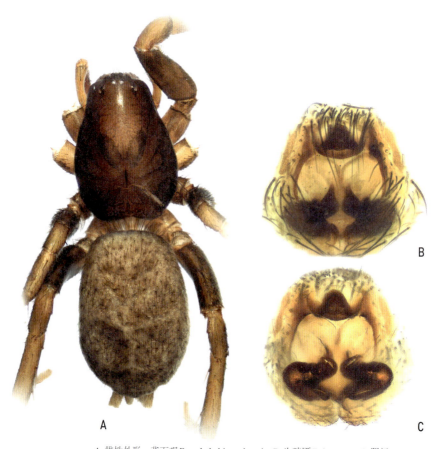

A. 雌性外形，背面观 Female habitus, dorsal　B. 生殖厣 Epigynum　C. 阴门 Vulva

▲图 27-2　矛平腹蛛 *Gnaphosa hastate*

雄蛛：腹部颜色稍淡，腹背褐色肌斑清晰，其他一般特征同雌蛛。触肢器后侧观，后侧胫节突宽扁，远端分叉。（图27-3）

观察标本：1♀，湖南省新宁县崀山八角寨，2015年7月22日；1♂，崀山辣椒峰（后门），2015年7月27日。标本由银海强、周兵、甘佳慧、龚玉辉、柳旺、曾晨、陈卓尔所采。

地理分布：中国［湖南（崀山、通道），河南，浙江，福建，湖北，广西，江苏，云南］，韩国。

A

B   C   D

A.雄性外形，背面观Male habitus, dorsal　B.触肢器，前侧观Palp, prolateral
C.同上，腹面观Ditto, ventral　D.同上，后侧观Ditto, retrolateral

▲图27-3　矛平腹蛛 *Gnaphosa hastate*

希托蛛属 *Hitobia* Kamura, 1992

Hitobia Kamura, 1992: 123.

体小型。后眼列端直或后曲。腹部背面通常具 1 条或更多的白色条带。外雌器前缘无兜状结构。触肢器的后侧胫节突长，钩状，插入器和引导器短小。

模式种：*Micaria unifascigera* Bösenberg & Strand, 1906。

该属仅分布于东亚，目前已记载 21 种，其中中国 14 种。崀山 3 种。

●真琴希托蛛 *Hitobia makotoi* Kamura, 2011

Hitobia makotoi Kamura, 2011: 104, figs 3–7; Wang & Peng, 2014: 31, figs 17–23; Zhou, Yin & Xu, 2016: 2, figs 1A–C, 2A–C, 3A–E.

雌蛛：头胸部狭长，第 II 和 III 步足之间最宽。背甲红褐色，被些许白毛。腹部长卵形，背面褐色，布满绒毛，中部稍靠后具 1 条腰带状白色横纹。外雌器腹面观，前缘正中具 1 垂兜，后缘正中稍向前方凹入。背面观，纳精囊肾形，纵向延长，其基部相连。（图 27-4）

A.雌性外形，背面观 Female habitus, dorsal　B.生殖厣 Epigynum　C.阴门 Vulva

▲图 27-4　真琴希托蛛 *Hitobia makotoi*

雄蛛：一般特征同雌蛛。足式：Ⅳ，Ⅱ，Ⅰ，Ⅲ。触肢器的胫节短，胫节突粗长，突起远端具小锯齿及 1 爪状弯钩；跗舟顶部具 2 枚粗刺；插入器细小。（图 27-5）

观察标本：1 ♂，湖南省新宁县崀山天一巷（后门），2015 年 7 月 25 日；1 ♂，崀山辣椒峰（后门），2015 年 7 月 27 日；1 ♀，崀山辣椒峰，2015 年 7 月 26 日；1 ♂，崀山紫霞峒，2015 年 7 月 28 日。以上标本均由银海强、周兵、甘佳慧、龚玉辉、柳旺、曾晨、陈卓尔采。

地理分布：中国 [湖南（崀山、衡山），云南]，日本。

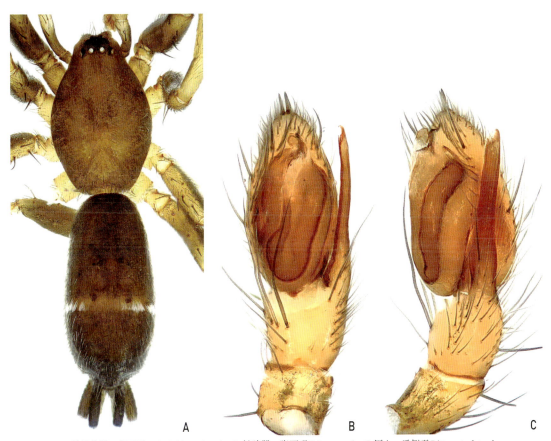

A. 雄性外形，背面观 Male habitus, dorsal　B. 触肢器，腹面观 Palp, rentral　C. 同上，后侧观 Ditto, retrolateral

▲ 图 27-5　真琴希托蛛 *Hitobia makotoi*

●绍海希托蛛 *Hitobia shaohai* Yin & Bao, 2012

Hitobia shaohai Yin & Bao, in Yin et al., 2012: 1184, fig. 631a-h.

雌蛛：背甲黑褐色，头区窄，前眼列微后曲，后眼列几乎端直。腹部黑色，隐约可见 2 对肌斑，白色横纹难于辨识。外雌器腹面观，交媾腔分为 2 部分，呈对称的斜向长卵形。背面观，纳精囊很大；交媾管粗，稍长于纳精囊。（图 27-6）

雄蛛：崀山尚未发现。

观察标本：1♀，湖南省新宁县崀山八角寨，2015 年 7 月 22 日，银海强、周兵、甘佳慧、龚玉辉、柳旺、曾晨、陈卓尔采。

地理分布：中国［湖南（崀山、浏阳）］。

A.雌性外形，背面观 Female habitus, dorsal　B.生殖厣 Epigynum　C.阴门 Vulva

▲图 27-6　绍海希托蛛 *Hitobia shaohai*

●安之辅希托蛛 *Hitobia yasunosukei* Kamura, 1992

Hitobia yasunosukei Kamura, 1992: 129, figs 28–30; Yin et al., 1996a: 49, figs 16–21; Song, Zhu & Zhang, 2004: 153, fig. 90A–E; Yin et al., 2012: 1189, fig. 634a–h.

雌蛛：背甲红褐色，中窝短。腹部长卵形，浅褐色，腹背正中具 3 对褐色肌斑，中部靠后具 1 条宽的白色腰带状横纹。外雌器腹面观，交媾腔分为 2 部分，各部分的边缘螺旋状扭转。背面观，纳精囊呈纵向茄子状。（图 27-7）

雄蛛：崀山尚未发现。

观察标本：1 ♀，湖南省新宁县崀山天一巷，2015 年 7 月 23 日，银海强、周兵、甘佳慧、龚玉辉、柳旺、曾晨、陈卓尔采。

地理分布：中国［湖南（崀山、龙山、绥宁、浏阳、通道），浙江，江西，福建，重庆］，日本（冲绳）。

A.雌性外形，背面观 Female habitus, dorsal   B.生殖厣 Epigynum   C.阴门 Vulva

▲图 27-7　安之辅希托蛛 *Hitobia yasunosukei*

齿舞蛛属 *Odontodrassus* Jézéquel, 1965

Odontodrassus Jézéquel, 1965: 296.

体中、小型。后眼列端直或稍前曲。前中眼和前侧眼相接，后中眼呈不规则的三角形。螯肢的前齿堤有 3 个以上的齿，后齿堤通常有 1 至 3 齿。外雌器具兜状结构或具中隔，交媾管细长。触肢器的插入器逆时针方向延伸，插入器基部大。

模式种：*Odontodrassus nigritibialis* Jézéquel, 1965。

目前该属全球已记载 8 种，中国 3 种。崀山 1 种。

●本渡齿舞蛛 *Odontodrassus hondoensis* (Saito, 1939)

Iheringia hondoensis Saito, 1939: 35, fig. 4(6), pl. 1, fig. 9.

Odontodrassus hondoensis Kamura, 1987d: 30, figs 1–8; Song, Zhu & Chen, 1999: 453, figs 264J, 265H; Song, Zhu & Zhang, 2004: 190, fig. 113A–E; Yin et al., 2012: 1194, fig. 637a–g.

雌蛛： 背甲深褐色，具黑色斑纹。前眼列微后曲，后眼列几乎端直。中窝短。腹部黑色，前缘具长而直立的刚毛。外雌器腹面观，前缘正中具兜状结构。背面观，纳精囊棕色，球形；交媾管细长。（图 27-8）

雄蛛： 崀山尚未发现。

观察标本： 1 ♀，湖南省新宁县崀山紫霞峒，2015 年 7 月 28 日，银海强、周兵、甘佳慧、龚玉辉、柳旺、曾晨、陈卓尔采。

地理分布： 中国［湖南（崀山、靖州、沅陵、通道），湖北，四川，广东，安徽，河北，浙江，重庆］，韩国，日本，俄罗斯（远东）。

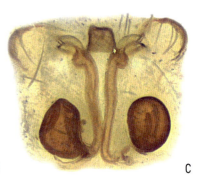

A. 雌性外形，背面观 Female habitus, dorsal　B. 生殖厣 Epigynum　C. 阴门 Vulva

▲ 图 27-8　本渡齿舞蛛 *Odontodrassus hondoensis*

28.巨蟹蛛科
Family Sparassidae Bertkau, 1872

Sparassidae Bertkau, 1872: 232.

体中至大型。背甲宽扁，8 眼 2 列，螯肢具有侧结节。步足长且粗壮，左右伸展，后跗节末端背面具有呈 3 裂的膜片，跗节和后跗节腹面具浓密毛丛，跗节 2 爪，爪下有毛垫。无筛器和舌状体。

该科蜘蛛行动敏捷，不结网，多隐藏于野外落叶层、石块及树皮下，个别种类属于居室常见种（*Heteropoda venatora*）。

模式属：*Heteropoda* Latreille, 1804。

目前全球已记载 89 属 1 290 种，其中中国 12 属 169 种。崀山 2 属 2 种。

巨蟹蛛属 *Heteropoda* Latreille, 1804

Heteropoda Latreille, 1804: 135.

大型蜘蛛。前、后眼列皆后曲，前侧眼大于前中眼，通常后侧眼具厚的基环。步足后跗节、跗节具有毛丛，跗节短，长度不及后跗节的 1/3；跗节无刺，腿节、膝节、胫节及后跗节通常具刺。触肢器的引导器膜质，插入器较长，线型，尖端偶尔圆润或两裂。外雌器侧缘角质化，交媾管扭曲 1 至数圈。

模式种：*Aranea venatoria* Linnaeus, 1767。

目前全球已记载 187 种，其中中国 15 种。崀山 1 种。

●长径巨蟹蛛 *Heteropoda amphora* Fox, 1936

Heteropoda amphora Fox, 1936: 125, fig. 1; Zhang, 1998: 114, figs e-i; Jäger, 2001: 22, fig. 16h-j.

雌蛛：背甲宽扁，红褐色，边缘色浅，前、后眼列均微微后曲。腹部卵圆形，背面黄褐色，具浅色和黑色斑纹。外雌器交媾腔大，略呈梯形，前宽后略窄。纳精囊长卵形，交媾管上位，大约卷曲 1 圈。（图 28-1）

雄蛛：崀山尚未发现。

观察标本：1♀，湖南省新宁县崀山紫霞峒，2014年 11 月 26 日，银海强、陈卓尔、何秉妍采。

地理分布：中国［湖南（崀山），广东，四川，香港，广西，浙江］。

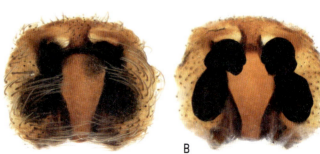

A.雌性外形，背面观 Female habitus, dorsal　B.生殖厣 Epigynum　C.阴门 Vulva

▲图 28-1　长径巨蟹蛛 *Heteropoda amphora*

塞蛛属 *Thelcticopis* Karsch, 1884

Thelcticopis Karsch, 1884: 65.

体大型。前中眼最大。腹部背面具明显斑纹。外雌器具中隔，纳精囊形状多不规则。触肢器胫节短钝，约为跗舟长的 1/3；后侧胫节突（RTA）复杂，多分支；盾片突起呈匙状。

模式种：*Themeropis severa* L. Koch, 1875。

目前全球已记载 51 种，其中中国 4 种。崀山 1 种。

●离塞蛛 *Thelcticopis severa* (L. Koch, 1875)

Themeropis severa L. Koch, 1875: 699, pl. 60, fig. 1.

Thelcticopis severa Bösenberg & Strand, 1906: 276, pl. 6, fig. 65, pl. 14, fig. 443; Hu & Ru, 1988: 93, figs 1–5; Yin et al., 2012: 1243, fig. 667a–f; Zhu, Lin & Zhong, 2020: 109, figs 2A–H, 3A–F.

雄蛛：背甲深红褐色，密被细毛。前、后眼列微微后曲，中窝纵向。腹部卵形，背面褐色，具黄褐色斑纹。触肢器跗舟上具有厚密的毛丛；后侧胫节突粗壮，其背侧基部 7 或 8 根坚硬刚毛紧密排成一排，其远端具有 1 根基部粗的坚硬刚毛；插入器起始于 9 点时钟位置，顺时针延伸约 1/4 圈；引导器膜质，大约位于 12 点时针方向。（图 28-2）

雌蛛：崀山尚未发现。

观察标本：1 ♂，湖南省新宁县崀山辣椒峰，2014 年 11 月 27 日，银海强、陈卓尔、何秉妍采。

地理分布：中国［湖南（崀山），贵州，海南，浙江，广西，河南，云南，香港，台湾］，韩国，日本，老挝。

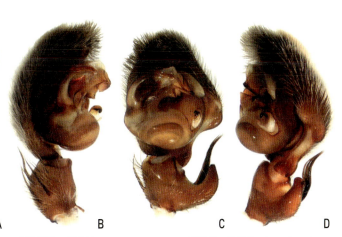

A.雄性外形，背面观 Male habitus, dorsal　B.触肢器，前侧观 Palp, prolateral
C.同上，腹面观 Ditto, ventral　D.同上，后侧观 Ditto, retrolateral

▲图 28-2　离塞蛛 *Thelcticopis severa*

29.逍遥蛛科
Family Philodromidae Thorell, 1869

Philodrominae Thorell, 1869: 46.

Philodromidae Homann, 1975: 181.

体中、小型。8眼2列，无明显眼丘。步足两侧伸展，第I，II步足比第III，IV步足长，第II步足最长。

该科由原蟹蛛科的一个亚科（Philodrominae）提升而来。逍遥蛛与蟹蛛相似，同属侧行性游猎类群，但逍遥蛛体型较扁，行动更敏捷。

模式属：*Philodromus* Walckenaer, 1826。

全球性分布，目前已记载31属538种，其中中国5属58种。崀山1属1种。

长逍遥蛛属 *Tibellus* Simon, 1875

Tibellus Simon, 1875: 307.

体中型偏大。8眼2列，前眼列后曲，后眼列强后曲，两后侧眼相距很远。步足细长，侧行。腹部窄长。外雌器具大的纳精囊，触肢器的插入器短。

模式种：*Araneus oblongus* Walckenaer, 1802。

目前该属全球已记载49种，其中中国9种。崀山1种。

●日本长逍遥蛛 *Tibellus japonicus* Efimik, 1999

Tibellus tenellus Bösenberg & Strand, 1906: 271, pl. 8, fig. 112, pl. 10, fig. 156.

Tibellus japonicus Efimik, 1999: 112, figs 35, 46, 52, 65; Chen, Zhang & Song, 2003: 91, figs 1–5; Zhu & Zhang, 2011: 431, fig. 309A–E; Yin et al., 2012: 1252, fig. 673a–d.

雌蛛：8眼2列，后侧眼彼此相距甚远。背甲黄褐色，正中带及侧纵带棕色。腹部瘦长，前缘正中朝后方稍凹入，腹背正中棕色，两侧具2对黑斑。外雌器腹面观，交媾腔位于两侧。背面观，纳精囊大，卵圆形，彼此紧挨。（图29-1）

雄蛛：崀山尚未发现。

观察标本：2♀，湖南省新宁县崀山八角寨，2015年7月22日；5♀，崀山天一巷，2015年7月23日；1♀，崀山天一巷（后门），2015年7月25日；1♀，崀山骆驼峰，2015年7月27日。以上标本均由银海强、周兵、甘佳慧、龚玉辉、柳旺、曾晨、陈卓尔采。

地理分布：中国⌊湖南（崀山、石门），河南，贵州⌋，俄罗斯，日本。

A.雌性外形，背面观 Female habitus, dorsal　B.生殖厣 Epigynum　C.阴门 Vulva

▲图29-1　日本长逍遥蛛 *Tibellus japonicus*

30. 蟹蛛科
Family Thomisidae Sundevall, 1833

Thomisidae Sundevall, 1833: 27

体中、小型。步足左右伸展，外形与行走方式似螃蟹。头胸部长宽大致相等，8眼2列，前、后侧眼通常具有大的眼丘。第 I、II 步足明显比第 III、IV 步足长，跗节2爪。腹部通常略扁。无筛器，具舌状体。蟹蛛性二型现象明显，雌雄外形差异大。

该科蜘蛛多数具有颜色鲜艳的斑纹，通常栖息于植物上，部分种类生活于地面。

模式属：*Thomisus* Walckenaer, 1805。

全球共记载 170 属 2 155 种，其中中国 51 属 306 种。崀山 9 属 11 种。

弓蟹蛛属 *Alcimochthes* Simon, 1885

Alcimochthes Simon, 1885: 447.

体小型。头胸部长宽近似相等，前缘较为圆滑；第Ⅰ、Ⅱ步足胫节和后跗节具成对的腹刺；腹部覆盖浓密的短毛。雄蛛触肢器具有 2 个胫节突，插入器螺旋状；外雌器具有 1 个骨化的兜，纳精囊壶形或管形。

模式种：*Alcimochthes limbatus* Simon, 1885。

分布于东亚和东南亚，目前仅记载 3 种，其中中国记载 2 种。崀山 1 种。

●缘弓蟹蛛 *Alcimochthes limbatus* Simon, 1885

Alcimochthes limbatus Simon, 1885: 448, pl. 10, fig. 16; Song & Chai, 1990: 366, fig. 3A–C; Song & Li, 1997: 421, fig. 26A–C; Zhang et al., 2000: 36, fig. 2A–D; Tang & Li, 2010a: 5, figs 1A–D, 2A–C; Yin et al., 2012: 1273, fig. 684a–f.

Lysiteles guangxiensis He & Hu, 1999: 8, figs 1–3.

雌蛛：背甲红棕色，后侧眼具大的眼丘。步足色浅。腹部略宽扁，前缘较平直；背面黑褐色，散布褐色斑点，前缘的白斑向两侧缘延伸。外雌器前缘具 1 弧形角质板；交媾管粗，呈"C"形扭曲。（图 30-1）

雄蛛：崀山尚未发现。

观察标本：1 ♀，湖南省新宁县崀山天生桥，2015 年 7 月 28 日，银海强、周兵、甘佳慧、龚玉辉、柳旺、曾晨、陈卓尔采。

地理分布：中国［湖南（崀山、长沙、石门），海南，浙江，广西，四川，台湾，云南］，新加坡，越南，日本，马来西亚。

A.雌性外形，背面观 Female habitus, dorsal　B.生殖厣 Epigynum　C.阴门 Vulva

▲图 30-1　缘弓蟹蛛 *Alcimochthes limbatus*

印蟹蛛属 *Indoxysticus* Benjamin & Jaleel, 2010

Indoxysticus Benjamin & Jaleel, 2010: 161.

体小型。头胸部卵圆形，具有少量长刚毛，其中额前端有 6～8 根。第 Ⅰ、Ⅱ 步足胫节和后跗节具 2～3 对腹刺。腹部一般卵圆形，被少许长刚毛。外雌器交媾腔的边缘通常具 1 弧形角质板，交媾管极短，纳精囊形状不一。触肢器具 2 个胫节突，其中后侧突发达；插入器远端强角质化。

模式种：*Xysticus minutus* Tikader, 1960。

分布于东亚、南亚，目前仅记载 3 种。其中中国记载 2 种。崀山 1 种。

● 唐氏印蟹蛛 *Indoxysticus tangi* Jin & Zhang, 2012

Oxytate minuta Tang, Yin & Peng, 2005: 733, figs 1–3; Yin et al., 2012: 1275, fig. 685a–c.

Indoxysticus tangi Jin & Zhang, 2012: 64, figs 1–10.

雌蛛：背甲中部黄褐色，两侧深棕色。腹部后 1/4 处最宽，背面具白色及褐色斑纹。外雌器长大于宽，交媾腔的后缘具 1 角质化骨板；纳精囊腰部明显缩缢；交媾管不明显。（图 30-2）

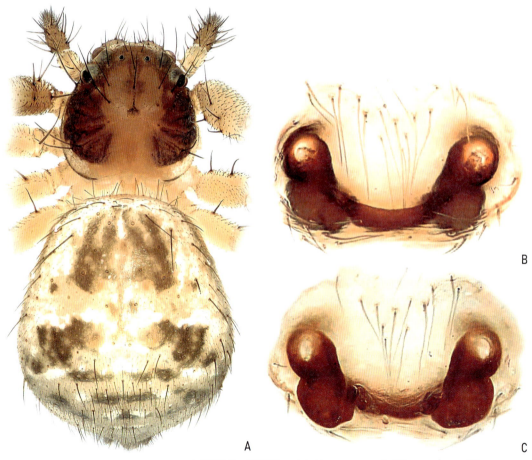

A.雌性外形，背面观 Female habitus, dorsal　B.生殖厣 Epigynum　C.阴门 Vulva

▲图 30-2　唐氏印蟹蛛 *Indoxysticus tangi*

雄蛛：体色比雌蛛更深，腹部具有更多长刚毛。触肢器胫节具 2 个突起，腹突短钝，后侧突长而粗壮，远端弯曲如刀状；插入器粗短，侧面观远端稍呈钩状。（图 30-3）

观察标本：2 ♂，湖南省新宁县崀山八角寨，2015 年 7 月 22 日；9 ♀ 3 ♂，崀山辣椒峰，2015 年 7 月 26 日；4 ♀ 4 ♂，崀山辣椒峰（后门），2015 年 7 月 27 日，银海强、周兵、甘佳慧、龚玉辉、柳旺、曾晨、陈卓尔、何秉妍采。

地理分布：中国［湖南（崀山、石门），福建］。

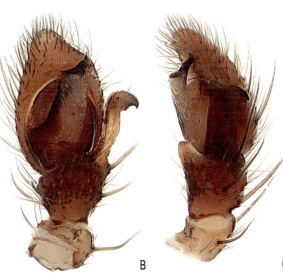

A.雄性外形，背面观 Male habitus, dorsal　B.触肢器，腹面观 Palp, ventral　C.同上，后侧观 Ditto, retrolateral

▲图 30-3　唐氏印蟹蛛 *Indoxysticus tangi*

莫蟹蛛属 *Monaeses* Thorell, 1869

Monaeses Thorell, 1869: 37.

体中型，身体瘦长，体色较暗。头胸部长远大于宽。第 I、II 步足胫节和后跗节具有粗壮刺。腹部细长，覆盖稀疏刚毛。外雌器交媾腔较大。触肢器胫节具腹突和后侧突，插入器长。

模式种：*Monastes paradoxus* Lucas, 1846。

目前该属已记载 27 种，其中中国 2 种。崀山 1 种。

●尖莫蟹蛛 *Monaeses aciculus* (Simon, 1903)

Mecostrabus aciculus Simon, 1903: 727.

Monaeses aciculus Ono, 1985: 93, figs 1–8; Tang & Song, 1988: 14, fig. 2I–J; Song, Zhu & Li, 1993: 880, fig. 52A–B; Song & Zhu, 1997: 59, fig. 35A–H; Yin et al., 2012: 1290, fig. 694a–e.

雌蛛：背甲黄褐色，具对称的浅色斑纹。腹部长超过头胸部长的 2 倍，体色浅，背面具大量褐色小斑块。外雌器前缘的中部具有 1 角质化兜形骨板；纳精囊肠形扭转。（图 30-4）

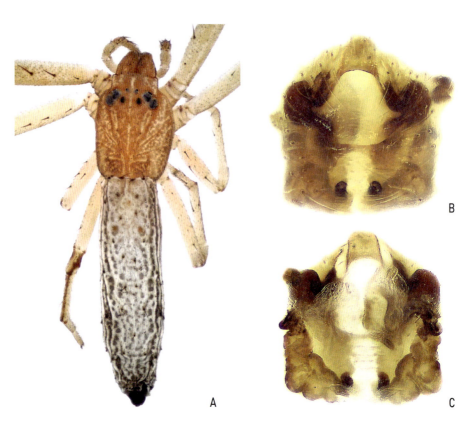

A.雌性外形，背面观 Female habitus, dorsal　B.生殖厣 Epigynum　C.阴门 Vulva

▲图 30-4　尖莫蟹蛛 *Monaeses aciculus*

雄蛛：一般特征同雌蛛。触肢器腹突指状，较瘦长；后侧突宽扁，较短；插入器长，环绕生殖球绕行超过2周。（图30-5）

观察标本：1♀，湖南省新宁县崀山天生桥，2015年7月28日，银海强、周兵、甘佳慧、龚玉辉、柳旺、曾晨、陈卓尔采；1♂，湖南省衡山肖家山，2014年7月6日，王成、周兵、龚玉辉、甘佳慧采。

地理分布：中国［湖南（崀山、衡山、慈利），云南，福建，台湾］，尼泊尔到日本，越南，菲律宾。

A

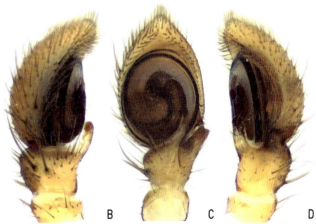

B　　　C　　　D

A.雄性外形，背面观Male habitus, dorsal　B.触肢器，前侧观Palp, prolateral
C.同上，腹面观Ditto, ventral　D.同上，后侧观Ditto, retrolateral

▲图30-5　尖莫蟹蛛 *Monaeses aciculus*

绿蟹蛛属 *Oxytate* L. Koch, 1878

Oxytate L. Koch, 1878: 764.

体中型，身体细长，通体呈翠绿色或红褐色。头胸部梨形，头区前缘稍窄。腹部细长，背面覆盖长毛。外雌器腹面常具1对兜状结构；交媾管短。触肢器胫节的后侧突长，远端弯曲。

模式种：*Oxytate striatipes* L. Koch, 1878。

该属全球已记载 28 种，其中中国记载 13 种。崀山 1 种。

●多样绿蟹蛛 *Oxytate multa* Tang & Li, 2010

Oxytate multa Tang & Li, 2010: 41, figs 31A–D, 32A–C, 33A–D.

雌蛛： 活体淡绿色，酒精浸泡后呈黄色。眼基白色。腹部长超过头胸部长的 2 倍。外雌器具 1 对大的兜状结构；纳精囊肾形；交媾管短粗，稍稍透明。（图 30-6）

雄蛛： 崀山尚未发现。

观察标本： 1♀，湖南省新宁县崀山天一巷，2015 年 7 月 21 日；1♀，崀山紫霞峒，2015 年 7 月 28 日。以上标本由银海强、周兵、甘佳慧、龚玉辉、柳旺、曾晨、陈卓尔、何秉妍采。

地理分布： 中国［湖南（崀山），海南］。

A.雌性外形，背面观 Female habitus, dorsal　B.生殖厣 Epigynum　C.阴门 Vulva

▲图 30-6　多样绿蟹蛛 *Oxytate multa*

范蟹蛛属 *Pharta* Thorell，1891

Pharta Thorell, 1891: 85.

体中、小型。头区窄，大约占胸区宽的一半。步足粗壮、多刺，第Ⅰ、Ⅱ步足胫节和后跗节腹面具 3～5 对腹刺。外雌器交媾腔大；交媾管短；纳精囊卵形。触肢器插入器较长，引导器较大。

模式种：*Pharta bimaculata* Thorell, 1891。

分布于东亚和东南亚，共记载 9 种，其中中国记载 4 种。崀山 1 种。

●短肢范蟹蛛 *Pharta brevipalpus* (Simon, 1903)

Epidius brevipalpus Simon, 1903: 730.

Sanmenia zhengi Song & Kim, 1992: 142; Song & Zhu, 1997: 28, fig. 13A–F; Song, Zhu & Chen, 1999: 485, figs 275J, 281J, P; Yin et al., 2012: 1267, fig. 681a–c.

雌蛛：头胸部红棕色，背甲散布有深棕色斑点。腹背棕色，具有白色斑点及深褐色条纹。外雌器交媾腔大，纳精囊略呈球形。（图30-7）

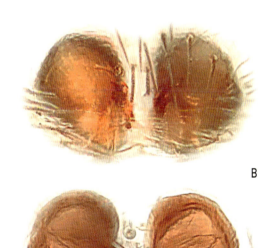

A.雌性外形，背面观 Female habitus, dorsal　B.生殖厣 Epigynum　C.阴门 Vulva

▲图 30-7　短肢范蟹蛛 *Pharta brevipalpus*

雄蛛：体色较浅。触肢器简单，胫节腹突指状；插入器环绕生殖球大约 3/4 圈；引导器基部宽，远端尖。（图 30-8）

观察标本：1♀，湖南省新宁县崀山天生桥，2015 年 7 月 28 日；2♂，崀山天一巷，2014 年 11 月 22 日，银海强、周兵、甘佳慧、龚玉辉、柳旺、曾晨、陈卓尔采。

地理分布：中国［湖南（崀山、城步），云南］，琉球群岛，越南。

A.雄性外形，背面观 Male habitus, dorsal　B.触肢器，腹面观 Palp, ventral
C.同上，后侧观 Ditto, retrolateral

▲图 30-8　短肢范蟹蛛 *Pharta brevipalpus*

冕蟹蛛属 *Smodicinodes* Ono, 1993

Smodicinodes Ono, 1993: 89.

体小型。背甲具王冠状结构，由左右对称的 3 对三角形棘突组成，各棘突远端具 1 粗壮的刚毛。外雌器具 1 明显的兜状结构。触肢器的跗舟在前侧面的基部朝胫节方向伸出 1 跗舟突起。

模式种：*Smodicinodes kovaci* Ono, 1993。

该属仅记载 4 种，分布于中国、马拉西亚和泰国，其中中国记载 3 种。崀山 1 种。

●壶瓶冕蟹蛛 *Smodicinodes hupingensis* Tang, Yin & Peng, 2004

Smodicinodes hupingensis Tang, Yin & Peng, 2004: 260, figs 1–7; Yin et al., 2012: 1295, fig. 697a–g.

雌蛛：背甲红褐色，王冠状结构明显，最前端 1 对棘突最粗壮，位于后侧眼前缘，另 2 对棘突位于后侧眼之后。额两侧各具 1 角状小突。腹部背面黑色，具 1 对明显的白色斑以及 1 对褐色圆斑。外雌器前缘骨化形成 1 黑色兜状结构；纳精囊棒状；交媾管弯成"U"形。（图 30-9）

观察标本：1♀，湖南省新宁县崀山骆驼峰，2015 年 7 月 27 日；3♀，崀山天生桥，2015 年 7 月 28 日，银海弧、周兵、甘佳慧、龚玉辉、柳旺、曾晨、陈卓尔采。

地理分布：中国〔湖南（崀山、石门）〕。

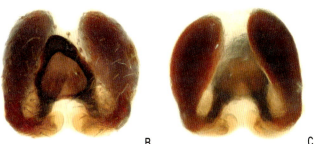

A.雌性外形，背面观 Female habitus, dorsal B.生殖厣 Epigynum C.阴门 Vulva

▲图 30-9 壶瓶冕蟹蛛 *Smodicinodes hupingensis*

蟹蛛属 *Thomisus* Walckenaer, 1805

Thomisus: Walckenaer, 1805: 28

体中型。性二型明显,雄蛛较之于雌蛛个体小很多,体色暗淡许多。头胸部长约等于宽,眼不发达,前、后侧眼之间有大的角状突起。步足Ⅰ、Ⅱ较Ⅲ、Ⅳ粗壮,且胫节、后跗节有成对腹刺。腹部宽大于长或长宽相近,后端三角形。外雌器简单,无兜。触肢器的膝节突有或无;胫节具腹突、间突和后侧突;插入器丝状或刺状;生殖球无突起。

模式种:*Thomisus onustus* Walckenaer, 1805。

世界性分布,目前已记载 138 种,其中中国记载 16 种。崀山 1 种。

●角红蟹蛛 *Thomisus labefactus* Karsch, 1881

Thomisus labefactus Karsch, 1881: 38; Hu, 1984: 338, fig. 353.1–2; Guo, 1985: 167, figs 2–95.1–3; Tang & Song, 1988: 137; Feng, 1990: 186, fig. 161.1–5; Chen & Gao, 1990: 173, fig. 219a–b; Chen & Zhang, 1991: 279, fig. 290.1–3; Song, Zhu & Li, 1993: 881, fig. 54A–C; Zhao, 1993: 376, fig. 185a–c; Song & Zhu, 1997: 167, fig. 117A–E; Song, Zhu & Chen, 2001: 405, fig. 267A–E; Zhu & Zhang, 2011: 458, fig. 329A–E; Yin et al., 2012: 1302, fig. 702a–e.

雌蛛:背甲光滑,角突褐色,后眼列的后方具白色横纹。腹部乳白色,中后部最宽处两侧凸起,腹部具 5 个肌斑,肌斑处发出暗色条纹。外雌器简单,纳精囊球形,透明(酶处理过);交媾管弯曲呈耳状。(图 30-10)

A.雌性外形,背面观 Female habitus, dorsal   B.生殖厣 Epigynum   C.阴门 Vulva

▲图 30-10   角红蟹蛛 *Thomisus labefactus*

雄蛛: 体色比雌蛛深, 角突黄褐色, 后眼列后方无白斑, 腹部背面具5个红褐色肌斑。触肢器胫节具3个突起, 腹突小; 间突尖刺状; 后侧突发达, 远端延伸至跗舟中部。插入器起源于生殖球的前侧面, 绕生殖球约1/2周。(图30-11)

观察标本: 1♀2♂, 湖南省新宁县崀山八角寨, 2015年7月22日; 1♀1♂, 崀山天一巷, 2015年7月23日; 3♂, 崀山天一巷(后门), 2015年7月25日; 1♂, 崀山辣椒峰, 2015年7月26日; 1♂, 崀山骆驼峰, 2015年7月27日; 3♂, 崀山天生桥, 2015年7月28日; 2♂, 崀山紫霞峒, 2015年7月28日, 银海强、周兵、甘佳慧、龚玉辉、柳旺、曾晨、陈卓尔采。

地理分布: 中国[湖南(崀山、石门、衡山、张家界、双牌、炎陵、宜章), 湖北, 贵州, 海南, 福建, 甘肃, 河南, 河北, 浙江, 广东, 云南, 四川, 安徽, 山东, 山西, 新疆, 台湾, 重庆], 韩国, 日本。

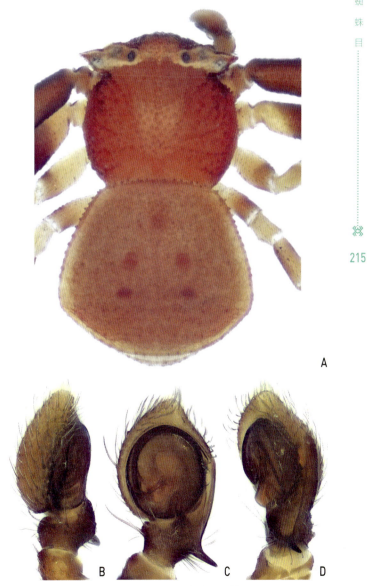

A.雄性外形, 背面观 Male habitus, dorsal　B.触肢器, 前侧观 Palp, prolatera
C.同上, 腹面观 Ditto, ventral　D.同上, 后侧观 Ditto, retrolateral

▲图30-11　角红蟹蛛 *Thomisus labefactus*

峭腹蛛属 *Tmarus* Simon, 1875

Tmarus Simon, 1875: 259.

体中型，较为瘦长。头胸部和腹部稀疏地被长刚毛。头胸部最高位置在头顶，中眼域长约等于宽。步足常有深色斑点，第 I、II 步足胫节和后跗节具 3～5 对腹刺。腹部细长，稍扁，长远大于宽。外雌器的交媾腔或交媾孔通常具骨化的边缘，纳精囊通常形状不规则。触肢器胫节通常具多个突起，生殖球结构简单，无突起。

模式种：*Aranea pigra* Walckenaer, 1802。

世界性分布，目前共记载 224 种，其中中国记载 26 种。崀山 2 种。

●旋卷峭腹蛛 *Tmarus circinalis* Song & Chai, 1990

Tmarus circinalis Song & Chai, 1990: 371, fig. 10A–B; Song & Li, 1997: 429, fig. 35A–B; Song & Zhu, 1997: 45, fig. 22A–D; Song, Zhu & Chen, 1999: 487, fig. 283D, O.

雌蛛：背甲两侧褐色，中间色浅。前、后眼列稍后曲。腹部长，具白色与棕色斑纹。外雌器交媾孔边缘角质加厚；纳精囊纵向麻花形；交媾管短。（图 30-12）

雄蛛：崀山尚未发现。

观察标本：1♀，湖南省新宁县崀山天一巷（后门），2015年 7 月 25 日，银海强、周兵、甘佳慧、龚玉辉、柳旺、曾晨、陈卓尔、何秉妍采。

地理分布：中国［湖南（崀山），湖北，四川，辽宁］。

A. 雌性外形，背面观 Female habitus, dorsal　B. 生殖厣 Epigynum　C. 阴门 Vulva

▲图 30-12　旋卷峭腹蛛 *Tmarus circinalis*

●龙栖峭腹蛛 *Tmarus longqicus* Song & Zhu, 1993

Tmarus longqicus Song & Zhu, in Song, Zhu & Li, 1993: 881, fig. 55A–E; Song & Zhu, 1997: 48, fig. 25A–E; Song, Zhu & Chen, 1999: 500, fig. 283G, P.

雄蛛：背甲黄褐色，正中具白色斑纹。额部前端具1横列长刚毛。步足多刺。腹部前端梯形，后端三角形，被稀疏长刚毛。触肢器胫节突复杂，后侧面观，具4个突起；插入器细，起源于生殖球11点位置，顺时针螺旋状旋转大约半圈。（图30-13）

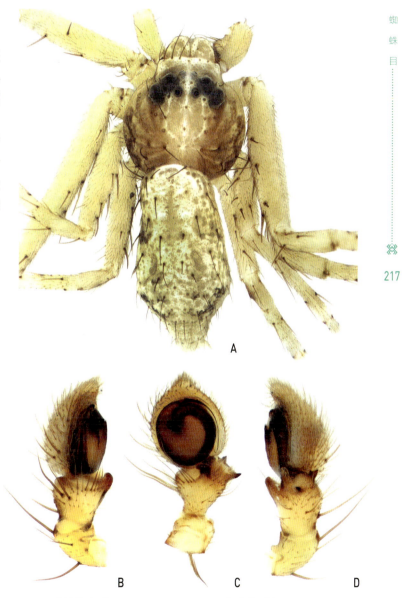

A.雄性外形，背面观 Male habitus, dorsal　B.触肢器，前侧观 Palp, prolateral
C.同上，腹面观 Ditto, ventral　D.同上，后侧观 Ditto, retrolateral

▲图 30-13　龙栖峭腹蛛 *Tmarus longqicus*

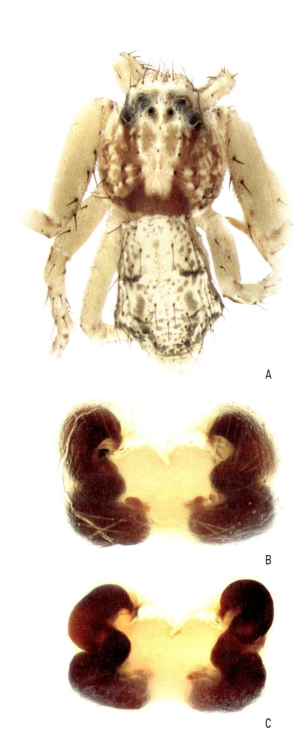

雌蛛：一般特征同雄蛛。外雌器交媾腔不明显；纳精囊红褐色，粗管状扭曲；交媾管不明显。（图 30-14）

观察标本：1♂，湖南省新宁县崀山八角寨，2015 年 7 月 22 日；1♂，崀山骆驼峰，2015 年 7 月 27 日，银海强、周兵、甘佳慧、龚玉辉、柳旺、曾晨、陈卓尔采。1♀，江西省井冈山市茨坪镇大井村将军林，2014 年 7 月 13 日，刘科科，陈志武，武莎，徐策，何时聪，赵一凡采。

地理分布：中国［湖南（崀山），江西，福建，海南］。

A.雌性外形，背面观 Female habitus, dorsal　B.生殖厣 Epigynum　C.阴门 Vulva

▲图 30-14　龙栖峭腹蛛 *Tmarus longqicus*

崀山蜘蛛

花蟹蛛属 *Xysticus* C. L. Koch, 1835

Xysticus C. L. Koch, 1835: 129.

体中、小型。性二型现象明显，雄性个体偏小，颜色较深。头胸部长宽约相等。步足 I、II 较 III、IV 粗壮且胫节、后跗节有 3 ～ 6 对腹刺。腹部宽大于长或长宽相近，后端三角形。触肢器膝节突有或无，生殖球突起有或无，胫节通常具腹突和后侧突，部分具间突。外雌器无兜，交媾管短，纳精囊形状不一。

模式种：*Aranea audax* Schrank, 1803。

世界性分布，全球已记载 284 种，其中中国 59 种。崀山 2 种。

●鞍型花蟹蛛 *Xysticus ephippiatus* Simon, 1880

Xysticus ephippiatus Simon, 1880: 107, pl. 3, fig. 6; Zhu & Wang, 1963: 485, fig. 34; Song et al., 1979: 17, figs 4, 6A–B; Song, 1980: 191, fig. 105a–e; Yin, Wang & Hu, 1983: 34, fig. 5I; Hu, 1984: 347, fig. 361.1–2; Song, 1987: 281, fig. 239; Zhang, 1987: 230, fig. 203.1–3; Feng, 1990: 189, fig. 164.1–4; Chen & Gao, 1990: 174, fig. 222a–b; Chen & Zhang, 1991: 271, fig. 282.1–4; Song & Zhu, 1997: 81, fig. 51A–D; Song, Chen & Zhu, 1997: 1732, fig. 42a–d; Song, Zhu & Chen, 2001: 415, fig. 275A–D; Zhu & Zhang, 2011: 467, fig. 337A–D; Yin et al., 2012: 1313, figs 708a–e, 3–13f–g; Yuan, Zhao & Zhang, 2019: 32, fig. 28A–C.

雌蛛：头胸部长宽约相等，中窝前稀疏被硬刚毛。步足粗壮，多刺，斑点多。腹部略呈三角形，被稀疏硬刚毛。外雌器交媾腔上位，宽大于长，后缘中部向前方延伸；纳精囊彼此紧靠，如肠状扭曲；交媾管透明，管腔宽大。（图 30-15）

雄蛛：崀山尚未发现。

观察标本：1♀，湖南省新宁县崀山骆驼峰，2014 年 11 月 27 日，银海强、周兵、甘佳慧、龚玉辉、柳旺、曾晨、陈卓尔采。

地理分布：中国［湖南（崀山、长沙、道县、张家界），湖北，江西，浙江，四川，安徽，吉林，辽宁，河北，甘肃，陕西，山西，山东，内蒙古，新疆，西藏，北京，天津，江苏，重庆］，俄罗斯（中亚至远东），韩国，蒙古，日本，哈萨克斯坦。

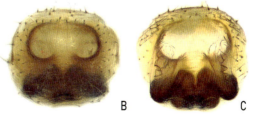

A. 雌性外形，背面观 Female habitus, dorsal　B. 生殖厣 Epigynum
C. 阴门 Vulva

▲ 图 30-15　鞍型花蟹蛛 *Xysticus ephippiatus*

●千岛花蟹蛛 *Xysticus kurilensis* Strand, 1907

Xysticus kurilensis Strand, 1907: 209, fig. 41; Song, Zhu & Chen, 1999: 503, fig. 286D, O; Yin et al., 2012: 1320, fig. 713a–e.

雌蛛：头胸部长宽约相等。腹部略呈三角形，后边宽。外雌器具中隔，交媾腔 2 个，斜向卵形；纳精囊中部缩缢且弯曲，基部相互靠近，远端稍稍分离。（图 30-16）

A

B

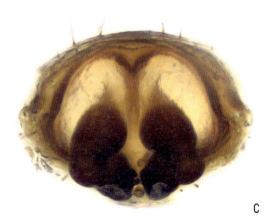

C

A.雌性外形，背面观 Female habitus, dorsal　B.生殖厣 Epigynum　C.阴门 Vulva

▲图 30-16　千岛花蟹蛛 *Xysticus kurilensis*

雄蛛：体色深于雌蛛，其他一般特征同雌蛛。触肢器的胫节具腹突和后侧突，两者均粗壮；腹面观，生殖球具 2 个粗大突起，黑色，牛角状。（图 30-17）

观察标本：2♀1♂，湖南省新宁县崀山天一巷，2015 年 7 月 21 日；3♀，崀山天一巷，2015 年 7 月 23 日；1♀1♂，崀山天一巷（后门），2015 年 7 月 25 日；3♀6♂，崀山辣椒峰，2015 年 7 月 26 日；1♀，崀山骆驼峰，2015 年 7 月 27 日；3♀2♂，崀山辣椒峰（后门），2015 年 7 月 27 日；5♀4♂，崀山天生桥，2015 年 7 月 28 日，3♂，崀山紫霞峒，2015 年 7 月 28 日；1♀，崀山天一巷，2014 年 11 月 21 日，银海强、周兵、甘佳慧、龚玉辉、柳旺、曾晨、陈卓尔采。

地理分布：中国［湖南（崀山、石门、衡阳），贵州，福建，甘肃，浙江，四川，重庆］，韩国，俄罗斯（萨哈林，千岛群岛），日本。

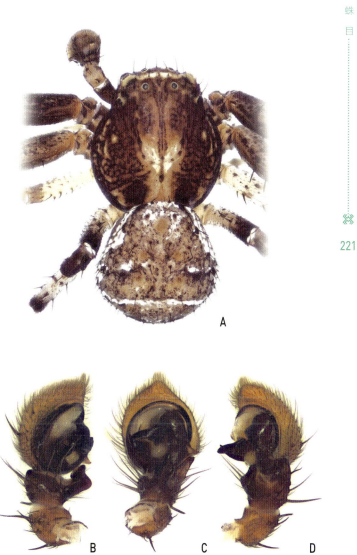

A.雄性外形，背面观 Male habitus, dorsal　B.触肢器，前侧观 Palp, prolateral
C.同上，腹面观 Ditto, ventral　D.同上，后侧观 Ditto, retrolateral

▲图 30-17　千岛花蟹蛛 *Xysticus kurilensis*

31. 跳蛛科
Family Salticidae Blackwall, 1841

Salticidae Blackwall, 1841: 616.

体中、小型，形态和体色多样。8 眼 3 列或 4 列，多呈 4–2–2 排列。前眼列 4 眼包括前中眼和前侧眼，前中眼特大，形如汽车前灯（具有状如车灯的前中眼是跳蛛科最醒目的特征之一）；中眼列 2 眼是 2 后中眼，后中眼最小或与后侧眼近似等大；后眼列 2 眼是指后侧眼。

模式属：*Salticus* Latreille, 1804。

该科蜘蛛多为游猎型，不结网，善跳跃，故名跳蛛。全球性分布，目前已记载 658 属 6 352 种，其中中国 121 属 558 种。岜山 16 属 23 种。

暗跳蛛属 *Asemonea* O. P. -Cambridge, 1869

Asemonea O. P. -Cambridge, 1869: 3.

后中眼位于前侧眼内侧。外雌器多样，交媾腔没有中隔，交媾管通常卷曲。触肢器的腿节远端具突起，腹面具沟。膝节没有突起。跗舟窝较深，且具长毛。插入器由盾片基部的边缘起源，细长而弯曲，没有引导器。

模式种：*Lyssomanes tenuipes* O. Pickard-Cambridge, 1869。

目前全球该属 23 种，中国 2 种。崀山 1 种。

●四川暗跳蛛 *Asemonea sichuanensis* Song & Chai, 1992

Asemonea sichuanensis Song & Chai, 1992: 76, fig. 1A–E; Song & Li, 1997: 430, fig. 37A–E; Song, Zhu & Chen, 1999: 505, fig. 288K–L; Zhang, Chen & Kim, 2004: 7, figs A–F; Yin et al., 2012: 1325, fig. 716a–d; Peng, 2020: 37, fig. 6a–d.

雌蛛：背甲淡黄色，眼区稍隆起，8 眼后方均有稀疏白色长毛，后侧眼后方具褐色条纹。腹部长卵形，色浅，背面具浅灰色斑纹。外雌器褐色，纳精囊与交媾管排成一横排，中间色浅的是纳精囊，位于外侧色深的是交媾管。（图 31-1）

A.雌性外形，背面观 Female habitus, dorsal　　B.生殖厣 Epigynum　　C.阴门 Vulva

▲图 31-1　四川暗跳蛛 *Asemonea sichuanensis*

雄蛛：一般特征同雌蛛。触肢器膝节突基部粗大，远端尖；胫节突复杂，具3个突起；插入器细长，起源于生殖球中部，逆时针缠绕大约1周。（图31-2）

观察标本：2♀，湖南省新宁县崀山天一巷（后门），2015年7月25日；5♀，崀山辣椒峰，2015年7月25日。银海强、周兵、甘佳慧、龚玉辉、柳旺、曾晨、陈卓尔采。1♂，贵州梵净山国家级自然保护区德旺乡坝溪村大土组，2013年6月11日，米小其，余波，廖明勇采。4♀5♂，贵州省铜仁市石阡县甘溪乡524县道周围，2020年6月26日晚上，王成，甘佳慧，张玉帆采。

地理分布：中国［湖南（崀山、石门），贵州，四川］。

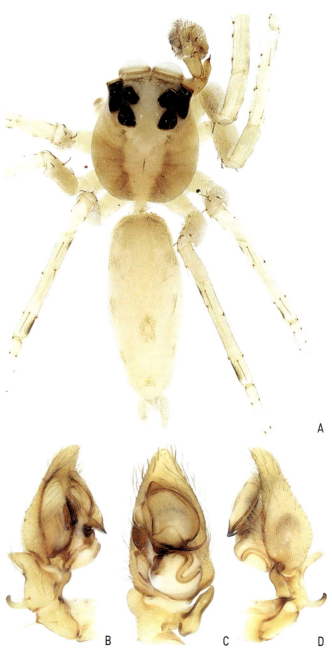

A 雄性外形，背面观 Male habitus, dorsal　B. 触肢器，前侧观 Palp, prolateral

C.同上，腹面观 Ditto, ventral　D.同上，后侧观 Ditto, retrolateral

▲图 31-2　四川暗跳蛛 *Asemonea sichuanensis*

布氏蛛属 *Bristowia* Reimoser, 1934

Bristowia Reimoser, 1934: 17.

体中、小型。眼区长度超过头胸部长度的一半，后侧眼明显大于前侧眼。第 I 步足远比其他步足强壮，且基节、转节、膝节明显延长，胫节和后跗节具长刺，膝节和胫节腹部具有细长的毛。

模式种：*Bristowia heterospinosa* Reimoser, 1934。

目前全球该属已记载 3 种，其中中国 1 种。崀山 1 种。

●巨刺布氏蛛 *Bristowia heterospinosa* Reimoser, 1934

Bristowia heterospinosa Reimoser, 1934: 17, figs 1–3; Peng et al., 1993: 30, figs 50–57; Song & Li, 1997: 431, fig. 38A–D; Song, Zhu & Chen, 1999: 506, figs 289L–M, 290C; Yin et al., 2012: 1333, fig. 721a–h; Peng, 2020: 49, fig. 15a–h.

雌蛛：背甲红褐色，头区隆起。步足 I 粗壮，黑褐色。腹部背面灰褐色，具深灰色斑纹，后半部斑纹呈山形。纳精囊球形，相距很近；交媾管细长，具 1 很显著的折点。（图 31-3）

A.雌性外形，背面观Female habitus, dorsal　B.生殖厣 Epigynum　C.阴门Vulva

▲图 31-3　巨刺布氏蛛 *Bristowia heterospinosa*

雄蛛：崀山尚未发现。一般特征同雌蛛。触肢器简单，胫节突指状（后侧面观，弯曲）；生殖球基半部膨大；插入器短，起源于生殖球顶端。（图31-4）

观察标本：1♀，湖南省新宁县崀山天一巷，2015年7月21日；1♀，崀山辣椒峰，2015年7月26日，标本由银海强、周兵、甘佳慧、龚玉辉、柳旺、曾晨、陈卓尔采。3♀12♂，贵州省铜仁市碧江区文笔峰，2017年4月27日至6月10日，王成，张军，田贵杰，杨远发，刘洪采。

地理分布：中国［湖南（崀山、绥宁），云南，贵州］，越南，韩国，印度尼西亚，印度，日本。

A 雄性外形，背面观 Male habitus, dorsal   B.触肢器，前侧观 Palp, prolateral
C.同上，腹面观 Ditto, ventral   D.同上，后侧观 Ditto, retrolateral

▲图31-4　巨刺布氏蛛 *Bristowia heterospinosa*

猫跳蛛属 *Carrhotus* Thorell, 1891

Carrhotus Thorell, 1891: 142.

体中型。头胸部后端倾斜，两侧被白毛。眼区宽大于长，眼区长约为头胸部长的1/2。步足多毛和刺。外雌器结构简单，交媾管通常短。触肢器没有明显引导器。

模式种：*Plexippus viduus* C. L. Koch, 1846。

目前全球该属已记载31种，其中中国已记载6种。崀山1种。

●黑猫跳蛛 *Carrhotus xanthogramma* (Latreille, 1819)

Salticus xanthogramma Latreille, 1819: vol. 30, p. 103.

Carrhotus xanthogramma Guo, 1985: 175, figs 2-99.1-4; Song, Zhu & Chen, 1999: 507, figs 290K, 291C; Zhu & Zhang, 2011: 477, fig. 344A–D; Yin et al., 2012: 1340, fig. 725a–h; Peng, 2020: 58, fig. 22a–h.

雌蛛：背甲深红褐色，被白毛。步足红褐色。腹部背面具有深黄色斑点，覆盖有灰白色毛。外雌器的交媾腔被中隔分为2部分，每一部分呈纵向狭长型。纳精囊褐色，外侧缘与交媾管相接，交媾管粗而短，强烈弯曲。（图31-5）

雄蛛：崀山尚未发现。

观察标本：1♀，湖南省新宁县崀山辣椒峰2015年7月26日，银海强、周兵、甘佳慧、龚玉辉、柳旺、曾晨、陈卓尔采。

地理分布：中国［湖南（崀山、长沙、浏阳、衡阳、张家界、东安、城步、龙山、新宁、绥宁、通道、宜章），湖北，贵州，江西，北京，河北，吉林，辽宁，浙江，陕西，山东，福建，广东，广西，四川，台湾，西藏，重庆］，印度，越南，保加利亚，土耳其，高加索，俄罗斯（欧洲到远东），韩国，日本。

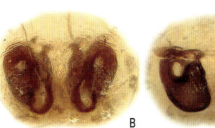

A.雌性外形，背面观 Female habitus, dorsal　B.生殖厣 Epigynum　C.阴门 Vulva

▲图31-5　黑猫跳蛛 *Carrhotus xanthogramma*

艾普蛛属 *Epeus* Peckham & Peckham, 1886

Epeus Peckham et Peckham, 1886: 271, 334.

体色浅,一般无明显斑纹。头胸部隆起,眼区长度不及头胸部长度的一半,中眼列位于前、后眼列正中或稍微靠前的位置。触肢器跗舟基部宽扁,且基部外侧缘伸出 1 跗舟突;生殖球上舌状突大。外雌器交媾管长,大多数情况呈螺旋状缠绕。

模式种: *Evenus tener* Simon, 1877。

目前全球该属共 18 种,其中中国记载 4 种。崀山 2 种。

●双尖艾普蛛 *Epeus bicuspidatus* (Song, Gu et Chen, 1988)

Plexippodes bicuspidatus Song, Gu & Chen, 1988: 71, figs 6–8.

Epeus bicuspidatus Peng et al., 1993: 48, figs 121–124; Song, Zhu & Chen, 1999: 508, fig. 291N–O; Peng & Li, 2002: 386, fig. 1A–D; Yin et al., 2012: 1352, fig. 732a–d; Meng, Zhang & Shi, 2015: 147, figs 1–2, 5–6, 9–14; Peng, 2020: 92, fig. 48a–d.

雌蛛: 背甲淡黄色,头区为黄褐色。前眼列宽于后眼列,前中眼眼基褐色,其余各眼眼基黑色。中窝纵向,很短。腹部筒状,淡黄色,背面正中有 1 深黄色条带。外雌器具有膜质交媾腔,上位,腔的两侧边缘稍骨化;交媾管十分细长,强烈盘旋扭曲。(图 31-6)

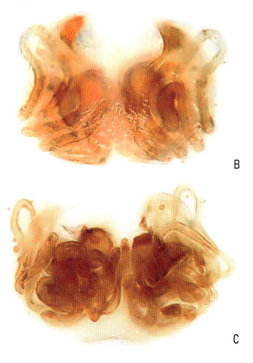

A.雌性外形,背面观 Female habitus, dorsal   B.生殖厣 Epigynum   C.阴门 Vulva

▲图 31-6　双尖艾普蛛 *Epeus bicuspidatus*

雄蛛：背甲黄色，头区橙色。前眼列宽于后眼列，前中眼眼基红褐色，其余各眼眼基黑色。中窝纵向，很短。触肢、步足、腹部前端具黑色长毛。腹部筒状，淡黄色，背面正中靠近后端有1褐色条带。触肢器宽扁，腹面观，跗舟的膜质部分具有排列较整齐的黑色刚毛；侧面观，跗舟后侧面基部的突起小而分叉，生殖球具大的膜质舌状突。（图31-7）

观察标本：1♀1♂，湖南省新宁县崀山天一巷（后门），2015年7月25日，银海强、周兵、甘佳慧、龚玉辉、柳旺、曾晨、陈卓尔、何秉妍采。

地理分布：中国［湖南（崀山），广西，海南，云南］。

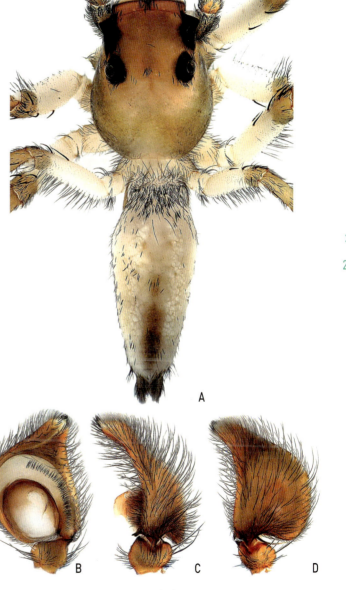

A. 雄性外形，背面观 Male habitus, dorsal　B. 触肢器，腹面观 Palp, ventral
C. 同上，后侧观 Ditto, retrolateral　D. 同上，背面观 Ditto, dorsal

▲ 图 31-7　双尖艾普蛛 *Epeus bicuspidatus*

●荣艾普蛛 *Epeus glorius* Żabka, 1985

Epeus glorius Żabka, 1985: 216, figs 121-124; Xie & Peng, 1993: 20, figs 5-8; Peng et al., 1993: 49, figs 125-128 (m); Song, Zhu & Chen, 1999: 508, fig. 291P-Q; Peng & Li, 2002: 387, fig. 2A-E; Meng, Zhang & Shi, 2015: 148, figs 3-4, 7-8, 15-20; Peng, 2020: 92, fig. 49a-e.

雌蛛： 背甲黄色，头区颜色稍深。前眼列宽于后眼列，眼周围覆盖有白毛。中窝纵向，很短。步足淡黄色。腹部背面具褐色心斑，心斑两侧具大面积白色小斑块。交媾孔位于外雌器中部的两侧，孔的边缘角质化呈兜状，交媾孔之间具膜质区域；交媾管长，极度扭曲。（图 31-8）

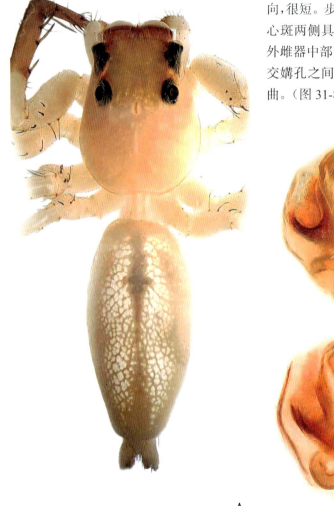

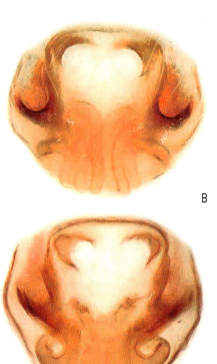

A.雌性外形，背面观 Female habitus, dorsal　B.生殖厣 Epigynum　C.阴门 Vulva

▲图 31-8　荣艾普蛛 *Epeus glorius*

雄蛛：体色比雌蛛较深，尤其步足呈深褐色。触肢器的跗舟基部宽扁，端部相对狭长，基部后侧面延伸 1 突起直达胫节，突起黑色，远端尖；生殖球具大的膜质舌状突。（图 31-9）

观察标本：1 ♂，湖南省新宁县崀山天一巷（后门），2015 年 7 月 25 日；3 ♀，崀山八角寨，2015 年 7 月 22 日；1 ♀，崀山天生桥，2015 年 7 月 28 日。以上标本由银海强、周兵、甘佳慧、龚玉辉、柳旺、曾晨、陈卓尔采。1 ♀，崀山紫霞峒，2014 年 11 月 26 日，银海强、王成、周兵、龚玉辉、甘佳慧采。

地理分布：中国「湖南（崀山），广东，广西，云南，重庆」，越南，马来西亚。

A 雄性外形，背面观 Male habitus, dorsal　B.触肢器，腹面观 Palp, ventral
C.同上，后侧观 Ditto, retrolateral　D.同上，背面观 Ditto, dorsal.

▲图 31-9　荣艾普蛛 *Epeus glorius*

猎蛛属 *Evarcha* Simon, 1902

Evarcha Simon, 1902: 409.

体中型。眼区宽大于长。步足强壮，第III、IV步足的膝节和胫节长度之和相等。外雌器交媾腔通常明显。触肢器胫节突复杂或简单。

模式种：*Araneus falcatus* Clerck, 1757。

目前全球该属已记载 91 种，其中中国 18 种。崀山 2 种。

●白斑猎蛛 *Evarcha albaria* (L. Koch, 1878)

Hasarius albarius L. Koch, 1878: 780, pl. 16, fig. 39.

Ergane albifrons Kulczyński, 1895d: 90, pl. 2, figs 25–27.

Hyllus lamperti Bösenberg & Strand, 1906: 356, pl. 13, fig. 360, pl. 14, fig. 369. Hasarius lamperti Yaginuma, 1962: 46.

Evarcha albaria Simon, 1903: 697, fig. 837; Wang, 1981: 137, fig. 77A–C; Zhu & Shi, 1985: 212, fig. 184a–d; Chen & Gao, 1990: 183, fig. 232a–b; Zhao, 1993: 395, fig. 198a–c; Zhu & Zhang, 2011: 480, fig. 347A–E; Peng, 2020: 122, fig. 72a–g.

雌蛛： 背甲除头区和胸区之间有一横向亮带外，其余部分黑色。步足黄褐色，有浅色环纹。腹部背面黄褐色与黑色斑纹相间，2对褐色小肌斑及 4 条褐色山形细纹清晰可见。外雌器具成对交媾腔；纳精囊卵形，前端紧靠，后端分离；受精管大而明显，起源于纳精囊前缘。（图 31-10）

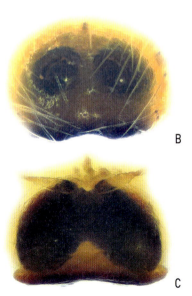

A.雌性外形，背面观Female habitus, dorsal　B.生殖厣Epigynum　C.阴门Vulva

▲图 31-10　白斑猎蛛 *Evarcha albaria*

雄蛛：体色较雌蛛深，头区前端覆有一排横向白毛。触肢器的胫节突复杂，多分叉；生殖球向基部延伸，膨大，显著突出；插入器短，远端指向大约12点方向。（图31-11）

观察标本：2♀1♂，湖南省新宁县崀山八角寨，2015年7月22日；3♀6♂，崀山天一巷，2015年7月23日；4♀，崀山天一巷（后门），2015年7月25日；1♀1♂，崀山辣椒峰，2015年7月26日；6♀1♂，崀山骆驼峰，2015年7月27日；1♀，崀山辣椒峰（后门），2015年7月27日；12♀5♂，崀山天生桥，2015年7月28日。以上标本由银海强、周兵、甘佳慧、龚玉辉、柳旺、曾晨、陈卓尔采。

地理分布：中国［湖南（崀山），中国各地均有分布］，俄罗斯（远东），韩国，日本。

A

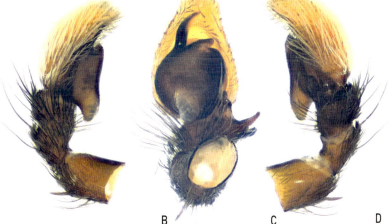

B   C   D

A 雄性外形，背面观 Male habitus, dorsal B.触肢器，前侧观 Palp, prolateral
C.同上，腹面观 Ditto, ventral D.同上，后侧观 Ditto, retrolateral

▲图 31-11 白斑猎蛛 *Evarcha albaria*

●黄带猎蛛 *Evarcha flavocincta* (C. L. Koch, 1846)

Maevia flavocincta C. L. Koch, 1846: 74, fig. 1330.

Evarcha flavocincta Zabka, 1985: 224, figs 187–196; Peng et al., 1993: 70, figs 199–202; Yin et al., 2012: 1363, figs 739a–d; Peng, 2020: 130, fig. 80a–c.

雌蛛：背甲红褐色，头区深褐色。前、后眼列几乎等宽。步足黄褐色。腹部背面浅黄色，具黑色圆斑和条状黑纹。外雌器的交媾腔分为两部分；交媾管极度缠绕。（图 31-12）

雄蛛：崀山尚未发现。

观察标本：1♀，湖南省新宁县崀山天生桥，2015 年 7 月 28 日，银海强、周兵、甘佳慧、龚玉辉、柳旺、曾晨、陈卓尔采。

地理分布：中国 [湖南（崀山、城步、绥宁、宜章、靖县），海南，云南，广东，广西，重庆]，爪哇，日本，印度尼西亚，印度。

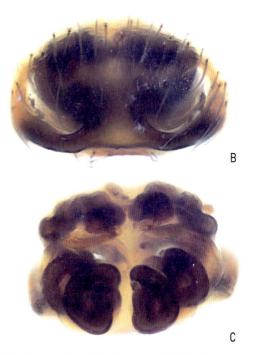

A.雌性外形，背面观 Female habitus, dorsal　B.生殖厣 Epigynum　C.阴门 Vulva

▲图 31-12　黄带猎蛛 *Evarcha flavocincta*

胶跳蛛属 *Gelotia* Thorell, 1890

Gelotia Thorell, 1890: 164.

后中眼膨大或较小。外雌器具中脊或 2 对纳精囊。触肢器的跗舟后侧基部稍突出，部分种类具特别细长如注射器状的胫节突。

模式种：*Gelotia frenata* Thorell, 1890。

目前全球仅记载 10 种，其中中国 3 种，崀山 1 种。

● 针管胶跳蛛 *Gelotia syringopalpis* Wanless, 1984

Gelotia syringopalpis Wanless, 1984: 178, fig. 21A-I; Xie & Peng, 1995: 289, figs 1-5; Song & Li, 1997: 433, fig. 42A-D; Song, Zhu & Chen, 1999: 512, figs 297C-D, M-N, 326A; Yin et al., 2012: 1372, fig. 745a-e; Peng, 2020: 150, fig. 97a-e.

雌蛛：背甲黄褐色，中窝纵向，黑色。步足黄褐色，密被短刺。腹部背面淡黄色，具颜色稍深的斑纹。外雌器后缘的中部稍朝前方凹入；纳精囊 2 室，整体呈"北"字形。（图 31-13）

雄蛛：崀山尚未发现。

观察标本：1♀，湖南省新宁县崀山天一巷，2015 年 7 月 23 日；1♀，崀山辣椒峰，2015 年 7 月 26 日。标本均由银海强、周兵、甘佳慧、龚玉辉、柳旺、曾晨、陈卓尔采。

地理分布：中国［湖南（崀山、石门），广西，重庆］，婆罗洲，马来西亚，美国。

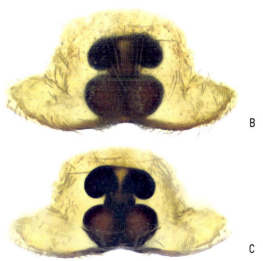

A.雌性外形，背面观 Female habitus, dorsal　B.生殖厣 Epigynum　C.阴门 Vulva

▲图 31-13　针管胶跳蛛 *Gelotia syringopalpis*

蛤莫蛛属 *Harmochirus* Simon, 1885

Harmochirus Simon, 1885: 441.

体小型。头胸部近似菱形，后眼列所在位置是头胸部最高最宽的部位，眼区占据了头胸部的 2/3，后眼列后方急剧倾斜。第I步足特别粗壮，腿节和膝节具扁平鳞片状毛。外雌器中部具有 1 钟形的兜状结构。触肢器通常具有粗大的胫节突，插入器长。

模式种：*Ballus brachiatus* Thorell, 1877。

目前该属全球共记载 11 种，其中中国记载 3 种。崀山 1 种。

●鳃蛤莫蛛 *Harmochirus brachiatus* (Thorell, 1877)

Ballus brachiatus Thorell, 1877: 626.

Harmochirus brachiatus Yin & Wang, 1979: 30, fig. 7A–B; Song, Zhu & Li, 1993: 884, fig. 60A–C; Zhu & Zhang, 2011: 482, fig. 348A–C; Yin et al., 2012: 1373, fig. 746a–l; Peng, 2020: 157, fig. 101a–m.

雌蛛：背甲黑色，头区具有长的灰色毛。第 I 步足粗壮，尤其是腿节和胫节。腹部灰黑色，腹部前半部两侧各有 1 条白色弧形斑纹，腹部背面靠后具 1 白色横纹。外雌器正中具有 1 钟形兜；交媾管缠绕，靠近交媾孔一段扭曲成"S"形。（图 31-14）

A.雌性外形，背面观 Female habitus, dorsal　B.第 I 步足，后侧面观 leg I, retrolateral　C.生殖厣 Epigynum　D.阴门 Vulva

▲图 31-14　鳃蛤莫蛛 *Harmochirus brachiatus*

雄蛛:腹部褐色,其他一般特征基本同雌蛛。触肢器的插入器起始于生殖球9时针点的位置,顺时针旋转约1.25圈,远端指向12时针点的位置。(图31-15)

观察标本:1♀1♂,湖南省新宁县崀山天一巷(后门),2015年7月25日,银海强、周兵、甘佳慧、龚玉辉、柳旺、曾晨、陈卓尔采。

地理分布:中国〔湖南(崀山、张家界、绥宁、炎陵、城步、龙山、宜章),贵州,浙江,福建,云南,河南,广东,广西,台湾,重庆〕,印度,越南,印度尼西亚,不丹,澳大利亚,日本,孟加拉国,韩国,泰国,马来西亚。

A.雄性外形,背面观 Male habitus, dorsal B.触肢器,前侧观 Palp, prolateral
C.同上,腹面观 Ditto, ventral D.同上,后侧观 Ditto, retrolateral

▲图31-15 鳃蛤莫蛛 *Harmochirus brachiatus*

翘蛛属 *Irura* Peckham & Peckham, 1901

Irura Peckham & Peckham, 1901: 227.

体中型。头胸部后端收缩、急剧倾斜，眼区梯形，后眼列明显比前眼列宽。第 I 步足最长、最粗。外雌器轻微角质化，半透明，纳精囊具 2 室或分室不明显。触肢器的跗舟后侧基部具突起，跗舟和胫节相连处具 1 膜状结构。

模式种：*Irura pulchra* Peckham & Peckham, 1901。

目前全球该属共记载 16 种，其中中国记载 12 种。崀山 1 种。

●长螯翘蛛 *Irura longiochelicera* (Peng & Yin, 1991)

Kinhia longiochelicera Peng & Yin, 1991: 43, fig. 5A-K.

Iura longiochelicera Peng et al., 1993: 101, figs 323-333; Song, Zhu & Chen, 1999: 532, figs 301L, 302A, 326M; Yin et al., 2012: 1386, fig. 753a-k; Peng, 2020: 189, fig. 126a-k.

雌蛛：背甲红褐色，被白毛，头区颜色更深。第 I 步足红褐色，其余步足黄褐色。腹部卵形，背面正中具有红褐色点状斑及褐色山形纹，两侧具斜纹。外雌器的纳精囊分前、后 2 室，2 室大小悬殊。（图 31-16）

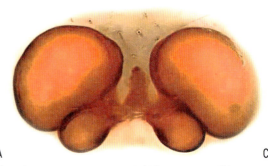

A.雌性外形，背面观 Female habitus, dorsal   B.生殖厣 Epigynum   C.阴门 Vulva

▲ 图 31-16   长螯翘蛛 *Irura longiochelicera*

雄蛛：腹部背面颜色比雌蛛深，被鳞状毛，具有金属光泽。触肢器结构简单，插入器短，跗舟后侧突短。（图31-17）

观察标本：4♀5♂，湖南省新宁县崀山天一巷，2015年7月23日；9♀4♂，崀山天一巷（后门），2015年7月25日；1♀，崀山辣椒峰，2015年7月26日；2♀，崀山骆驼峰，2015年7月27日；2♀，崀山辣椒峰（后门），2015年7月27日；7♀3♂，崀山天生桥，2015年7月28日；3♀1♂，崀山紫霞峒，2015年7月28日，以上标本由银海强、周兵、甘佳慧、龚玉辉、柳旺、曾晨、陈卓尔采。2♀，崀山天一巷，2014年11月22日；1♀，崀山紫霞峒，2014年11月26日，以上标本由银海强、王成、周兵、龚玉辉、甘佳慧采。

地理分布：中国［湖南（崀山、攸县、张家界、新宁、宜章、衡阳），福建，云南］。

A

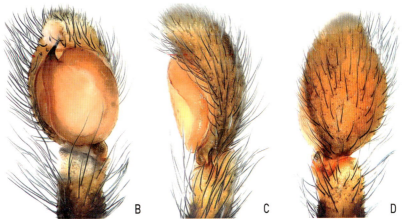

B　　　C　　　D

A 雄性外形，背面观 Male habitus, dorsal　B.触肢器，腹面观 Palp, ventral
C.同上，后侧观 Ditto, retrolateral l　D.同上，背面观 Ditto, dorsal.

▲图 31-17　长螯翘蛛 *Irura longiochelicera*

蚁蛛属 *Myrmarachne* MacLeay, 1839

Myrmarachne MacLeay, 1839: 11.

体中、小型，形似蚂蚁。头胸部狭长，头部与胸部分界十分明显。外形背面观，腹柄清晰可见。步足色浅且瘦弱，第 I、II 步足与第 III、IV 步足之间相隔距离远。雄蛛的螯肢特别发达。雌蛛的触肢远端扁平。

模式种：*Myrmarachne melanocephala* MacLeay, 1839。

目前全球该属共加载 183 种，其中中国记载 24 种。崀山 3 种。

●吉蚁蛛 *Myrmarachne gisti* Fox, 1937

Myrmarachne gisti Fox, 1937: 13, figs 4, 9, 12, 14; Yin & Wang, 1979: 36, fig. 19A–D; Song, Zhu & Chen, 1999: 535, figs 304N–P, 305A–B; Zhu & Zhang, 2011: 490, fig. 355A–D; Yin et al., 2012: 1408, fig. 765a–j. Peng, 2020: 239, fig. 164a–j.

雌蛛：头区隆起，黑褐色；胸区红褐色。腹部浅褐色，背面具黑色斑纹。外雌器的交媾腔大；纳精囊 1 对，相互紧靠；交媾管细长，扭曲。（图 31-18）

A. 雌性外形，背面观 Female habitus, dorsal　B. 生殖厣 Epigynum　C. 阴门 Vulva

▲图 31-18　吉蚁蛛 *Myrmarachne gisti*

雄蛛：螯肢粗壮。触肢器的跗舟远端略显宽钝，插入器顺时针方向旋转约 2 圈，末端尖。（图 31-19）

观察标本：1 ♂，湖南省新宁县崀山天一巷，2015 年 7 月 23 日；1 ♀，崀山紫霞峒，2015 年 7 月 28 日。以上标本由银海强、周兵、甘佳慧、龚玉辉、柳旺、曾晨、陈卓尔采。

地理分布：中国［湖南（崀山），浙江，福建，广东，陕西，山东，安徽，河南，江苏，云南，四川，吉林，贵州，重庆，山西，河北］，韩国，独联体，保加利亚，日本，越南。

A 雄性外形，背面观 Male habitus, dorsal; B 螯肢，后面观 chelicera, posterior　C.触肢器，腹面观 Palp, ventral　D.同上，后侧观 Ditto, retrolateral　E.同上，背面观 Ditto, dorsal

▲图 31-19　吉蚁蛛 *Myrmarachne gisti*

●无刺蚁蛛 *Myrmarachne inermichelis* Bösenberg & Strand, 1906

Myrmarachne inermichelis Bösenberg & Strand, 1906: 329, pl. 9, fig. 128, pl. 14, fig. 382; Peng, 2020: 243, fig. 167a–d.

雌蛛：背甲黑褐色，被稀疏的白毛。腹部卵形，背面前半部比后半部颜色浅，前半部具1对白斑。外雌器具大的交媾腔；交媾管缠绕，但在与交媾腔相接的一段左右两管大约纵向平行。（图31-20）

A. 雌性外形，背面观 Female habitus, dorsal　B. 生殖厣 Epigynum　C. 阴门 Vulva

▲图 31-20　无刺蚁蛛 *Myrmarachne inermichelis*

雄蛛：头区黑色，胸区红褐色。螯肢发达。腹部瘦小，背面前端褐色，中后端近乎黑色。触肢器的插入器顺时针方向旋转大约 2 周；胫节突分叉，1 叉钩状，1 叉宽钝。（图 31-21）

观察标本：1♀，湖南省新宁县崀山天一巷（后门），2015 年 7 月 25 日；2♀1♂，崀山天生桥，2015 年 7 月 28 日，银海强、周兵、甘佳慧、龚玉辉、柳旺、曾晨、陈卓尔采。

地理分布：中国 [湖南（崀山），台湾]，俄罗斯，韩国，日本。

A.雄性外形，背面观 Male habitus, dorsal   B.螯肢，后面观 Chelicera, posterior   C.触肢器，腹面观 Palp, ventral

▲图 31-21   无刺蚁蛛 *Myrmarachne inermichelis*

●**卢格蚁蛛** *Myrmarachne lugubris* (Kulczyński, 1895)

Salticus lugubris Kulczyński, 1895: 46, pl. 2, figs 1–5.

Myrmarachne lugubris Simon, 1901: 503; Song, Zhu & Chen, 1999: 536, fig. 305E, Q; Peng, 2020: 248, fig. 172a–d.

雌蛛：背甲黑褐色，被白毛。腹部卵圆形，褐色，覆白毛，背面近前端有 1 条浅色环纹。外雌器后缘中央朝前凹入；交媾腔大，分为 2 部分；受精管起源于纳精囊前方，朝外侧延伸。（图 31-22）

观察标本：5♀，湖南省新宁县崀山天一巷，2015年 7 月 23 日；2♀，崀山天一巷（后门），2015 年 7 月 25 日；1♀，崀山天生桥，2015 年 7 月 28 日，银海强、周兵、甘佳慧、龚玉辉、柳旺、曾晨、陈卓尔采。1♀，崀山天一巷，2014 年 11 月 21 日；2♀，崀山天一巷，2014 年 11 月 22 日，银海强、王成、周兵、龚玉辉、甘佳慧采。

地理分布：中国［湖南（崀山、长沙、张家界、炎陵、安化），湖北，贵州，浙江，青海，广东，北京，吉林，安徽，四川，河南，陕西，山西，山东，新疆，甘肃］，韩国，芬兰，保加利亚，独联体，日本，俄罗斯。

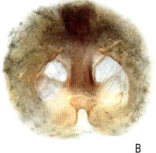

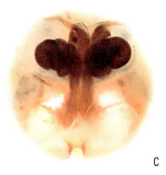

A.雌性外形，背面观 Female habitus, dorsal　B.生殖厣 Epigynum　C.阴门 Vulva

▲图 31-22　卢格蚁蛛 *Myrmarachne lugubris*

盘蛛属 *Pancorius* Simon, 1902

Pancorius Simon, 1902: 411.

体中型。背甲隆起。外雌器具2个兜,纳精囊通常分2～3室,交媾管短。触肢器结构简单,插入器起始于生殖球前侧面。

模式种: *Ergane dentichelis* Simon, 1899。

目前该属全球已记载38种,其中中国记载10种。崀山1种。

●粗脚盘蛛 *Pancorius crassipes* (Karsch, 1881)

Plexippus crassipes Karsch, 1881: 38.

Evarcha crassipes Prószyński & Starega, 1971: 272; Peng et al., 1993: 65, figs 179–183; Song, Zhu & Chen, 1999: 510, fig. 293N.

Pancorius crassipes Logunov & Marusik, 2001: 150; Yin et al., 2012: 1419, fig. 772a–e; Peng, 2020: 269, fig. 189a–e.

雌蛛: 背甲褐色,胸区正中以及两侧具有由白毛覆盖而成的纵带。腹部长卵形,背面灰黑色,正中有1条浅黄纵带。外雌器具中隔,纳精囊拳头状,彼此相距近。(图 31-23)

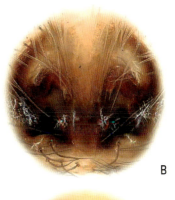

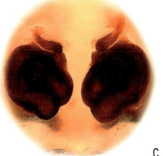

A.雌性外形,背面观Female habitus, dorsal　B.生殖厣Epigynum　C.阴门Vulva

▲图 31-23　粗脚盘蛛 *Pancorius crassipes*

雄蛛：背甲红褐色，正中以及两侧具有由白毛覆盖而成的纵带。腹部长卵形，背面灰黑色，正中有 1 条浅黄纵带。触肢器跗舟顶部较宽，插入器弯曲，基部具膜质突起。（图 31-24）

观察标本：2♀1♂，湖南省新宁县崀山八角寨，2015 年 7 月 22 日；1♀，崀山辣椒峰，2015 年 7 月 26 日；1♀，崀山紫霞峒，2015 年 7 月 28 日，银海强、周兵、甘佳慧、龚玉辉、柳旺、曾晨、陈卓尔采。3♀，崀山飞廉洞口，2014 年 11 月 23 日，银海强、王成、周兵、龚玉辉、甘佳慧采。

地理分布：中国［湖南（崀山、绥宁、武陵源、城步、龙山），湖北，贵州，福建，四川，广东，广西，台湾，重庆］，引进至波兰，越南，日本。

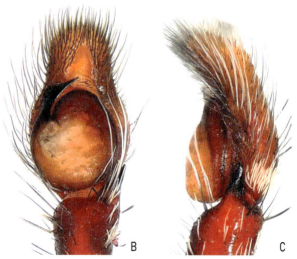

A 雄性外形，背面观 Male habitus, dorsal B.触肢器，腹面观 Palp, ventral
C.同上，后侧观 Ditto, retrolateral

▲图 31-24　粗脚盘蛛 *Pancorius crassipes*

金蝉蛛属 *Phintella* Strand, in Bösenberg & Strand, 1906

Phintella Strand, in Bösenberg & Strand, 1906: 333.

体小型。眼区约占背甲的 1/2，腹部背面通常具有金属光泽。雄蛛螯肢通常螯基长而弯曲，螯爪细长。纳精囊后位，通常梨形或球形；交媾管短。触肢器结构简单，生殖球通常具有隆起或片状结构与插入器伴行。

模式种：*Telamonia bifurcilinea* Bösenberg & Strand, 1906。

目前该属全球已记载 63 种，其中中国 30 种。崀山 4 种。

●花腹金蝉蛛 *Phintella bifurcilinea* (Bösenberg & Strand, 1906)

Telamonia bifurcilinea Bösenberg & Strand, 1906: 331, pl. 9, fig. 153; pl. 13, fig. 357; Song, 1980: 206, fig. 115a–g; Hu, 1984: 391, fig. 409.1–7.

Icius pupus Prószyński, 1973b: 114, figs 44–46.

Phintella bifurcilinea Prószyński, 1983b: 7, figs 1–11; Song, 1987: 307, fig. 263; Song, Zhu & Li, 1993: 885, fig. 61A–E; Yin et al., 2012: 1427, fig. 777a–h; Peng, 2020: 297, fig. 212a–g.

雌蛛：背甲褐色，后眼列后缘有 1 条浅色横带。腹部背面浅褐色，具有浅黄色斑纹，腹背前沿中央稍凹陷。外雌器简单，纳精囊球形；受精管宽扁，叶片状，起源于纳精囊前缘内侧；交媾管位于纳精囊腹面，短而弯曲。（图 31-25）

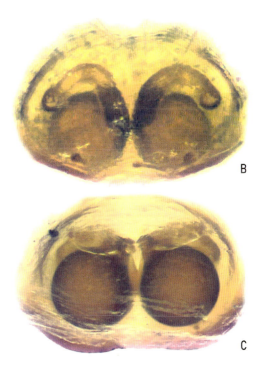

A. 雌性外形，背面观 Female habitus, dorsal B. 生殖厣 Epigynum C. 阴门 Vulva

▲图 31-25 花腹金蝉蛛 *Phintella bifurcilinea*

雄蛛：体色暗于雌蛛。触肢器狭长，胫节突末端弯曲呈喙状；生殖球基部向下延伸至胫节中部；插入器极其短小。（图31-26）

观察标本：1♀，湖南省新宁县崀山八角寨，2015年7月22日；3♀，崀山天生桥，2015年7月28日；2♀，崀山紫霞峒，2015年7月28日，银海强、周兵、甘佳慧、龚玉辉、柳旺、曾晨、陈卓尔采。4♀8♂，贵州省榕江县平阳乡小丹江村，2017年7月23日，王成、刘天俊、李凤娥、田贵杰、刘洪采。

地理分布：中国［湖南（崀山、石门），湖北，贵州，浙江，广东，福建，四川，云南，重庆］，越南，韩国，日本。

A雄性外形，背面观 Male habitus, dorsal　B.触肢器，前侧观 Palp, prolateral
C.同上，腹面观 Ditto, ventral　D.同上，后侧观 Ditto, retrolateral

▲图31-26　花腹金蝉蛛 *Phintella bifurcilinea*

●**卡氏金蝉蛛** *Phintella cavaleriei* (Schenkel, 1963)

Dexippus cavaleriei Schenkel, 1963: 454, fig. 258a–e.

Phintella cavaleriei Prószyński, 1983: 6; Chen & Gao, 1990: 189, fig. 241a–b; Peng et al., 1993: 154, figs 532–539; Zhu & Zhang, 2011: 494, fig. 359A–D; Peng, 2020: 299, fig. 213a–h.

雌蛛：背甲深黄色，胸区后缘具有黑斑。腹部背面灰黄色，散生褐色斑，末端正中具有1黑色圆斑。外雌器交媾孔圆形，彼此相距较远；纳精囊球形；交媾管短，稍朝内侧弯曲。（图31-27）

观察标本：1♀，湖南省新宁县崀山天一巷，2015年7月21日；2♀，崀山天一巷，2015年7月23日；10♀，崀山天一巷（后门），2015年7月23日；3♀，崀山辣椒峰，2015年7月26日；5♀，崀山骆驼峰，2015年7月27日；1♀，崀山辣椒峰（后门），2015年7月27日；4♀，崀山天生桥，2015年7月28日，银海强、周兵、甘佳慧、龚玉辉、柳旺、曾晨、陈卓尔采。

地理分布：中国［湖南（崀山、石门、衡阳），湖北，贵州，江西，福建，浙江，广西，甘肃，四川］，韩国。

A. 雌性外形，背面观 Female habitus, dorsal   B. 生殖厣 Epigynum   C. 阴门 Vulva

▲图 31-27　卡氏金蝉蛛 *Phintella cavaleriei*

●极美丽金蝉蛛 *Phintella pulcherrima* Huang, Wang & Peng, 2015

Phintella pulcherrima Huang, Wang & Peng, 2015: 35, figs 8A–C, 9A–C, 10A–D.

雌蛛: 头区黄褐色,各眼周边多毛,后侧眼之间具有大型黑斑;胸区黄色,在向后方倾斜的临界部位具有由黑毛形成的横条纹。步足色浅。腹部黄色,背面具5块极其醒目的白斑,白斑周围具有黑斑,腹背末端正中具有1黑斑。外雌器后边缘角质化增厚;交媾管短,位于纳精囊的腹面;受精管起源于纳精囊前端的内侧,朝外侧横向延伸。(图31-28)

A.雌性外形,背面观Female habitus, dorsal　B.生殖厣Epigynum　C.阴门Vulva

▲图31-28　极美丽金蝉蛛 *Phintella pulcherrima*

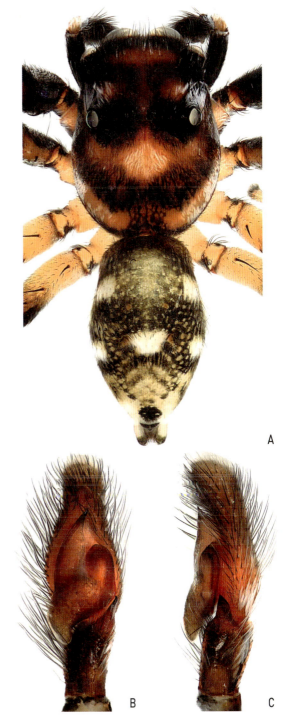

雄蛛：体色比雌蛛深。中窝后方具有1扇形斑纹，其上被有白色细毛。其他一般特征大致同雌蛛。触肢器腹面观，胫节突远端尖而稍弯曲，插入器短；后侧面观，胫节突三角形；生殖球膨胀延伸，明显超过跗舟基部位置。（图31-29）

观察标本：1♂，湖南省新宁县崀山天一巷，2015年7月23日；1♀，崀山天一巷（后门），2015年7月25日；1♀，崀山紫霞峒，2015年7月28日，银海强、周兵、甘佳慧、龚玉辉、柳旺、曾晨、陈卓尔采。

地理分布：中国［湖南（崀山、石门），贵州］。

A 雄性外形，背面观 Male habitus, dorsal　B.触肢器，腹面观 Palp, ventral
C.同上，后侧观 Ditto, retrolateral

▲ 图31-29　极美丽金蝉蛛 *Phintella pulcherrima*

● 武陵金蝉蛛 *Phintella wulingensis* Huang, Wang & Peng, 2015

Phintella wulingensis Huang, Wang & Peng, 2015: 38, figs 11A–C, 12A–B (Df).

雌蛛：背甲黄色，头区方正，中窝短。腹部背面色浅，具少许黑褐色斑纹。外雌器宽略大于长，结构非常简单，纳精囊圆球形，相互靠近；交媾管相接于纳精囊的前缘稍靠外侧的位置。（图 31-30）

雄蛛：尚未发现。

观察标本：1♀，湖南省新宁县崀山八角寨，2015 年 7 月 22 日；1♀，崀山紫霞峒，2015 年 7 月 28 日，银海强、周兵、甘佳慧、龚玉辉、柳旺、曾晨、陈卓尔采。

地理分布：中国 [湖南（崀山、石门），贵州]。

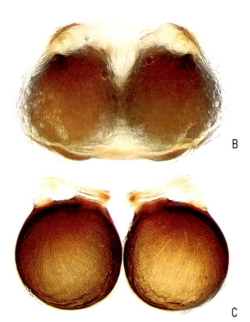

A.雌性外形，背面观 Female habitus, dorsal   B.生殖厣 Epigynum   C.阴门 Vulva

▲ 图 31-30   武陵金蝉蛛 *Phintella wulingensis*

蝇虎属 *Plexippus* C. L. Koch, 1846

Plexippus C. L. Koch, 1846: 107.

体中型。头胸部高而隆起。后中眼居中，眼域长不到头胸部长的1/2。腹部背部通常具有1显著的中央纵纹。外雌器中央通常有1或长或短的纵沟，沟前缘有兜状结构；纳精囊呈球形或梨形；交媾管粗短。触肢器宽扁，生殖球前侧方位通常朝外侧延伸扩展，其边缘超出跗舟边缘。

模式种：*Attus paykullii* Audouin, 1826。

目前该属全球已记载44种，其中中国记载6种。崀山1种。

●条纹蝇虎 *Plexippus setipes* Karsch, 1879

Plexippus setipes Karsch, 1879: 89; Plexippus setipes Yin & Wang, 1979: 37, fig. 22A–E; Wang, 1981: 136, fig. 76A–C; Guo, 1985: 183, figs 2–106.1–3; Song, 1987: 301, fig. 257; Chen & Zhang, 1991: 297, figs 313.1–4; Peng et al., 1993: 185, figs 646–652; Song, Zhu & Chen, 1999: 541, figs 311I, 312D, 328N; Peng & Li, 2003b: 755, fig. 4A–F; Zhu & Zhang, 2011: 503, fig. 367A–E; Yin et al., 2012: 1443, fig. 788a–f; Peng, 2020: 340, fig. 244a–f.

雌蛛：头胸部隆起，背甲褐色，眼区黑色。腹部黄褐色，背面有很多颜色稍深的小斑点以及2对褐色小斑点，正中有1宽的纵向浅色条带。纳精囊圆形，彼此相距一个纳精囊宽度，交媾管中间部位相距较近，两端相距较远，左右交媾管整体上约呈"X"形。（图31-31）

A.雌性外形，背面观Female habitus, dorsal　B.生殖厣Epigynum　C.阴门Vulva

▲图31-31　条纹蝇虎 *Plexippus setipes*

雄蛛：头区黑色，中窝后方黄色，后侧眼后方深褐色，胸区两侧具有由白色毛形成的纵纹。腹部背面正中带黄白色，侧纵带褐色。触肢器的跗舟密被长毛；插入器基部异常膨大，朝外侧延伸，其外侧缘超出跗舟边缘，且外侧缘有小锯齿。（图31-32）

观察标本：1♀，湖南省新宁县崀山天一巷，2015年7月23日；1♂，崀山天生桥，2015年7月28日，银海强、周兵、甘佳慧、龚玉辉、柳旺、曾晨、陈卓尔采。1♀1♂，崀山天一巷，2014年11月22日，银海强、王成、周兵、龚玉辉、甘佳慧采。

地理分布：中国〔湖南（崀山、石门、岳阳），湖北，江西，浙江，江苏，上海，安徽，四川，福建，云南，陕西，河南，河北，广东，广西，山东，山西，甘肃，新疆，香港，重庆〕，土库曼斯坦，越南，韩国，日本，泰国。

A.雄性外形，背面观 Male habitus, dorsal B.触肢器，前侧观 Palp, prolateral
C.同上，腹面观 Ditto, ventral D.同上，后侧观 Ditto, retrolateral

▲图31-32 条纹蝇虎 *Plexippus setipes*

孔蛛属 *Portia* Karsch, 1878

Portia Karsch, 1878: 774.

体中型。后中眼与前侧眼近等大。体表多被细毛，通常有颜色的毛形成彩色斑纹。外雌器腹面密被毛，交媾腔不明显，纳精囊大。触肢器的胫节突复杂；跗舟后侧面基部具突起；插入器通常起源于生殖球 11—1 点时针位置。

模式种：*Portia schultzi* Karsch, 1878。

目前该属全球已记载 17 种，主要分布在亚洲，其中中国记载 10 种。崀山 1 种。

●台湾孔蛛 *Portia taiwanica* Zabka, 1985

Portia taiwanica Zhang & Li, 2005: 226, fig. 4A–G; Peng, 2020: 353, fig. 253a–e.

雌蛛：背甲褐色，除前中眼外，其余眼的基部黑色。腹部背面黑褐色，密被灰褐色毛，腹背有 5 个黄褐色圆斑。外雌器后缘向后方延伸，形成 1 对乳状突起；交媾腔裂缝状；纳精囊大，左右紧密相接。（图 31-33）

观察标本：1♀，湖南省新宁县崀山天一巷（后门），2015 年 7 月 25 日；1♀，崀山骆驼峰，2015 年 7 月 27 日，银海强、周兵、甘佳慧、龚玉辉、柳旺、曾晨、陈卓尔采。

地理分布：中国［湖南（崀山），台湾］。

A.雌性外形，背面观 Female habitus, dorsal　B.生殖厣 Epigynum　C.阴门 Vulva

▲图 31-33　台湾孔蛛 *Portia taiwanica*

兜跳蛛属 *Ptocasius* Simon, 1885

Ptocasius Simon, 1885: 35.

体中、小型。体色通常暗。外雌器腹面观，具2角质化帽兜状结构，交媾管长而盘绕复杂。触肢器的插入器通常较细长；生殖球隆起，朝胫节方向延伸。

模式种：*Ptocasius weyersi* Simon, 1885。

目前该属全球已记载52种，其中中国21种。崀山1种。

● **毛垛兜跳蛛** *Ptocasius strupifer* Simon, 1901

Ptocasius strupifer Simon, 1901: 65; Chen & Zhang, 1991: 317, figs 337.1–5; Peng et al., 1993: 196, figs 688–694; Peng, Tso & Li, 2002: 9, figs 36–42; Zhu & Zhang, 2011: 509, fig. 373A–D; Yin et al., 2012: 1456, fig. 793a–g; Peng, 2020: 379, fig. 275a–g.

雌蛛：头胸部高且隆起，背甲暗褐色。腹部背面褐色与白色横条纹交替排列。外雌器交媾腔的前缘中部向后方延伸形成中隔将腔分成2部分；中部2个帽兜状结构水平对称分布；交媾管很长，扭曲复杂，通向交媾腔之前的一段管腔粗大。（图31-34）

A.雌性外形，背面观Female habitus, dorsal　B.生殖厣Epigynum　C.阴门Vulva

▲图31-34　毛垛兜跳蛛 *Ptocasius strupifer*

雄蛛： 体色比雌蛛的更深，背甲漆黑，其他一般特征同雌蛛。触肢器的插入器起始于生殖球前侧面的基部，插入器基部较粗，顺时针方向延伸约半圈，末端尖细；生殖球显著隆起朝胫节方向延伸。（图31-35）

观察标本： 1♂，湖南省新宁县崀山天一巷，2015年7月21日；2♀2♂，崀山八角寨，2015年7月22日；1♀，崀山天一巷，2015年7月23日；1♀5♂，崀山天一巷（后门），2015年7月25日；2♀1♂，崀山辣椒峰，2015年7月26日；1♀2♂，崀山骆驼峰，2015年7月27日；3♀4♂，崀山辣椒峰（后门），2015年7月27日；1♀，崀山天生桥，2015年7月28日，银海强、周兵、甘佳慧、龚玉辉、柳旺、曾晨、陈卓尔采。

地理分布： 中国［湖南（崀山、湘阴、石门、张家界、衡阳、城步、炎陵、宜章、绥宁），云南，福建，浙江，海南，广西，香港，台湾，重庆］，越南。

A 雄性外形，背面观 Male habitus, dorsal　B.触肢器，前侧观 Palp, prolateral
C.同上，后侧观 Ditto, retrolateral

▲ 图 31-35　毛垛兜跳蛛 *Ptocasius strupifer*

翠蛛属 *Siler* Simon, 1889

Siler Simon, 1889: 250.

体中、小型。体表具金属光泽，眼区占背甲的1/2。雄蛛第Ⅰ步足胫节腹面具毛刷，由深褐色长而密集的毛组成。外雌器结构简单，纳精囊球形，交媾管短。触肢器胫节突通常粗大；插入器短；生殖球后方膨大、向胫节方向延伸。

模式种：*Siler cupreus* Simon, 1889。

该属分布于东亚和东南亚，目前已记载11种，其中中国6种。崀山1种。

●蓝翠蛛 *Siler cupreus* Simon, 1889

Siler cupreus Simon, 1889: 250; Simon, 1903: 853, figs 1004–1006; Song, Zhu & Chen, 1999: 558, figs 315K–L, 316B, 329L; Zhu & Zhang, 2011: 514, fig. 378A–E; Yin et al., 2012: 1469, fig. 800a–f; Peng, 2020: 406, fig. 296a–f.

雌蛛：背甲棕色至深褐色，被蓝白色细毛，活体具金属光泽。腹部土黄色，被细毛，背面靠后端和末端具褐色横纹。外雌器简单，纳精囊长大于宽，前半部窄于后半部。（图31-36）

观察标本：1♀，湖南省新宁县崀山天一巷，2015年7月21日；1♀，崀山八角寨，2015年7月22日；2♀，崀山天一巷（后门），2015年7月25日；1♀，崀山辣椒峰（后门），2015年7月27日；1♀，崀山天生桥，2015年7月28日，银海强、周兵、甘佳慧、龚玉辉、柳旺、曾晨、陈卓尔采。

地理分布：中国［湖南（崀山、石门、武陵源、张家界、宜章、城步），湖北，贵州，浙江，江苏，陕西，福建，山东，广西，台湾，山西，四川］，韩国，日本，尼泊尔。

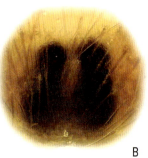
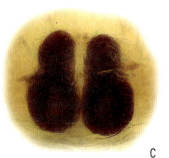

A.雌性外形，背面观 Female habitus, dorsal　B.生殖厴 Epigynum　C.阴门 Vulva

▲图31-36　蓝翠蛛 *Siler cupreus*

莎茵蛛属 *Thyene* Simon, 1885

Thyene Simon, 1885: 10.

体中、小型。体色较为鲜艳。前眼列强后曲。外雌器交媾管长，盘绕复杂。触肢器生殖球近圆形，插入器细长，通常绕生殖球1圈以上。

模式种：*Attus imperialis* Rossi, 1846。

目前该属全球已记载46种，其中中国记载6种。崀山1种。

●东方莎茵蛛 *Thyene orientalis* Zabka, 1985

Thyene orientalis Zabka, 1985: 454, figs 632–635; Peng et al., 1993: 244, figs 869–873; Xie & Peng, 1995: 107, fig. 6A–E; Song & Li, 1997: 442, fig. 53A–D; Song, Zhu & Chen, 1999: 562, figs 321M–N, 330H; Yin et al., 2012: 1497, fig. 817a–d; Peng, 2020: 484, fig. 356a–e.

雌蛛：背甲棕色，后缘黑色，中窝后端具1浅色纵带。腹部卵圆形，背面米白色，具有大型浅褐色斑纹。外雌器交媾腔大，前位，前缘正中向后方显著延伸；交媾管粗而长，扭曲情形复杂。（图31-37）

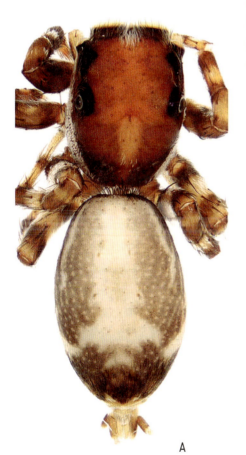

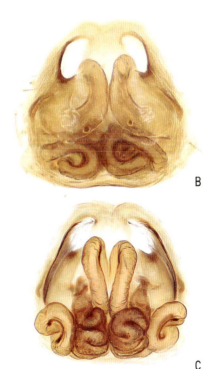

A.雌性外形，背面观 Female habitus, dorsal   B.生殖厣 Epigynum   C.阴门 Vulva

▲图31-37　东方莎茵蛛 *Thyene orientalis*

雄蛛：腹部明显比头胸部瘦小，其余一般特征同雌蛛。触肢器的插入器起源于生殖球大约 4 点时针位置，盘绕生殖球大约 1 圈半；胫节突指状。（图 31-38）

观察标本：1♀1♂，湖南省新宁县崀山骆驼峰，2015 年 7 月 27 日，银海强、周兵、甘佳慧、龚玉辉、柳旺、曾晨、陈卓尔采。

地理分布：中国 [湖南（崀山、城步）]，越南，日本。

A

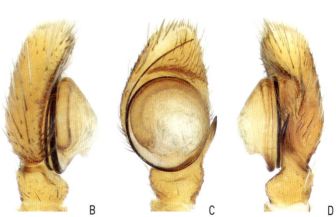

B   C   D

A 雄性外形，背面观 Male habitus, dorsal   B.触肢器，前侧观 Palp, prolateral
C.同上，腹面观 Ditto, ventral   D.同上，后侧观 Ditto, retrolateral

▲图 31-38   东方莎茵蛛 *Thyene orientalis*

附录

中文名索引

拉丁名索引

参考文献

1. 陈孝恩，高君川.四川农田蜘蛛彩色图册[M].成都：四川科学技术出版社，1990.

2. 陈樟福，张贞华.浙江动物志：蜘蛛类[M].杭州：浙江科学技术出版社，1991.

3. 冯钟琪.中国蜘蛛原色图鉴[M].长沙：湖南科学技术出版社，1990.

4. 何秉妍，陈卓尔，徐湘，银海强.湖南崀山国家地质公园蜘蛛区系研究（蛛形纲:蜘蛛目）[J].四川动物，2018（3）：331-342.

5. 胡金林.中国农林蜘蛛[M].天津：天津科学技术出版社，1984.

6. 李枢强，林玉成.中国生物物种名录：第二卷 动物 无脊椎动物（I）蛛形纲 蜘蛛目[M].北京：科学出版社，2016.

7. 彭贤锦.中国动物志 无脊椎动物 蛛形纲 蜘蛛目 跳蛛科[M].北京：科学出版社，2020.

8. 彭贤锦，谢莉萍.中国跳蛛[M].长沙：湖南师范大学出版社，1993.

9. 宋大祥.中国农区蜘蛛[M].北京：农业出版社，1987.

10. 宋大祥，朱明生.中国动物志 无脊椎动物 蛛形纲 蜘蛛目 蟹蛛科 逍遥蛛科[M].北京：科学出版社，1997.

11. 宋大祥，朱明生，陈健.中国蜘蛛[M].石家庄：河北科学技术出版社，1999.

12. 宋大祥，朱明生，陈健.河北动物志：蜘蛛类[M].石家庄：河北科学技术出版社，2001.

13. 宋大祥，朱明生，张锋.中国动物志 无脊椎动物 蛛形纲 蜘蛛目 平腹蛛科[M].北京：科学出版社，2004.

14. 尹长民.中国动物志 无脊椎动物 蛛形纲 蜘蛛目 园蛛科[M].北京：科学出版社，1997.

15. 尹长民，彭贤锦，颜亨梅，等.湖南动物志：蜘蛛类[M].长沙：湖南科学技术出版社，2012.

16. 尹长民，王家福.中国蜘蛛：园蛛科、漏斗蛛科新种及新记录种 100 种(蛛形纲 蜘蛛目)[M].长沙：湖南师范大学出版社，1990.

17. 张志升，王露雨.中国蜘蛛生态大图鉴[M].重庆：重庆大学出版社，2017.

18. 中国科学院生物多样性委员会.中国生物物种名录[EB/OL]. http://www.sp2000.org.cn/browse/browse_taxa.

19. 朱明生.中国动物志 无脊椎动物 蛛形纲 蜘蛛目 球蛛科[M].北京：科学出版社，1998.

20. 朱明生，宋大祥，张俊霞.中国动物志 无脊椎动物 蛛形纲 蜘蛛目 肖蛸科[M].北京：科学出版社，2003.

21. 朱明生，王新平，张志升.中国动物志 无脊椎动物 蛛形纲 蜘蛛目 漏斗蛛科和暗蛛科[M].北京：科学出版社，2017.

22. 朱明生，张保石.河南动物志：蜘蛛类[M].北京：科学出版社，2021.

23. Álvarez-Padilla, A., Kallal, R. J. & Hormiga, G. (2020). Taxonomy and phylogenetics of Nanometinae and other Australasian orb-weaving spiders (Araneae: Tetragnathidae). Bulletin of the American Museum of Natural History 438: 1–107.

24. Archer, A. F. (1946). The Theridiidae or comb-footed spiders of Alabama. Museum Paper, Alabama Museum of Natural History 22: 1–67.

25. Archer, A. F. (1951). Studies in the orbweaving spiders (Argiopidae). 1. American Museum Novitates 1487: 1–52.

26. Ausserer, A. (1871). Beiträge zur Kenntniss der Arachniden-Familie der Territelariae Thorell (Mygalidae Autor). Verhandlungen der Kaiserlich-Königlichen Zoologisch-Botanischen Gesellschaft in Wien 21: 117–224, pl. I.

27. Bao, Y. H. & Yin, C. M. (2002). A new species of the genus *Mallinella* and a female supplement of M. maolanensis from China (Araneae: Zodariidae). Acta Zootaxonomica Sinica 27: 85–88.

28. Bao, Y. H. & Yin, C. M. (2004). Two new species of the genus *Coelotes* from Hunan Province (Araneae, Amaurobiidae). Acta Zootaxonomica Sinica 29: 455–457.

29. Barrion, A. T. & Litsinger, J. A. (1994). Taxonomy of rice insect pests and their arthropod parasites and predators.

In: Heinrichs, E. A. (ed.) Biology and Management of Rice Insects. Wiley Eastern, New Delhi, pp. 13–15, 283–359.

30. Bayer, S. (2012). The lace-sheet-weavers – a long story (Araneae: Psechridae: Psechrus). Zootaxa 3379: 1–170.

31. Benjamin, S. P. & Jaleel, Z. (2010). The genera *Haplotmarus* Simon, 1909 and *Indoxysticus* gen. nov.: two enigmatic genera of crab spiders from the Oriental region (Araneae: Thomisidae). Revue Suisse de Zoologie 117(1): 159–167.

32. Bertkau, P. (1872). Über die Respirationsorgane der Araneen. Archiv für Naturgeschichte 38: 208–233.

33. Bertkau, P. (1878). Versuch einer natürlichen Anordnung der Spinnen, nebst Bemerkungen zu einzelnen Gattungen. Archiv für Naturgeschichte 44: 351–410.

34. Blackwall, J. (1833). Characters of some undescribed genera and species of Araneidae. London and Edinburgh Philosophical Magazine and Journal of Science (3) 3: 104–112, 187–197, 344–352, 436–443.

35. Blackwall, J. (1859). Descriptions of newly discovered spiders captured by James Yate Johnson Esq., in the island of Madeira. Annals and Magazine of Natural History (3) 4(22): 255–267.

36. Blackwall, J. (1862). Descriptions of newly-discovered spiders from the island of Madeira. Annals and Magazine of Natural History (3) 9: 370–382.

37. Bösenberg, W. & Strand, E. (1906). Japanische Spinnen. Abhandlungen der Senckenbergischen Naturforschenden Gesellschaft 30: 93–422.

38. Cai, B. Q. (1993). A new species of the genus *Venonia* from China (Araneae: Lycosidae). Journal of Henan Normal University (Nat. Sci.) 21: 60–63.

39. Castanheira, P. de S., Baptista, R. L. C., Pizzetti, D. D. P. & Teixeira, R. A. (2019). Contributions to the taxonomy of the long-jawed orb-weaving spider genus *Tetragnatha* (Araneae, Tetragnathidae) in the Neotropical region, with comments on the morphology of the chelicerae. Zoosystematics and Evolution 95(2): 465–505.

40. Chamberlin, R. V. (1924). Descriptions of new American and Chinese spiders, with notes on other Chinese species. Proceedings of the United States National Museum 63(13): 1–38.

41. Chen, H. M., Zhang, J. X. & Song, D. X. (2003). A newly recorded species of the family Philodromidae from China (Arachnida: Araneae). Acta Arachnologica Sinica 12: 91–93.

42. Chen, J. (2017). A new synonym of *Prochora praticola* (Bösenberg & Strand, 1906) (Araneae: Miturgidae). Acta Arachnologica Sinica 26(1): 45.

43. Chen, J., Peng, J. B. & Zhao, J. Z. (1995). A new species of spider of the genus *Trachelas* from China (Araneae: Corinnidae). Acta Zootaxonomica Sinica 20: 161–164.

44. Chen, Q. J., Zhong, Y., Liu, J. & Chen, J. (2020). The spider genus *Prosoponoides* (Araneae: Linyphiidae) in China. Zootaxa 4786(1): 23–36.

45. Chen, S. H. (2007). Spiders of the genus *Hersilia* from Taiwan (Araneae: Hersiliidae). Zoological Studies 46: 12–25.

46. Chen, Y. F. (1991). Two new species and two new records of linyphiid spiders from China (Arneae [sic]: Linyphiidae). Acta Zootaxonomica Sinica 16: 163–168.

47. Chen, Z. E., He, B. Y., Yin, H. Q. & Xu, X. (2017). First description of the female of *Euryopis cyclosisa* Zhu & Song, 1997 (Araneae: Theridiidae). Acta Arachnologica Sinica 26(1): 30–34.

48. Chen, Z. F. (1984). A new species of spider of the genus *Nesticus* from China (Araneae: Nesticidae). Acta Zootaxonomica Sinica 9: 34–36.

49. Chen, Z. F. (1993). A new species of the genus *Achaearanea* from Zhejiang Province (Araneae: Theridiidae). Acta Zootaxonomica Sinica 18: 36–38.

50. Chen, Z. R., Yin, H. Q. & Xu, X. (2016). First description of the male of *Draconarius jiangyongensis* (Peng et al., 1996) (Araneae, Agelenidae). ZooKeys 601: 41–48.

51. Chikuni, Y. (1989). Pictorial encyclopedia of spiders in Japan. Kaisei-sha Publishing Co., Tokyo, 310 pp.

52. Clerck, C. (1757). Aranei Svecici. Svenska spindlar, uti sina hufvud-slågter indelte samt under några och sextio särskildte arter beskrefne och med illuminerade figurer uplyste. Laurentius Salvius, Stockholmiae〔= Stockholm〕, 154 pp.

53. Doleschall, L. (1857). Bijdrage tot de kennis der Arachniden van den Indischen Archipel. Natuurkundig Tijdschrift voor Nederlandsch-Indie 13: 339–434.

54. Dönitz, F. K. W. (1887). Über die Lebensweise zweier Vogelspinnen aus Japan. Sitzungsberichte der Gesellschaft Naturforschender Freunde zu Berlin 1887: 8–10.

55. Dufour, L. (1820). Descriptions de cinq arachnides nouvelles. Annales Générales des Sciences Physiques 5: 198–209.

56. Emerton, J. H. (1902). The common spiders of the United States. Boston, 225 pp.

57. Fomichev, A. A. (2020). New data on spiders (Arachnida, Aranei) from the caves of southwestern Siberia (Russia). Acta Biologica Sibirica 6: 429–436.

58. Fox, I. (1935). Chinese spiders of the family Lycosidae. Journal of the Washington Academy of Sciences 25: 451–456.

59. Fox, I. (1936). Chinese spiders of the families Agelenidae, Pisauridae and Sparassidae. Journal of the Washington Academy of Sciences 26: 121–128.

60. Fox, I. (1937). A new gnaphosid spider from Yuennan. Lingnan Science Journal 16: 247–248.

61. Fox, I. (1938). Notes on Chinese spiders chiefly of the family Argiopidae. Journal of the Washington Academy of Sciences 28: 364–371.

62. Gong, M. X. & Zhu, C. D. (1982). 〔Description of Nesticus mogera Yaginuma (Araneae: Nesticidae) from China〕. Journal of the Bethune Medical University 8: 62.

63. Grasshoff, M. (1970). Die Tribus Mangorini. I. Die Gattungen Eustala, Larinia s. str., Larinopa n. gen. (Arachnida: Araneae: Araneidae-Araneinae). Senckenbergiana Biologica 51: 209–234.

64. Grinsted, L., Agnarsson, I. & Bilde, T. (2012). Subsocial behaviour and brood adoption in mixed-species colonies of two theridiid spiders. Naturwissenschaften 99(12): 1021–1030.

65. Guo, J. F. (ed.) (1985).〔Farm spiders from Shaanxi Province〕. Shaanxi Science and Technology Press.

66. He, A. L., Liu, J. X., Xu, X. A., Yin, H. Q. & Peng, X. J. (2019). Description of three new species of spider genus *Leptonetela* Kratochvíl, 1978 from caves of Hunan Province, China (Araneae, Leptonetidae). Zootaxa 4554(2): 584–600.

67. Hedin, M., Derkarabetian, S., Ramírez, M. J., Vink, C. & Bond, J. E. (2018). Phylogenomic reclassification of the world's most venomous spiders (Mygalomorphae, Atracinae), with implications for venom evolution. Scientific Reports 8(1636): 1–7.

68. Hentz, N. M. (1832). On North American spiders. Silliman's Journal of Science and Arts 21: 99–122.

69. Hogg, H. R. (1919). Spiders collected in Korinchi, West Sumatra by Messrs H. C. Robinson and C. Boden Kloss. Journal of the Federated Malay States Museums 8(3): 81–106.

70. Homann, H. (1975). Die Stellung der Thomisidae und der Philodromidae im System der Araneae (Chelicerata, Arachnida). Zeitschrift für Morphologie der Tiere 80(3): 181–202.

71. Hormiga, G., Kulkarni, S., Moreira, T. da Silva & Dimitrov, D. (2021). Molecular phylogeny of pimoid spiders and the limits of Linyphiidae, with a reassessment of male palpal homologies (Araneae, Pimoidae). Zootaxa 5026(1): 71–101.

72. Hu, J. L.,Li, F. J. (1986). On two species of *Macrothele* from China (Araneae: Dipluridae). Acta Zootaxonomica Sinica 11: 35–39.

73. Hu, J. L.,Ru, Y. C. (1988). On two species of Heteropodidae (Araneae) from Guangxi Zhuang Autonomous Region, China. Journal of Shadong University 23: 92–98.

74. Hu, J. L. (2001). Spiders in Qinghai-Tibet Plateau of China. Henan Science and Technology Publishing House, 658 pp.

75. Hu, Y. J., Liu, M. X. & Li, F. J. (1985). A description of the [male of] *Oxyopes sushilae* Tikader, 1965 (Araneae, Oxyopidae). Journal of Hunan Normal University (nat. Sci.) 1985(1): 28–31.

76. Huang, W. J. & Chen, S. H. (2012). Clubionidae (Arachnida: Araneae). pp. 39–100, 104–122, 126–130. In: Chen, S. H. & Huang, W. J. (eds.) The spider fauna of Taiwan. Araneae. Miturgidae, Anyphaenidae, Clubionidae. National Taiwan Normal University, Taipei, 130 pp.

77. Huang, Y., Wang, C. & Peng, X. J. (2015). Five new species of *Phintella* Strand, 1906 (Araneae, Salticidae) from the Wuling Mountains, China. ZooKeys 514: 25–42.

78. Huber, B. A., Eberle, J. & Dimitrov, D. (2018). The phylogeny of pholcid spiders: a critical evaluation of relationships suggested by molecular data (Araneae, Pholcidae). ZooKeys 789: 51–101.

79. Ileperuma Arachchi, I. S. & Benjamin, S. P. (2019). Twigs that are not twigs: phylogenetic placement of crab spiders of the genus *Tmarus* of Sri Lanka with comments on the higher-level phylogeny of Thomisidae. Invertebrate Systematics 33(3): 575–595.

80. Jäger, P. (2001). Diversität der Riesenkrabbenspinnen im Himalaya - die Radiation zweier Gattungen in den Schneetropen (Araneae, Sparassidae, Heteropodinae). Courier Forschungsinstitut Senckenberg 232: 1–136.

81. Jäger, P. (2014). Heteropoda Latreille, 1804: new species, synonymies, transfers and records (Araneae: Sparassidae: Heteropodinae). Arthropoda Selecta 23(2): 145–188.

82. Jézéquel, J.-F. (1965). Araignées de la savane de Singrobo (Côte d'Ivoire). Ⅳ. Drassidae. Bulletin du Muséum National d'Histoire Naturelle de Paris (2) 37: 294–307.

83. Jiang, X. K., Chen, H. M. & Zhang, Z. S. (2018). Spiders' diversity in Fanjing Mountain Nature Reserve, Guizhou, China, Ⅳ: Coelotine spiders (Araneae, Agelenidae). Acta Arachnologica Sinica 27(2): 65–95.

84. Jin, C. & Zhang, F. (2012). Re-examination of the crab spider species *Oxytate minuta* Tang, Yin et Peng, 2005 (Araneae: Thomisidae). Zootaxa 3588: 64–67.

85. Jocqué, R. (1991). A generic revision of the spider family Zodariidae (Araneae). Bulletin of the American Museum of Natural History 201: 1–160.

86. Jung, B. G., Kim, J. P., Song, R. J., Jung, J. W. & Park, Y. C. (2005). A revision of family Gnaphosidae Banks, 1892 from Korea. Korean Arachnology 21: 163–233.

87. Kallal, R. J., Dimitrov, D., Arnedo, M. A., Giribet, G. & Hormiga, G. (2020). Monophyly, taxon sampling, and the nature of ranks in the classification of orb-weaving spiders (Araneae: Araneoidea). Systematic Biology 69(2): 401–411.

88. Kamura, T. & Hayashi, T. (2009). Liocranidae. In: Ono, H. (ed.) The spiders of Japan with keys to the families and genera and illustrations of the species. Tokai University Press, Kanagawa, pp. 549–550.

89. Kamura, T. (1987). Redescription of *Odontodrassus hondoensis* (Araneae: Gnaphosidae). Proceedings of the Japanese Society of Systematic Zoology 36: 29–33.

90. Kamura, T. (1992). Two new genera of the family Gnaphosidae (Araneae) from Japan. Acta Arachnologica 41: 119–132.

91. Kamura, T. (2011). Two new species of the genera *Drassyllus* and *Hitobia* (Araneae: Gnaphosidae) from Amami-ôshima Island, southwest Japan. Acta Arachnologica 60(2): 103–106.

92. Karsch, F. (1879). Baustoffe zu einer Spinnenfauna von Japan. Verhandlungen des Naturhistorischen Vereins der Preussischen Rheinlande und Westfalens 36: 57–105.

93. Karsch, F. (1881). Diagnoses Arachnoidarum Japoniae. Berliner Entomologische Zeitschrift 25: 35–40.

94. Karsch, F. (1884). Arachnoidea. In: Greeff, R. (ed.) Die Fauna der Guinea-Inseln S.-Thomé und Rolas. Sitzungsberichte der Gesellschaft zur Beförderung der Gesamten Naturwissenschaften zu Marburg 2, 60–68, 79.

95. Keyserling, E. (1865). Beiträge zur Kenntniss der Orbitelae Latr. Verhandlungen der Kaiserlich-Königlichen Zoologisch-Botanischen Gesellschaft in Wien 15: 799–856.

96. Kim, B. B., Kim, J. P. & Park, Y. C. (2008). Taxonomy of Korean Liocranidae (Arachnida: Araneae). Korean Arachnology 24: 7–30.

97. Kim, J. M. & Kim, J. P. (2002). A revisional study of family Araneidae Dahl, 1912 (Arachnida, Araneae) from Korea. Korean Arachnology 18: 171–266.

98. Kim, J. P. & Cho, J. H. (2002). Spider: Natural Enemy & Resources. Korea Research Institute of Bioscience and Biotechnology (KRIBB), 424 pp.

99. Kim, J. P. & Lee, M. S. (1999). A revisional study of the Korean spiders, family Uloboridae (Thorell, 1869) (Arachnida: Araneae). Korean Arachnology 15(2): 1–30.

100. Kim, S. T. & Lee, S. Y. (2013). Arthropoda: Arachnida: Araneae: Mimetidae, Uloboridae, Theridiosomatidae, Tetragnathidae, Nephilidae, Pisauridae, Gnaphosidae. Spiders. Invertebrate Fauna of Korea 21(23): 1–183.

101. Kim, S. T. & Lee, S. Y. (2018). Spiders Ⅲ. Arthropoda: Arachnida: Araneae: Agelenidae, Titanoecidae, Eutichuridae. Invertebrate Fauna of Korea 21(44): 1–101.

102. Kim, S. T. & Lee, S. Y. (2018). Spiders Ⅳ. Arthropoda: Arachnida: Araneae: Atypidae, Scytodidae, Nesticidae, Anapidae, Ctenidae, Hahniidae, Miturgidae, Liocranidae, Trochanteriidae. Invertebrate Fauna of Korea 21(45): 1–79.

103. Kishida, K. (1955). A synopsis of spider family Agelenidae. Acta Arachnologica 14(1): 1–13.

104. Koçak, A. Ö. & Kemal, M. (2008). New synonyms and replacement names in the genus group taxa of Araneida. Centre for Entomological Studies Ankara, Miscellaneous Papers 139–140: 1–4.

105. Koch, C. L. (1835). Arachniden. In: Herrich-Schäffer, G. A. W. (ed.) Deutschlands Insecten. Friedrich Pustet, Regensburg, Heft 127–134.

106. Koch, C. L. (1837). Übersicht des Arachnidensystems. Heft 1. C. H. Zeh'sche Buchhandlung, Nürnberg, 39 pp.

107. Koch, C. L. (1839). Die Arachniden. C. H. Zeh'sche Buchhandlung, Nürnberg, Fünfter Band, pp. 125–158, pl. 175–180 (f. 418–431); Sechster Band, pp. 1–156, pl. 181–216 (f. 432–540); Siebenter Band, pp. 1–106, pl. 217–247 (f. 541–594).

108. Koch, C. L. (1841). Die Arachniden. C. H. Zeh'sche Buchhandlung, Nürnberg, Achter Band, pp. 41–131, pl. 265–288 (f. 621–694); Neunter Band, pp. 1–56, pl. 289–306 (f. 695–726).

109. Koch, C. L. (1841). Die Arachniden. C. H. Zeh'sche Buchhandlung, Nürnberg, Achter Band, pp. 41–131, pl. 265–288 (f. 621–694); Neunter Band, pp. 1–56, pl. 289–306 (f. 695–726).

110. Koch, C. L. (1847). Die Arachniden. J. L. Lotzbeck, Nürnberg, Vierzehnter Band, pp. 89–210, pl. 481–504 (f. 1343–1412); Fünfzehnter Band, pp. 1–136, pl. 505–540 (f. 1413–1504); Sechszehnter und letzter Band, pp. 1–80, pl. 541–563 (f. 1505–1550), Index 64 pp

111. Koch, C. L. (1850). Übersicht des Arachnidensystems. Heft 5. J. L. Lotzbeck, Nürnberg, 77 pp.

112. Koch, L. (1872). Die Arachniden Australiens, nach der Natur beschrieben und abgebildet 〔Erster Theil, Lieferung 3-7〕. Bauer & Raspe, Nürnberg, 105-368.

113. Koch, L. (1878). Japanesische Arachniden und Myriapoden. Verhandlungen der Kaiserlich-Königlichen

Zoologisch-Botanischen Gesellschaft in Wien 27(1877): 735-798, pl. 15-16.

114. Kratochvíl, J. (1978). Araignées cavernicoles des îles Dalmates. Přírodovědné práce ústavů Československé Akademie V ě d v Brn ě (N. S.) 12(4): 1-59.

115. Kuntner, M., Hamilton, C. A., Cheng, R.-C., Gregorič, M., Lupse, N., Lokovsek, T., Lemmon, E. M., Lemmon, A. R., Agnarsson, I., Coddington, J. A. & Bond, J. E. (2019). Golden orbweavers ignore biological rules: phylogenomic and comparative analyses unravel a complex evolution of sexual size dimorphism. Systematic Biology 68(4): 555-572.

116. Latreille, P. A. (1804). Tableau methodique des Insectes. Nouveau Dictionnaire d'Histoire Naturelle, Paris 24: 129-295.

117. Latreille, P. A. (1819). ［Articles sur les araignées］. In: Nouveau dictionnaire d'histoire naturelle, appliquée aux arts, à l'agriculture, à l'économie rurale et domestique, à la médecine, etc. Nouvelle Édition. Deterville, Paris, Tome 30-36.

118. Lehtinen, P. T. & Saaristo, M. I. (1980). Spiders of the Oriental-Australian region. Ⅱ. Nesticidae. Annales Zoologici Fennici 17: 47-66.

119. Lehtinen, P. T. (1967). Classification of the cribellate spiders and some allied families, with notes on the evolution of the suborder Araneomorpha. Annales Zoologici Fennici 4: 199-468.

120. Levi, H. W. (1955). The spider genera Coressa and Achaearanea in America north of Mexico (Araneae, Theridiidae). American Museum Novitates 1718: 1-33.

121. Levi, H. W. (1962). More American spiders of the genus Chrysso (Araneae, Theridiidae). Psyche, Cambridge 69(4): 209-237.

122. Li, J. Y., Liu, J. & Chen, J. (2018). A review of some Neriene spiders (Araneae, Linyphiidae) from China. Zootaxa 4513(1): 1-90.

123. Li, Z. S., Agnarsson, I., Peng, Y. & Liu, J. (2021). Eight cobweb spider species from China building detritus-based, bell-shaped retreats (Araneae, Theridiidae). ZooKeys 1055: 95-121.

124. Liang, Y., CAI, Q., Liu, J. X., Yin, H. Q. & Xu, X. (2021). Three species of hackled-orb web spider genus Miagrammopes from China (Araneae, Uloboridae). Zootaxa 5004(4): 564-576.

125. Lin, Y. C., Ballarin, F. & Li, S. Q. (2016). A survey of the spider family Nesticidae (Arachnida, Araneae) in Asia and Madagascar, with the description of forty-three new species. ZooKeys 627: 1-168.

126. Lin, Y. C., Ballarin, F. & Li, S. Q. (2016). A survey of the spider family Nesticidae (Arachnida, Araneae) in Asia and Madagascar, with the description of forty-three new species. ZooKeys 627: 1-168.

127. Lin, Y. J., Yan, X. Y., Li, S. Q., Ballarin, F. & Chen, H. F. (2021b). Five new species of Macrothele Ausserer, 1871 from China (Araneae, Macrothelidae). ZooKeys 1052: 1-23.

128. Linnaeus, C. (1758). Systema naturae per regna tria naturae, secundum classes, ordines, genera, species cum characteribus differentiis, synonymis, locis. Editio decima, reformata. Laurentius Salvius, Holmiae ［= Stockholm］, 821 pp. (Araneae, pp. 619-624).

129. Liu, J. & Li, S. Q. (2013). New cave-dwelling spiders of the family Nesticidae (Arachnida, Araneae) from China. Zootaxa 3613: 501-547.

130. Liu, J. X., Xu, X., Marusik, Y. M. & Yin, H. Q. (2021). Taxonomic notes on a pirate spider occurring in China (Araneae, Mimetidae). Zootaxa 4974(3): 565-576.

131. Liu, K., Xiao, Y. H. & Xu, X. (2016). On three new Orchestina species (Araneae: Oonopidae) described from China. Zootaxa 4121(4): 431-446.

132. Liu, L. & Zhu, M. S. (2008). The new discovery of the male spider Thwaitesia glabicauda Zhu, 1998 from China (Araneae, Theridiidae). Acta Arachnologica Sinica 17: 81-82.

133. Liu, P., Yan, H. M., Griswold, C. & Ubick, D. (2007). Three new species of the genus Clubiona from China (Araneae: Clubionidae). Zootaxa 1456: 63-68.

134. Lo, Y. Y., Cheng, R.-C. & Lin, C. P. (2021). Species delimitation and taxonomic revision of Oxyopes (Araneae:

Oxyopidae) of Taiwan, with description of two new species. Zootaxa 4927(1): 58-86.

135. Logunov, D. V. & Marusik, Y. M. (2001). Catalogue of the jumping spiders of northern Asia (Arachnida, Araneae, Salticidae). KMK Scientific Press, Moscow, 300 pp.

136. Lu, T., Wu, R. B. & Zhang, Z. S. (2021). The revalidation of *Pardosa agraria* Tanaka, 1985 (Lycosidae: Pardosa). Acta Arachnologica Sinica 30(1): 58-60.

137. MacLeay, W. S. (1839). On some new forms of Arachnida. Annals of Natural History 2(7): 1-14, pl. 1-2.

138. Maddison, W. P., Beattie, I., Marathe, K., Ng, P. Y. C., Kanesharatnam, N., Benjamin, S. P. & Kunte, K. (2020). A phylogenetic and taxonomic review of baviine jumping spiders (Araneae, Salticidae, Baviini). ZooKeys 1004: 27-97.

139. Marusik, Y. M. & Kovblyuk, M. M. (2011). Spiders (Arachnida, Aranei) of Siberia and Russian Far East. KMK Scientific Press, Moscow, 344 pp.

140. Mello-Leitão, C. F. de (1917). Generos e especies novas de araneidos. Archivos da Escola Superior de Agricultura e Medicina Veterinaria, Rio de Janeiro 1: 3-19.

141. Meng, X. W., Zhang, Z. S. & Shi, A. M. (2015). Description of two unknown females of *Epeus* Peckham & Peckham from China (Araneae: Salticidae). Zootaxa 3955(1): 147-150.

142. Menge, A. (1866). Preussische Spinnen. Erste Abtheilung. Schriften der Naturforschenden Gesellschaft in Danzig (N.F.) 1: 1-152.

143. Menge, A. (1868). Preussische Spinnen. Ⅱ. Abtheilung. Schriften der Naturforschenden Gesellschaft in Danzig (N. F.) 2: 153-218.

144. Menge, A. (1871). Preussische Spinnen. Ⅳ. Abtheilung. Schriften der Naturforschenden Gesellschaft in Danzig (N. F.) 2: 265-296.

145. Mi, X. Q., Peng, X. J. & Yin, C. M. (2010). The orb-weaving spider genus *Eriovixia* (Araneae: Araneidae) in the Gaoligong mountains, China. Zootaxa 2488: 39-51.

146. Millidge, A. F. & Russell-Smith, A. (1992). Linyphiidae from rain forests of Southeast Asia. Journal of Natural History 26(6): 1367-1404.

147. Mu, Y., Liu, J. & Chen, J. (2016). First description on the male of *Moneta subspinigera* from Wuling Mountain, China (Araneae: Theridiidae). Acta Arachnologica Sinica 25(1): 33-36.

148. Nakatsudi, K. (1942). Arachnida from Izu-Sitito. Journal of Agricultural Science Tokyo Nogyo Daigaku 1(4): 287-328, pl. 11-12.

149. Nishikawa, Y. (1995). A new ground-living spider of the genus *Coelotes* (Araneae, Agelenidae) from north in Vietnam. Special Bulletin of the Japanese Society of Coleopterology 4: 139-142.

150. Oi, R. (1960). Linyphiid spiders of Japan. Journal of the Institute of Polytechnics Osaka City University 11(D): 137-244.

151. Okuma, C. (1994). Spiders of the genera *Episinus* and *Moneta* from Japan and Taiwan, with descriptions of two new species of *Episinus* (Araneae: Theridiidae). Acta Arachnologica 43: 5-25.

152. Okumura, K. (2017). *Dichodactylus* gen. nov. (Araneae: Agelenidae: Coelotinae) from Japan. Species Diversity 22: 29-36.

153. Okumura, K., Shimojana, M., Nishikawa, Y. & Ono, H. (2009). Coelotidae. In: Ono, H. (ed.) The spiders of Japan with keys to the families and genera and illustrations of the species. Tokai University Press, Kanagawa, pp. 174-205.

154. Ono, H. & Ban, M. (2009). Oxyopidae, Philodromidae. In: Ono, H. (ed.) The spiders of Japan with keys to the families and genera and illustrations of the species. Tokai University Press, Kanagawa, pp. 249-250, 476-481.

155. Ono, H. & Hayashi, T. (2009). Clubionidae. In: Ono, H. (ed.) The spiders of Japan with keys to the families and genera and illustrations of the species. Tokai University Press, Kanagawa, pp. 532-546.

156. Ono, H. (1989). New species of the genus *Clubiona* (Araneae, Clubionidae) from Iriomotejima Island, the

Ryukyus. Bulletin of the National Museum of Nature and Science Tokyo (A) 15: 155-166.

157. Ono, H. (1993). An interesting new crab spider (Araneae, Thomisidae) from Malaysia. Bulletin of the National Museum of Nature and Science Tokyo (A) 19: 87-92.

158. Ono, H. (2000). Zoogeographic and taxonomic notes on spiders of the subfamily Heptathelinae (Araneae, Mesothelae, Liphistiidae). Memoirs of the National Science Museum Tokyo, Series A, Zoology 33: 145-151.

159. Ono, H. (2010). Two new spiders of the family Anapidae and Clubionidae (Arachnida, Araneae) from Japan. Bulletin of the National Museum of Nature and Science Tokyo (A) 36: 1-6.

160. Opell, B. D. (1979). Revision of the genera and tropical American species of the spider family Uloboridae. Bulletin of the Museum of Comparative Zoology 148: 443-549.

161. Opell, B. D. (1984). Phylogenetic review of the genus *Miagrammopes* (sensu lato) (Araneae, Uloboridae). Journal of Arachnology 12: 229-240.

162. Ovtchinnikov, S. V. (1999). On the supraspecific systematics of the subfamily Coelotinae (Araneae, Amaurobiidae) in the former USSR fauna. Tethys Entomological Research 1: 63-80.

163. Paik, K. Y. (1970). Spiders from Geojae-do Isl., Kyungnam, Korea. Theses Collection of the Graduate School of Education of Kyungpook National University 1: 83-93.

164. Paik, K. Y. (1978). Araneae. Illustrated Fauna and Flora of Korea 21: 1-548.

165. Paquin, P., Vink, C. & Dupérré, N. (2010). Spiders of New Zealand: annotated family key & species list. Manaaki Whenua Press, Lincoln, New Zealand, 118 pp.

166. Peckham, G. W. & Peckham, E. G. (1901). Pellenes and some other genera of the family Attidae. Bulletin of the Wisconsin Natural History Society (N.S.) 1: 195-233.

167. Peng, X. J. & Li, S. Q. (2002). A review of the genus *Epeus* Peckham & Peckham (Araneae: Salticidae) from China. Oriental Insects 36: 385-392.

168. Peng, X. J. & Li, S. Q. (2003). Spiders of the genus *Plexippus* from China (Araneae: Salticidae). Revue Suisse de Zoologie 110: 749-759.

169. Peng, X. J. & Wang, J. F. (1997). Seven new species of the genus *Coelotes* (Araneae: Agelenidae) from China. Bulletin of the British Arachnological Society 10: 327-333.

170. Peng, X. J. & Yin, C. M. (1991). Five new species of the genus *Kinhia* from China (Araneae: Salticidae). Acta Zootaxonomica Sinica 16: 35-47.

171. Peng, X. J., Gong, L. S. & Kim, J. P. (1996). Five new species of the family Agelenidae (Arachnida, Araneae) from China. Korean Arachnology 12(2): 17-26.

172. Peng, X. J., Tso, I. M. & Li, S. Q. (2002). Five new and four newly recorded species of jumping spiders from Taiwan (Araneae: Salticidae). Zoological Studies 41: 1-12.

173. Peng, X. J., Xie, L. P., Xiao, X. Q. & Yin, C. M. (1993). Salticids in China (Arachniuda: Araneae). Hunan Normal University Press, 270 pp.

174. Peng, X. J., Yan, H. M., Liu, M. X. & Kim, J. P. (1998). Two new species of the genus *Coelotes* (Araneae, Agelenidae) from China. Korean Arachnology 14(1): 77-80.

175. Pickard-Cambridge, O. (1869). Catalogue of a collection of Ceylon Araneida lately received from Mr J. Nietner, with descriptions of new species and characters of a new genus. I. Journal of the Linnean Society of London, Zoology 10(46): 373-397.

176. Pickard-Cambridge, O. (1869). Descriptions and sketches of some new species of Araneida, with characters of a new genus. Annals and Magazine of Natural History (4) 3: 52-74.

177. Pickard-Cambridge, O. (1870). Descriptions and sketches of two new species of Araneida, with characters of a new genus. Journal of the Linnean Society of London, Zoology 10(47): 398-405.

178. Pickard-Cambridge, O. (1871). On some new genera and species of Araneida. Proceedings of the Zoological Society of London 38(3, 1870): 728-747.

179. Pickard-Cambridge, O. (1872). General list of the spiders of Palestine and Syria, with descriptions of numerous new species, and characters of two new genera. Proceedings of the Zoological Society of London 40(1): 212-354, pl. 13-16.

180. Pickard-Cambridge, O. (1880). On some new and little known spiders of the genus *Argyrodes*. Proceedings of the Zoological Society of London 48(2): 320-344.

181. Pickard-Cambridge, O. (1880). On some new and rare spiders from New Zealand, with characters of four new genera. Proceedings of the Zoological Society of London 47(4, for 1879): 681-703.

182. Pickard-Cambridge, O. (1881). On some new genera and species of Araneidea. Proceedings of the Zoological Society of London 49(3): 765-775.

183. Pickard-Cambridge, O. (1882). On new genera and species of Araneidea. Proceedings of the Zoological Society of London 50(3): 423-442.

184. Pickard-Cambridge, O. (1889). Arachnida. Araneida. In: Biologia Centrali-Americana, Zoology. London 1, 1-56.

185. Platnick, N. I. (1989). Advances in spider taxonomy 1981-1987: a supplement to Brignoli's A catalogue of the Araneae described between 1940 and 1981. Manchester University Press, 673 pp.

186. Pocock, R. I. (1898). The Arachnida from the province of Natal, South Africa, contained in the collection of the British Museum. Annals and Magazine of Natural History (7) 2(9): 197-226, pl. 8.

187. Pocock, R. I. (1901). On some new trap-door spiders from China. Proceedings of the Zoological Society of London 70(2): 207-215, pl. 21.

188. Prószyński, J. & Staręga, W. (1971). Pająki-Aranei. Katalog Fauny Polski 33: 1-382.

189. Prószyński, J. (1973). Systematic studies on east Palaearctic Salticidae, II. Redescriptions of Japanese Salticidae of the Zoological Museum in Berlin. Annales Zoologici, Warszawa 30: 97-128.

190. Prószyński, J. (1983). Redescriptions of types of Oriental and Australian Salticidae (Aranea) in the Hungarian Natural History Museum, Budapest. Folia Entomologica Hungarica 44: 283-297.

191. Qiu, Q. H. (1983). 〔The studies of Shaanxi spiders (Ⅲ)〕. Shaanxi Prov. zool. Assoc. Dissert. Anthol. 1980-1982: 89-102.

192. Ramírez, M. J. (2014). The morphology and phylogeny of dionychan spiders (Araneae: Araneomorphae). Bulletin of the American Museum of Natural History 390: 1-374.

193. Reimoser, E. (1934). The spiders of Krakatau. Proceedings of the Zoological Society of London 1934(1): 13-18.

194. Roberts, M. J. (1983). Spiders of the families Theridiidae, Tetragnathidae and Araneidae (Arachnida: Araneae) from Aldabra atoll. Zoological Journal of the Linnean Society 77. 217-291.

195. Rodrigues, B. V. B. & Rheims, C. A. (2020). Phylogenetic analysis of the subfamily Prodidominae (Arachnida: Araneae: Gnaphosidae). Zoological Journal of the Linnean Society 190(2): 654-708.

196. Roewer, C. F. (1955). Katalog der Araneae von 1758 bis 1940, bzw. 1954. 2. Band, Abt. a (Lycosaeformia, Dionycha 〔excl. Salticiformia〕). 2. Band, Abt. b (Salticiformia, Cribellata) (Synonyma-Verzeichnis, Gesamtindex). Institut royal des Sciences naturelles de Belgique, Bruxelles, 1751 pp.

197. Roewer, C. F. (1960). Araneae Lycosaeformia II (Lycosidae) (Fortsetzung und Schluss). Exploration du Parc National de l'Upemba, Mission G. F. de Witte 55: 519-1040.

198. Saaristo, M. I. (2006). Theridiid or cobweb spiders of the granitic Seychelles islands (Araneae, Theridiidae). Phelsuma 14: 49-89.

199. Saitō, S. (1939). On the spiders from Tohoku (northernmost part of the main island), Japan. Saito Ho-On Kai Museum Research Bulletin 18(Zool. 6): 1-91.

200. Saitō, S. (1959). The Spider Book Illustrated in Colours. Hokuryukan, Tokyo, 194 pp.

201. Sankaran, P. M., Malamel, J. J. & Sebastian, P. A. (2017). On the new monotypic wolf spider genus *Ovia* gen. nov. (Araneae: Lycosidae, Lycosinae). Zootaxa 4221(3): 366-376.

202. Sato, M. (2012). 〔New records of spiders from Akita Prefecture, Japan〕. Kishidaia 101: 66-68.

203. Scharff, N., Coddington, J. A., Blackledge, T. A., Agnarsson, I., Framenau, V. W., Szűts, T., Hayashi, C. Y. & Dimitrov, D. (2020). Phylogeny of the orb-weaving spider family Araneidae (Araneae: Araneoidea). Cladistics 36(1): 1-21.

204. Schenkel, E. (1936). Schwedisch-chinesische wissenschaftliche Expedition nach den nordwestlichen Provinzen Chinas, unter Leitung von Dr. Sven Hedin und Prof. Sü Ping-chang. Araneae gesammelt vom schwedischen Arzt der Expedition Dr. David Hummel 1927–1930. Arkiv för Zoologi 29(A1): 1-314.

205. Schenkel, E. (1963). Ostasiatische Spinnen aus dem Muséum d'Histoire naturelle de Paris. Mémoires du Muséum National d'Histoire Naturelle de Paris (A, Zool.) 25: 1-481.

206. Seo, B. K. (1985). Descriptions of two species of the genus *Episinus* (Araneae: Theridiidae) from Korea. Journal of the Institute of Natural Sciences, Keimyung University 4: 97-101.

207. Seo, B. K. (2004). Dipoena wangi Zhu, 1998 (Araneae: Theridiidae), new to the spider fauna of Korea. Journal of the Institute of Natural Sciences, Keimyung University 23(1): 27-29.

208. Simon, E. (1864). Histoire naturelle des araignées (aranéides). Paris, 540 pp.

209. Simon, E. (1874). Les arachnides de France. Paris 1, 1-272.

210. Simon, E. (1875). Les arachnides de France. Paris 2, 1-350.

211. Simon, E. (1877). Etudes arachnologiques. 5e Mémoire. IX. Arachnides recueillis aux îles Phillipines par MM. G. A. Baer et Laglaise. Annales de la Société Entomologique de France (5) 7: 53-96.

212. Simon, E. (1881). Les arachnides de France. Tome cinquième, première partie. Roret, Paris, 1-180.

213. Simon, E. (1882). Etudes Arachnologiques. 13e Mémoire. XX. Descriptions d'espèces et de genres nouveaux de la famille des Dysderidae. Annales de la Société Entomologique de France (6) 2: 201-240.

214. Simon, E. (1885). Arachnides recueillis par M. Weyers à Sumatra. Premier envoi. Annales de la Société Entomologique de Belgique 29(C.R.): 30-39.

215. Simon, E. (1885). Matériaux pour servir à la faune arachnologiques de l'Asie méridionale. I. Arachnides recueillis à Wagra-Karoor près Gundacul, district de Bellary par M. M. Chaper. II. Arachnides recueillis à Ramnad, district de Madura par M. l'abbé Fabre. Bulletin de la Société Zoologique de France 10: 1-39.

216. Simon, E. (1885). Matériaux pour servir à la faune arachnologiques de l'Asie méridionale. III. Arachnides recueillis en 1884 dans la presqu'île de Malacca, par M. J. Morgan. IV. Arachnides recueillis à Collegal, district de Coimbatoore, par M. A. Theobald G. R. Bulletin de la Société Zoologique de France 10: 436-462.

217. Simon, E. (1886). Etudes arachnologiques. 18e Mémoire. XXVI. Matériaux pour servir à la faune des Arachnides du Sénégal. (Suivi d'une appendice intitulé: Descriptions de plusieurs espèces africaines nouvelles). Annales de la Société Entomologique de France (6) 5: 345-396.

218. Simon, E. (1889). Etudes arachnologiques. 21e Mémoire. XXXIII. Descriptions de quelques espèces receillies au Japon, par A. Mellotée. Annales de la Société Entomologique de France (6) 8: 248-252.

219. Simon, E. (1890). Etudes arachnologiques. 22e Mémoire. XXXIV. Etude sur les arachnides de l'Yemen. Annales de la Société Entomologique de France (6) 10: 77-124.

220. Simon, E. (1892). Histoire naturelle des araignées. Deuxième édition, tome premier. Roret, Paris, pp. 1-256.

221. Simon, E. (1894). Histoire naturelle des araignées. Deuxième édition, tome premier. Roret, Paris, pp. 489-760. [second pdf with detailed publication dates of the single parts]

222. Simon, E. (1895). Etudes arachnologiques. 26e. XLI. Descriptions d'espèces et de genres nouveaux de l'ordre des Araneae. Annales de la Société Entomologique de France 64: 131-160.

223. Simon, E. (1897). Histoire naturelle des araignées. Deuxième édition, tome second. Roret, Paris, pp. 1-192.

224. Simon, E. (1901). Etudes arachnologiques. 31e Mémoire. XLIX. Descriptions de quelques salticides de Hong Kong, faisant partie de la collection du Rév. O.-P. Cambridge. Annales de la Société Entomologique de France 70: 61-66.

225. Simon, E. (1901). Histoire naturelle des araignées. Deuxième édition, tome second. Roret, Paris, pp. 381-668.

226. Simon, E. (1902). Etudes arachnologiques. 32e Mémoire. L Ⅰ. Descriptions d'espèces nouvelles de la famille des Salticidae (suite). Annales de la Société Entomologique de France 71: 389-421.

227. Simon, E. (1903). Etudes arachnologiques. 33e Mémoire. L Ⅲ. Arachnides recueillis à Phuc-Son (Annam) par M. H. Fruhstorfer (nov-dec. 1899). Annales de la Société Entomologique de France 71: 725-736.

228. Simon, E. (1903). Histoire naturelle des araignées. Deuxième édition, tome second. Roret, Paris, pp. 669-1080.

229. Smith, C., Cotter, A., Grinsted, L., Bowolaksono, A., Watiniasih, N. L. & Agnarsson, Ⅰ. (2019). In a relationship: sister species in mixed colonies, with a description of new *Chikunia* species (Theridiidae). Zoological Journal of the Linnean Society 186(2): 337-252.

230. Song, D. X. & Chai, J. Y. (1990). Notes of some species of the family Thomisidae (Arachnida: Araneae) from Wuling Shan area. In: Zhao, E. M (ed.) From Water onto Land. C.S.S.A.R., Beijing, pp. 364-374.

231. Song, D. X. & Chai, J. Y. (1992). On new species of jumping spiders (Araneae: Salticidae) from Wuling Mountains area, southwestern China. Journal of Xinjiang University 9(3): 76-86.

232. Song, D. X. & Haupt, J. (1984). Comparative morphology and phylogeny of liphistiomorph spiders (Araneae: Mesothelae). 2. Revision of new Chinese heptathelid species. Verhandlungen des Naturwissenschaftlichen Vereins in Hamburg (NF) 27: 443-451.

233. Song, D. X. & Kim, J. P. (1991). On some species of spiders from Mount West Tianmu, Zhejiang, China (Araneae). Korean Arachnology 7: 19-27.

234. Song, D. X. & Kim, J. P. (1992). A new species of crab spider from China, with description of a new genus (Araneae: Thomisidae). Korean Arachnology 7: 141-144.

235. Song, D. X. & Li, S. Q. (1997). Spiders of Wuling Mountains area. In: Song, D. X. (ed.) Invertebrates of Wuling Mountains Area, Southwestern China. Science Press, Beijing, pp.

236. Song, D. X. & Zheng, S. X. (1982). A new spider of the genus *Hersilia* from China (Araneae: Hersiliidae). Acta Zootaxonomica Sinica 7: 40-42.

237. Song, D. X. (1981). On three linyphiid spiders of the genus *Neriene* from China. Zoological Research 2: 55-60.

238. Song, D. X. (1987). Spiders from agricultural regions of China (Arachnida: Araneae). Agriculture Publishing House, Beijing, 376 pp.

239. Song, D. X. (1988). A revision of the Chinese spiders described by Chamberlin. Sinozoologia 6: 123-136.

240. Song, D. X. et al. (1977). ［Identification of the common species of Micryphantidae from the farm field］. Dongwuxue zazhi (Chinese Journal of Zoology) 1977(2): 36-37 and inside back cover.

241. Song, D. X. et al. (1979). ［The common species of Thomisidae in China］. Dongwuxue zazhi (Chinese Journal of Zoology) 1979(1): 16-19.

242. Song, D. X., Chen, J. & Zhu, M. S. (1997). Arachnida: Araneae. In: Yang, X. K. (ed.) Insects of the Three Gorge Reservoir area of Yangtze River. Chongqing Publishing House, 2, pp. 1704-1743.

243. Song, D. X., Gu, M. B. & Chen, Z. F. (1988). Three new species of the family Salticidae from Hainan, China Bulletin of Hangzhou Normal College (nat. Sci.) 1988(6): 70-74.

244. Song, D. X., Zhu, M. S. & Li, S. Q. (1993). Arachnida: Araneae. In: Huang, C. M. (ed.) Animals of Longqi Mountai. China Forestry Publishing House, Beijing, pp. 852-890.

245. Song, D. X., Zhu, M. S., Gao, S. S. & Guan, J. D. (1991). Six species of clubionid spiders (Araneae: Clubionidae) from China. Journal of Xinjiang University 8: 66-72.

246. Strand, E. (1906). Diagnosen nordafrikanischer, hauptsächlich von Carlo Freiherr von Erlanger gesammelter Spinnen. Zoologischer Anzeiger 30: 604-637, 655-690.

247. Strand, E. (1907). Süd- und ostasiatische Spinnen. Abhandlungen der Naturforschenden Gesellschaft Görlitz 25: 107-215.

248. Strand, E. (1918). Zur Kenntnis japanischer Spinnen, Ⅰ and Ⅱ. Archiv für Naturgeschichte 82(A11, 1916): 73-113.

249. Strand, E. (1942). Miscellanea nomenclatorica zoologica et palaeontologica. X. Folia Zoologica et Hydrobiologica, Rig ā 11: 386-402.

250. Sundevall, C. J. (1833). Conspectus Arachnidum. C. F. Berling, Londini Gothorum ［= Lund］, pp. 1-39.

251. Tanaka, H. (1985). Descriptions of new species of the Lycosidae (Araneae) from Japan. Acta Arachnologica 33: 51-87.

252. Tang, G. & Li, S. Q. (2010). Crab spiders from Hainan Island, China (Araneae, Thomisidae). Zootaxa 2369: 1-68.

253. Tang, G. & Li, S. Q. (2012). Lynx spiders from Xishuangbanna, Yunnan, China (Araneae: Oxyopidae). Zootaxa 3362: 1-42.

254. Tang, G., Yin, C. M. & Peng, X. J. (2003). Two new species of the genus *Chrysso* from Hunan Province, China (Araneae, Theridiidae). Acta Zootaxonomica Sinica 28: 53-55.

255. Tang, G., Yin, C. M. & Peng, X. J. (2004). Description of the genus *Smodicinodes* from China (Araneae, Thomisidae). Acta Zootaxonomica Sinica 29: 260-262.

256. Tang, G., Yin, C. M. & Peng, X. J. (2005). A new species of the genus *Oxytate* from China (Araneae, Thomisidae). Acta Zootaxonomica Sinica 30: 733-734.

257. Tang, G., Yin, C. M. & Peng, X. J. (2005). Two new species of the genus *Theridion* from Hunan province, China (Araneae, Theridiidae). Acta Zootaxonomica Sinica 30: 524-526.

258. Tang, G., Yin, C. M. & Peng, X. J. (2006). A new name of *Theridion fruticum* Tang, Yin et Peng, 2005 (Araneae, Theridiidae). Acta Zootaxonomica Sinica 31: 922.

259. Tang, L. R. & Song, D. X. (1988). A revision of some thomisid spiders (Araneae: Thomisidae). Sinozoologia 6: 137-140.

260. Tang, L. R. & Song, D. X. (1988). New records of spiders of the family Thomisidae from China (Araneae). Sichuan Journal of Zoology 7(3): 13-15.

261. Tanikawa, A. (1992). A revisional study of the Japanese spiders of the genus *Cyclosa* (Araneae: Araneidae). Acta Arachnologica 41: 11-85.

262. Tanikawa, A. (2009). Hersiliidae. Nephilidae, Tetragnathidae, Araneidae. In: Ono, H. (ed.) The spiders of Japan with keys to the families and genera and illustrations of the species. Tokai University Press, Kanagawa, pp. 149, 403-463.

263. Thorell, T. (1868). Araneae. Species novae minusve cognitae. In: Virgin, C. A. (ed.) Kongliga Svenska Fregatten Eugenies Resa omkring Jorden. Uppsala, Zoologi, Arachnida, pp. 1-34.

264. Thorell, T. (1869). On European spiders. Part I. Review of the European genera of spiders, preceded by some observations on zoological nomenclature. Nova Acta Regiae Societatis Scientiarum Upsaliensis (3) 7: 1-108.

265. Thorell, T. (1870). On European spiders. Nova Acta Regiae Societatis Scientiarum Upsaliensis (3) 7: 109-242.

266. Thorell, T. (1877). Studi sui Ragni Malesi e Papuani. I. Ragni di Selebes raccolti nel 1874 dal Dott. O. Beccari. Annali del Museo Civico di Storia Naturale di Genova 10: 341-637.

267. Thorell, T. (1878). Studi sui ragni Malesi e Papuani. Ⅱ. Ragni di Amboina raccolti Prof. O. Beccari. Annali del Museo Civico di Storia Naturale di Genova 13: 1-317.

268. Thorell, T. (1881). Studi sui Ragni Malesi e Papuani. Ⅲ. Ragni dell'Austro Malesia e del Capo York, conservati nel Museo civico di storia naturale di Genova. Annali del Museo Civico di Storia Naturale di Genova 17: 1-727.

269. Thorell, T. (1887). Viaggio di L. Fea in Birmania e regioni vicine. Ⅱ. Primo saggio sui ragni birmani. Annali del Museo Civico di Storia Naturale di Genova 25: 5-417.

270. Thorell, T. (1890). Diagnoses aranearum aliquot novarum in Indo-Malesia inventarum. Annali del Museo Civico di Storia Naturale di Genova 30: 132-172.

271. Thorell, T. (1890). Studi sui ragni Malesi e Papuani. Ⅳ, 1. Annali del Museo Civico di Storia Naturale di Genova 28: 5-421.

272. Thorell, T. (1891). Spindlar från Nikobarerna och andra delar af södra Asien. Kongliga Svenska Vetenskaps-

Akademiens Handlingar 24(2): 1-149.

273. Thorell, T. (1892). Novae species aranearum a Cel. Th. Workman in ins. Singapore collectae. Bullettino della Società Entomologica Italiana 24(3): 209-252.

274. Thorell, T. (1894). Decas aranearum in ins. Singapore a Cel. Th. Workman inventarum. Bullettino della Società Entomologica Italiana 26: 321-355.

275. Thorell, T. (1895). Descriptive catalogue of the spiders of Burma, based upon the collection made by Eugene W. Oates and preserved in the British Museum. London, 406 pp.

276. Tikader, B. K. (1965). On some new species of spiders of the family Oxyopidae from India. Proceedings of the Indian Academy of Science 62(B): 140-144.

277. Tso, I. M. & Chen, J. (2004). Descriptions of three new and six new record wolf spider species from Taiwan (Arachnida: Araneae: Lycosidae). Raffles Bulletin of Zoology 52: 399-411.

278. Tu, L. H. & Li, S. Q. (2004). A preliminary study of erigonine spiders (Linyphiidae: Erigoninae) from Vietnam. Raffles Bulletin of Zoology 52: 419-433.

279. Tu, L. H. & Li, S. Q. (2006). Three new and four newly recorded species of Linyphiinae and Micronetinae spiders (Araneae: Linyphiidae) from northern Vietnam. Raffles Bulletin of Zoology 54: 103-117.

280. Vanuytven, H. (2021). The Theridiidae of the World. A key to the genera with their diagnosis and a study of the body length of all known species. Newsletter of the Belgian arachnological Society 35(Supplement): 1-363..

281. Wagner, W. A. (1887). Copulationsorgane des Männchens als Criterium für die Systematik der Spinnen. Horae Societatis Entomologicae Rossicae 22: 3-132, pl. 1-10.

282. Walckenaer, C. A. (1802). Faune parisienne. Insectes. ou Histoire abrégée des insectes de environs de Paris. Paris 2, 187-250.

283. Walckenaer, C. A. (1805). Tableau des aranéides ou caractères essentiels des tribus, genres, familles et races que renferme le genre Aranea de Linné, avec la désignation des espèces comprises dans chacune de ces divisions. Paris, 88 pp.

284. Walckenaer, C. A. (1841). Histoire naturelle des Insects. Aptères. Tome deuxième. Roret, Paris, 549 pp., pl. 16-22. [not published in 1837, see pp. 430, 452, 505; plates in second pdf of Walckenaer, 1837]

285. Wang, C. & Peng, X. J. (2014). Three species of Hitobia Kamura, 1992 (Araneae, Gnaphosidae) from south-west China. ZooKeys 464: 25-34.

286. Wang, C. X. & Li, S. Q. (2011). A further study on the species of the spider genus Leptonetela (Araneae: Leptonetidae). Zootaxa 2841. 1-90.

287. Wang, H. Q. (1981). [Protection and utilization of spiders in paddy fields]. Hunan Press of Science and Technology, 188 pp.

288. Wang, J. F. & Xu, Y. J. (1989). A new species of spider of the genus Cicurina from China (Araneae: Agelenidae). Sichuan Journal of Zoology 8(4): 4-5.

289. Wang, J. F. (1993). Four new species of the spiders of Pisauridae from China (Arachnida: Araneae). Acta Zootaxonomica Sinica 18: 156-161.

290. Wang, L. Y., Lu, T., Cai, D. C., Barrion, A. T., Heong, K. L., Li, S. Q. & Zhang, Z. S. (2021). Review of the wolf spiders from Hainan Island, China (Araneae: Lycosidae). Zoological Systematics 46(1): 16-74.

291. Wang, L. Y., Zhou, G. C. & Peng, X. J. (2019). Four new species of the spider genus Cicurina Menge, 1871 from China (Araneae: Dictynidae). Zootaxa 4615(2): 351-364.

292. Wang, X. P. & Jäger, P. (2007). A revision of some spiders of the subfamily Coelotinae F. O. Pickard-Cambridge 1898 from China: transfers, synonymies, and new species (Arachnida, Araneae, Amaurobiidae). Senckenbergiana Biologica 87: 23-49.

293. Wang, X. P. & Yin, C. M. (2001). A review of the Chinese Psechridae (Araneae). Journal of Arachnology 29(3): 330-344.

294. Wang, X. P. (2002). A generic-level revision of the spider subfamily Coelotinae (Araneae, Amaurobiidae). Bulletin of the American Museum of Natural History 269: 1-150.

295. Wang, X. P. (2003). Species revision of the coelotine spider genera *Bifidocoelotes*, *Coronilla*, *Draconarius*, *Femoracoelotes*, *Leptocoelotes*, *Longicoelotes*, *Platocoelotes*, *Spiricoelotes*, *Tegecoelotes*, and *Tonsilla* (Araneae: Amaurobiidae). Proceedings of the California Academy of Sciences 54: 499-662.

296. Wang, X. P., Ran, J. C. & Chen, H. M. (1999). A new species of *Mallinella* from China (Araneae, Zodariidae). Bulletin of the British Arachnological Society 11: 193-194.

297. Wanless, F. R. (1984). A review of the spider subfamily Spartaeinae nom. n. (Araneae: Salticidae) with descriptions of six new genera. Bulletin of the British Museum of Natural History (Zool.) 46: 135-205.

298. Wei, H. Z. & Chen, S. H. (2003). Two newly recorded spiders of the genus *Pardosa* (Araneae: Lycosidae) from Taiwan. BioFormosa 38: 89-96.

299. Wei, X. & Xu, X. (2014). Two new species of the genus *Khorata* (Araneae: Pholcidae) from China. Zootaxa 3774(2): 183-192.

300. Westwood, J. O. (1835). Insectorum Arachnoidumque novorum Decades duo. The Zoological Journal 5: 440-453.

301. Wheeler, W. C., Coddington, J. A., Crowley, L. M., Dimitrov, D., Goloboff, P. A., Griswold, C. E., Hormiga, G., Prendini, L., Ramírez, M. J., Sierwald, P., Almeida-Silva, L. M., Álvarez-Padilla, F., Arnedo, M. A., Benavides, L. R., Benjamin, S. P., Bond, J. E., Grismado, C. J., Hasan, E., Hedin, M., Izquierdo, M. A., Labarque, F. M., Ledford, J., Lopardo, L., Maddison, W. P., Miller, J. A., Piacentini, L. N., Platnick, N. I., Polotow, D., Silva-Dávila, D., Scharff, N., Szűts, T., Ubick, D., Vink, C., Wood, H. M. & Zhang, J. X. (2017). The spider tree of life: phylogeny of Araneae based on target-gene analyses from an extensive taxon sampling. Cladistics 33(6): 576-616.

302. White, A. (1841). Description of new or little known Arachnida. Annals and Magazine of Natural History 7: 471-477.

303. World Spider Catalog. 2021. World spider catalog, version 22.5. https://wsc.nmbe.ch/

304. Xie, L. P. & Kim, J. P. (1996). Three new species of the genus *Oxyopes* from China (Araneae: Oxyopidae). Korean Arachnology 12(2): 33-40.

305. Xie, L. P. & Peng, X. J. (1993). One new species and two newly recorded species of the family Salticidae from China (Arachnida: Araneae). Acta Arachnologica Sinica 2: 19-22.

306. Xie, L. P. & Peng, X. J. (1995). Four species of Salticidae from the southern China (Arachnida: Araneae). Acta Zootaxonomica Sinica 20(3): 289-294.

307. Xie, L. P. & Peng, X. J. (1995). Spiders of the genus *Thyene* Simon (Araneae: Salticidae) from China. Bulletin of the British Arachnological Society 10: 104-108.

308. Xu, X. & Li, S. Q. (2006). Two new species of the genus *Tamgrinia* Lehtinen, 1967 from China (Araneae: Amaurobiidae). Pan-Pacific Entomologist 82: 61-67.

309. Xu, X. & Li, S. Q. (2007). Platocoelotes polyptychus, a new species of hackled mesh spider from a cave in China (Araneae, Amaurobiidae). Journal of Arachnology 34: 489-491.

310. Xu, X. & Li, S. Q. (2008). New species of the spider genus *Platocoelotes* Wang, 2002 (Araneae: Amaurobiidae). Revue Suisse de Zoologie 115: 85-94.

311. Xu, X. & Li, S. Q. (2008). Ten new species of the genus *Draconarius* (Araneae: Amaurobiidae) from China. Zootaxa 1786: 19-34.

312. Xu, X. & Li, S. Q. (2006). Redescription on five coelotine spider species from China (Araneae, Amaurobiidae). Acta Zootaxonomica Sinica 31: 335-345.

313. Xu, X. & Li, S. Q. (2007). *Draconarius* spiders in China, with description of seven new species collected from caves (Araneae: Amaurobiidae). Annales Zoologici, Warszawa 57: 341-350.

314. Xu, X., Liu, F. X., Chen, J., Ono, H., Li, D. Q. & Kuntner, M. (2015). A genus-level taxonomic review of primitively segmented spiders (Mesothelae, Liphistiidae). ZooKeys 488: 121-151.

315. Xu, Y. J. & Wang, L. (1983). 〔A record of *Psechrus mimus* Chamberlin〕. Journal of the Huizhou Teachers

College 1983(2): 35-36.

316. Yaginuma, T. (1952). Two new species (*Phrurolithus* and *Ariamnes*) found in Japan. Arachnological News 21: 13-16.

317. Yaginuma, T. (1955). On the Japanese spiders: genera *Mangora*, *Neoscona*, and *Zilla*. Acta Arachnologica 14: 15-24.

318. Yaginuma, T. (1958). On some Japanese spiders of *Cyrtarachne* and *Ordgarius*. Hyogo Biology 3: 265-267.

319. Yaginuma, T. (1960). Spiders of Japan in colour. Hoikusha, Osaka, 186 pp.

320. Yaginuma, T. (1962). The spider fauna of Japan. Arachnological Society of East Asia, Osaka, 74 pp.

321. Yaginuma, T. (1965). Revision of families, genera and species of Japanese spiders (2). Acta Arachnologica 19: 28-36.

322. Yaginuma, T. (1967). Three new spiders (*Argiope*, *Boethus* and *Cispius*) from Japan. Acta Arachnologica 20: 50-64.

323. Yaginuma, T. (1970). Two new species of small nesticid spiders of Japan. Bulletin of the National Museum of Nature and Science Tokyo 13: 385-394.

324. Yamaguchi, T. (1953). ［Spiders of Kyushu (2): Spiders of Nagasaki Prefecture (1)］. Nagasaki Daigaku, Ky ō y ō -bu, Kenky ū -H ō koku［Bulletin of the Faculty of Liberal Arts, Nagasaki University］1(3): 55-65.

325. Yang, J. Y., Song, D. X. & Zhu, M. S. (2003). Three new species and a new discovery of male spider of the genus *Clubiona* from China (Araneae: Clubionidae). Acta Arachnologica Sinica 12: 6-13.

326. Yang, Z. Z., Yang, Z. B., Zhao, Y. & Zhang, Z. S. (2019). Review of the tent-web spider genus *Uroctea* Dufour, 1820 in China, with descriptions of two new species (Araneae: Oecobiidae). Zootaxa 4679(1): 126-138.

327. Yao, Z. Y. & Li, S. Q. (2012). New species of the spider genus *Pholcus* (Araneae: Pholcidae) from China. Zootaxa 3289: 1-271.

328. Yin, C. M. & Peng, X. J. (1998). Two new genera of the family Gnaphosidae (Arachnida: Araneae) from China. Life Science Research 2: 258-267.

329. Yin, C. M. & Wang, J. F. (1979). ［A classification of the jumping spiders (Araneae, Salticidae) collected from the agricultural fields and other habitats. Journal of Hunan Teachers College (nat. Sci. Ed.) 1979(1): 27-63.

330. Yin, C. M. & Wang, J. F. (1983). A preliminary study on the Chinese spiders of the family Hahniidae (Arachnida: Araneida). Acta Zootaxonomica Sinica 8: 141-145.

331. Yin, C. M. (1978). ［A study on the general orb-weaver spiders and wolf spiders (Araneae: Araneidae, Lycosidae) from rice fields］. Journal of Hunan Teachers College (nat. Sci. Ed.) 1978(10): 1-21.

332. Yin, C. M. (2001). Preliminary study on the different types of the intraspecific variants of order Araneae. Acta Arachnologica Sinica 10(2): 1-7.

333. Yin, C. M., Griswold, C. E. & Xu, X. (2007). One new species and two new males of the family Araneidae from China (Arachnida: Araneae). Acta Arachnologica Sinica 16: 1-6.

334. Yin, C. M., Peng, X. J. & Wang, J. F. (1994). Seven new species of Araneidae from China (Arachnida: Araneae). Acta Arachnologica Sinica 3: 104-112.

335. Yin, C. M., Peng, X. J., Gong, L. S. & Kim, J. P. (1996). Description of three new species of the genus *Hitobia* (Araneae: Gnaphosidae) from China. Korean Arachnology 12(2): 47-54.

336. Yin, C. M., Peng, X. J., Xie, L. P., Bao, Y. H. & Wang, J. F. (1997). Lycosids in China (Arachnida: Araneae). Hunan Normal University Press, 317 pp.

337. Yin, C. M., Wang, J. F. & Hu, Y. J. (1983). Essential types and the evolution of palpal organ of spiders. Journal of Hunan Teachers College (nat. Sci. Ed.) 1983: 31-46.

338. Yin, C. M., Wang, J. F. & Zhang, Y. J. (1985). Study on the spider genera *Psechrus* from China. Journal of Hunan Teachers College (nat. Sci. Ed.) 1985(1): 19-27.

339. Yin, C. M., Wang, J. F., Xie, L. P. & Peng, X. J. (1990). New and newly recorded species of the spiders of family

Araneidae from China (Arachnida, Araneae). In: Spiders in China: One Hundred New and Newly Recorded Species of the Families Araneidae and Agelenidae. Hunan Normal University Press, pp. 1-171.

340. Yin, H. Q., Xu, X. & Yan, H. M. (2010). A new *Platocoelotes* species and first description of the male of *Platocoelotes icohamatoides* from Hunan, China (Araneae: Amaurobiidae: Coelotinae). Zootaxa 2399: 42-50.

341. Yoo, J. C. & Kim, J. P. (2002). Studies on basic pattern and evolution of male palpal organ (Arachnida: Araneae). Korean Arachnology 18: 13-31.

342. Yoshida, H. & Ono, H. (2000). Spiders of the genus *Dipoena* (Araneae, Theridiidae) from Japan. Bulletin of the National Museum of Nature and Science Tokyo (A) 26: 125-158.

343. Yoshida, H. (1980). Six Japanese species of the genera *Octonoba* and *Philoponella* (Araneae: Uloboridae). Acta Arachnologica 29: 57-64.

344. Yoshida, H. (1983). Spiders from Taiwan Ⅳ. The genus *Episinus* (Araneae: Theridiidae). Acta Arachnologica 31: 73-77.

345. Yoshida, H. (1993). East Asian species of the genus *Chrysso* (Araneae: Theridiidae). Acta Arachnologica 42: 27-34.

346. Yoshida, H. (2001). A revision of the Japanese genera and species of the subfamily Theridiinae (Araneae: Theridiidae). Acta Arachnologica 50: 157-181.

347. Yoshida, H. (2001). The genus *Rhomphaea* (Araneae: Theridiidae) from Japan, with notes on the subfamily Argyrodinae. Acta Arachnologica 50: 183-192.

348. Yoshida, H. (2002). A revision of the Japanese genera and species of the subfamily Hadrotarsinae (Araneae: Theridiidae). Acta Arachnologica 51: 7-18.

349. Yoshida, H. (2008). A revision of the genus *Achaearanea* (Araneae: Theridiidae). Acta Arachnologica 57: 37-40.

350. Yoshida, H. (2009). Three new genera and three new species of the family Theridiidae. In: Ono, H. (ed.) The spiders of Japan with keys to the families and genera and illustrations of the species. Tokai University Press, Kanagawa, pp. 71-74.

351. Yoshida, H. (2015). *Parasteatoda* and a new genus *Campanicola* (Araneae: Theridiidae) from Taiwan. Bulletin of the Yamagata Prefectural Museum 33: 25-38.

352. Yoshida, H. (2016). *Parasteatoda*, *Campanicola*, *Cryptachaea* and two new genera (Araneae: Theridiidae) from Japan. Bulletin of the Yamagata Prefectural Museum 34: 13-30.

353. Yoshida, H. (xb). Uloboridae, Theridiidae, Ctenidae. In: Ono, H. (ed.) The spiders of Japan with keys to the families and genera and illustrations of the species. Tokai University Press, Kanagawa, pp. 142-147, 356-393, 467-468.

354. Yu, L. M. & Song, D. X. (1988). On new species of the genus *Pardosa* from China (Araneae: Lycosidae). Acta Zootaxonomica Sinica 13: 27-41.

355. Yu, L. M. & Song, D. X. (1988). On new species of wolf spiders from China (Araneae: Lycosidae). Acta Zootaxonomica Sinica 13: 234-244.

356. Yuan, L., Zhao, L. J. ,Zhang, Z. S. (2019). Preliminary study on the spider diversity of the Wanglang National Nature Reserve. Acta Arachnologica Sinica 28(1): 7-36.

357. Żabka, M. (1985). Systematic and zoogeographic study on the family Salticidae (Araneae) from Viet-Nam. Annales Zoologici, Warszawa 39: 197-485.

358. Zhan, Y., Jiang, H., Wu, Q., Zhang, H., Bai, Z. S., Kuntner, M. & Tu, L. H. (2019). Comparative morphology refines the conventional model of spider reproduction. PLoS One 14(7, e0218486): 1-16 & 12 Supplements.

359. Zhang, B. S. & Zhu, M. S. (2007). A new species of the genus *Theridion* from China (Araneae: Theridiidae). Journal of the Agricultural University Hebei 30: 73-74.

360. Zhang, F. & Jin, C. (2016). First description of the male of *Theridion obscuratum* Zhu, 1998 (Araneae: Theridiidae). Journal of Hebei University, Natural Science Edition 36(3): 620-622.

361. Zhang, F. & Zhang, B. S. (2012). Spiders of the genus *Phycosoma* O. P.-Cambridge, 1879 (Araneae: Theridiidae) from Hainan Island, China. Zootaxa 3339: 30-43.

362. Zhang, F. & Zhu, M. S. (2009). A review of the genus *Pholcus* (Araneae: Pholcidae) from China. Zootaxa 2037: 1-114.

363. Zhang, F., Fu, J. Y. & Zhu, M. S. (2009). A review of the genus *Trachelas* (Araneae: Corinnidae) from China. Zootaxa 2235: 40-58.

364. Zhang, G. R. (1992). Six new species of spiders of the genus *Clubiona* (Araneae: Clubionidae) from China. Korean Arachnology 8: 47-65.

365. Zhang, H., Zhong, Y., Zhu, Y., Agnarsson, I. & Liu, J. (2021). A molecular phylogeny of the Chinese *Sinopoda* spiders (Sparassidae, Heteropodinae): implications for taxonomy. PeerJ 9(e11775): 1-26.

366. Zhang, J. S., Yu, H. & Li, S. Q. (2020). New cheiracanthiid spiders from Xishuangbanna rainforest, southwestern China (Araneae, Cheiracanthiidae). ZooKeys 940: 51-77.

367. Zhang, J. S., Yu, H. & Li, S. Q. (2021). Taxonomic studies on the sac spider genus *Clubiona* (Araneae, Clubionidae) from Xishuangbanna Rainforest, China. ZooKeys 1034: 1-163.

368. Zhang, J. X. & Li, D. Q. (2005). Four new and one newly recorded species of the jumping spiders (Araneae: Salticidae: Lyssomaninae & Spartaeinae) from (sub)tropical China. Raffles Bulletin of Zoology 53: 221-229.

369. Zhang, J. X., Chen, H. M. & Kim, J. P. (2004). New discovery of the female *Asemonea sichanensis* [sic] (Araneae, Salticidae) from China. Korean Arachnology 20: 7-11.

370. Zhang, X. Q., Zhao, Z., Zheng, G. & Li, S. Q. (2017). A survey of five *Pireneitega* species (Agelenidae, Coelotinae) from China. ZooKeys 663: 45-64.

371. Zhang, Y. J. & Song, D. X. (1992). A new species of the genus *Pisaura* (Araneae, Pisauridae). Acta Arachnologica Sinica 1(1): 17-19.

372. Zhang, Y. J. & Yin, C. M. (1999). Two new species of the genus *Cheiracanthium* from China with notes on male spiders of two species (Araneae: Clubionidae). Acta Zootaxonomica Sinica 24: 285-290.

373. Zhang, Y. J. & Yin, C. M. (2001). Two new species of the genus *Coronilla* from China (Araneae: Amaurobiidae). Acta Zootaxonomica Sinica 26: 487-490.

374. Zhang, Y. J. (1985). Two new species of spiders of the genus *Atypus* from China (Araneae: Atypidae). Acta Zootaxonomica Sinica 10: 140-147.

375. Zhang, Y. J. (1998). Supplemental descriptions of two spiders (Arachnida: Araneae). Acta Arachnologica Sinica 7: 113-116.

376. Zhang, Y. J., Pan, Z. C., Tong, L. J. & Zhu, S. H. (2000). The spiders of family Thomisidae in Ningbo Tiantong Forest Park. Journal of Ningbo University, Natural Science Edition 13(4): 35-38.

377. Zhang, Z. S. & Wang, L. Y. (2017). Chinese spiders illustrated. Chongqing University Press, 954 pp.

378. Zhang, Z. S., Li, S. Q. & Pham, D. S. (2013). First description of comb-tailed spiders (Araneae: Hahniidae) from Vietnam. Zootaxa 3613: 343-356.

379. Zhong, R. & Chen, J. (2020). Redescription of hersiliids from Wuling Mountains, China and the first description of the male *Hersilia xieae* (Araneae: Hersiliidae). Acta Arachnologica Sinica 29(1): 17-26.

380. Zhou, B. B., Yin, H. Q. & Xu, X. (2016). First description of the male of *Hitobia makotoi* Kamura, 2011 (Araneae, Gnaphosidae). ZooKeys 579: 1-7.

381. Zhu, C. D. & Wang, F. Z. (1963). [Thomisidae of China, I]. Journal of Jilin Medical University 5: 471-488.

382. Zhu, C. D., Sha, Y. H. & Chen, X. E. (1989). Two new species of the genera *Octonoba* and *Uloborus* from south China (Araneae: Uloboridae). Journal of Hubei University, Natural Science Edition 11: 48-54.

383. Zhu, M. S. & Shi, J. G. (1985). [Crop field spiders of Shanxi Province]. Agriculture Planning Committee of Shanxi Province (for 1983), 239 pp.

384. Zhu, M. S. & Song, D. X. (1991). Notes on the genus *Argyrodes* from China (Araneae: Theridiidae). Journal of

Hebei Pedagogic College (nat. Sci.) 1991(4): 130-146.

385. Zhu, M. S. & Song, D. X. (1997). A new species of the genus *Euryopis* from China (Araneae: Theridiidae). Acta Arachnologica Sinica 6: 93-95.

386. Zhu, M. S. (1984). Notes on two Chinese species of family Urocteidae (Araneae, Urocteidae). Journal of the Shanxi Agricultural University 4: 169-172.

387. Zhu, M. S. (1992). Four species of spider of the genus *Dipoena* from China (Araneae: Theridiidae). Journal of Hebei Normal University (nat. Sci. Ed.) 17(3): 108-113.

388. Zhu, M. S., Zhang, F., Song, D. X. & Qu, P. (2006). A revision of the genus *Atypus* in China (Araneae: Atypidae). Zootaxa 1118: 1-42.

389. Zhu, M. S., Zhang, J. X., Zhang, Z. S. & Chen, H. M. (2005). Arachnida: Araneae. In: Yang, M. F. & D. C. Jin (eds.) Insects from Dashahe Nature Reserve of Guizhou. Guizhou People's Publishing House, Guiyang, pp. 490-555.

390. Zhu, M. S., Zhang, W. S. & Xu, Y. J. (1991). Notes on three new species and two new records of *Theridiidae* from China (Araneae: Theridiidae). Acta Zootaxonomica Sinica 16: 172-180.

391. Zhu, Y., Lin, Y. J. & Zhong, Y. (2020). Two new and one newly recorded species of *Thelcticopis* Karsch, 1884 (Araneae, Sparassidae) from China. ZooKeys 940: 105-115.

黄山蜘蛛

图书在版编目（CIP）数据

岚山蜘蛛 / 银海强著 . —长沙：湖南师范大学出版社，2023.6
ISBN 978-7-5648-4415-8

Ⅰ．①岚… Ⅱ．①银… Ⅲ．①蜘蛛目－研究 Ⅳ．① Q959.226

中国版本图书馆 CIP 数据核字（2021）第 249445 号

岚山蜘蛛

银海强　著

出　版　人｜吴真文
策划组稿｜廖小刚
责任编辑｜周基东
责任校对｜吕超颖　王璞
书籍设计｜书亦有道

出版发行｜湖南师范大学出版社
　　　　　地址：长沙市岳麓区麓山路 36 号　邮编：410081
　　　　　电话：0731-88853867　88872751
　　　　　传真：0731-88872636
　　　　　网址：https://press.hunnu.edu.cn/
经　　销｜湖南省新华书店
印　　刷｜长沙雅佳印刷有限公司

开　　本｜787 mm×1092 mm　　1/16
印　　张｜18.25
字　　数｜480 千字
版　　次｜2023 年 6 月第 1 版
印　　次｜2023 年 6 月第 1 次印刷
书　　号｜ISBN 978-7-5648-4415-8

定　　价｜198.00 元